# 中国西南喀斯特地区家庭牧场生产技术

张锦华　编著

化学工业出版社

·北京·

本书结合喀斯特地区独特的生态环境特点，对家庭牧场的基本概念、基本特征以及健康养殖模式进行了简单介绍，重点阐述了家庭牧场规划、饲草生产、饲草青贮和干草调制、羊场繁育、羊的饲养管理、草地放牧管理技术、羊群卫生保健和常见疾病、山羊肉及其副产品综合利用加工技术等内容。

本书可供从事畜牧业和生态治理教学、科研、规划设计、技术推广、行业管理的人员以及县、乡、村的企业人员、农牧民、养殖户参考。

**图书在版编目（CIP）数据**

中国西南喀斯特地区家庭牧场生产技术/张锦华编著.
—北京：化学工业出版社，2018.12
ISBN 978-7-122-33230-1

Ⅰ.①中… Ⅱ.①张… Ⅲ.①喀斯特地区-家庭牧场-建设-西南地区 Ⅳ.①S812.9

中国版本图书馆 CIP 数据核字（2018）第 247339 号

责任编辑：张　艳　刘　军　　装帧设计：关　飞
责任校对：宋　玮

出版发行：化学工业出版社（北京市东城区青年湖南街 13 号　邮政编码 100011）
印　　刷：北京京华铭诚工贸有限公司
装　　订：三河市瞰发装订厂
710mm×1000mm　1/16　印张 12½　字数 238 千字　2018 年 12 月北京第 1 版第 1 次印刷

购书咨询：010-64518888　　售后服务：010-64518899
网　　址：http://www.cip.com.cn
凡购买本书，如有缺损质量问题，本社销售中心负责调换。

**定　　价：60.00 元**

# 前言

贵州是一个山川秀丽、气候宜人、民族众多、资源丰富、发展潜力巨大的省份。20 世纪 80 年代，贵州省在威宁县飞播人工草场获得成功，拉开了中国南方现代草地畜牧业建设的序幕。此后，国家逐步加大了对贵州山地生态畜牧业的投入。同期，我国草地畜牧业科技工作者对南方草地如何开发的问题进行了深入的研究，成功地解决了南方山地畜牧产业开发中的配套技术、关键技术和优化模式，为我国南方草地农业的可持续发展提供了重要的科技储备。改革开放 30 多年来，贵州省畜牧业同其他行业一样，经过相关单位和广大农民群众的共同努力，取得了令人瞩目的成就。2015 年全省肉类产量为 198.02 万吨，牛奶产量为 6.2 万吨，禽蛋产量为 17.33 万吨。2015 年畜牧业总产值达到 665.2 亿元，较 2010 年增长 361.04 亿元（2010 年为 304.16 亿元），占农林牧渔业总产值（包括农林牧渔服务业产值）的 24.28%。畜牧业的发展，对于丰富贵州省“菜篮子”供应；对于助推贵州省大扶贫，推动农业增效、农民增收，对于促进贵州省种植业与养殖业的协调发展，具有非常重要的战略意义。畜牧业已逐步成为增加农民收入的重要来源和农村经济的支柱产业，彰显了畜牧业发展的强势地位。

家庭牧场模式的推广和应用将农业系统与畜牧业系统有机地结合在一起，提高了生产效率。贵州省的草地与农田在空间上镶嵌分布，联系紧密，属于典型的农牧交错，空间上的分布形式为农田系统和草地系统之间的耦合提供了先决条件。家庭牧场模式生产中，在天然和改良的草山草坡的最佳利用时期放牧，为牲畜提供优质的夏秋牧草；在冬春季利用冬闲田和中低产田种植冷季型优良牧草补充了冬春季饲草的不足，剩余的牧草可以用于草产品加工；农作物秸秆的高效利用，可以实现精粗饲料的搭配，保证牲畜的营养均衡。家庭牧场模式生产不仅使牲畜一年的饲草供应均衡，同时也使牲畜营养的供应均衡。耕地的利用率得到提高，粮食的产量增加，缓解了贵州耕地紧张的问题，同时可利用草地的数量和质量均得到大幅度增加，对贵州脆弱的生态环境起到了一定的保护作用。因此，家庭牧场模式生产技术是贵州发展高效生态畜牧业的关键之一。

贵州喀斯特地区是生态环境的脆弱区，但是也是受环境污染最少的地区，是发展绿色环保农业的理想场所。本区由于耕地资源有限，人均耕地少，土壤肥力低下，粮食生产形势严峻，致使人口、资源、环境矛盾出现，生态环境恶化，农业生产力下降。贵州有628.33万公顷草山草坡可开发利用，但草地畜牧整体上存在规模小、经营粗放、效益低、区域性或结构性草畜不平衡等问题，严重制约了草地畜牧业的发展。贵州地区草地和农田镶嵌分布，农业资源和草地资源在空间上距离小，因此通过家庭牧场将“农-草-畜”各种资源耦合，不断放大系统的生态效益和经济效益，将促进产业发展与生态建设有机结合，实现贵州生态畜牧业的可持续发展。本书在多年研究的基础上总结了贵州喀斯特家庭牧场生产技术，以期为我国西南同类地区牧场生产借鉴。

本书的出版得到了国家“十二五”科技支撑计划重大课题《西南生态安全屏障（一期）构建技术与示范》《喀斯特高原峡谷石漠化综合治理技术与示范》《石漠化地区草地生产力维持及草畜平衡调控技术研究与示范》2011BAC09B01-22；国家“十二五”科技支撑计划子课题《草田系统病虫害绿色防控技术研发及示范》2014BAD23B03-3；国家“十三五”重点研发计划课题《喀斯特高原峡谷石漠化综合治理与生态产业规模经营技术与示范》2016YFC0502603；贵州省年度农业攻关项目《贵州家庭牧场高效生产关键技术研究与示范》黔科合NY字[2009] 3090；贵州省重大专项《贵州草地生态畜牧业关键技术研究及集成示范》《岩溶草地生态效益与健康评价》[2011] 6009-4；贵州省农科院项目《肉羊原种场改良与建设》黔农科院院专项[2010] 058号的支持和资助。贵州省畜牧兽医研究所、贵州师范大学南方喀斯特研究院、贵州省饲草饲料工作站、贵州师范学院、贵州省草业研究所对本书给予了技术协作。在本书出版之际，笔者向关心和支持本研究的领导、专家表示诚挚的感谢。书中不足之处在所难免，希望读者提出宝贵意见。

**编著者**

**2018年10月于贵阳**

# 目录

# 第一章
# 家庭牧场概论

## 一、基本概念与基本特征

### 1. 家庭牧场

所谓家庭牧场，就是以草场和牲畜的家庭经营为基础，以商品生产为目的，具有一定基础设施和畜群规模，能够应用现代科技成果，运用先进的管理方法，有较强地抵御自然灾害的能力，可以获得稳定经济收入的畜牧业生产经营单位。家庭牧场具有小型、分散、宜管理、适于家庭畜牧业生产方式等特点，可以为贵州发展草地生态畜牧业生产找到新途径。目前我国北方的内蒙古、青海、新疆等传统草地畜牧业地区的部分牧业大户已经开始向现代家庭牧场方向发展，并且获得了良好的经济和社会效益，过上了现代牧民的生活。

由于家庭牧场是在家庭联产承包责任制的基础上产生、发展的，而家庭联产承包责任制是一家一户的集体（或国有）牲畜折价归户、草场分户承包、生产资料平均占有而来的，因此，现阶段家庭牧场的牲畜规模不可能很大。反过来讲，这种生产关系极大地调动了农牧民的生产积极性，有力地促进了生产力的发展，为规模化经营创造了条件。

家庭牧场对科学技术的应用不是零乱的，也不是靠某项单一技术，而是系统完整地应用农牧业综合生产技术，依据草地农业系统的技术理论，按照前植物生产-植物生产-动物生产-后动物生产的体系，进行系统完整的技术组装和应用。具体体现在天然草地资源的生态安全和保护治理、季节牧场的科学配置利用、人工饲草料地生产及土地经营、草产品加工利用、舍饲环境建设及优化、家畜饲养及品种改良、畜产品生产机加工等方面。这些技术既要符合草地畜牧业生产方式，又要突出成熟实用的技术特点。

反映在定量阐述指标上，现阶段家庭牧场的主题概念大致如表 1-1 所示。

**表 1-1 现阶段家庭牧场基本情况**

| 项目 | 北方牧区 | 贵州 |
|---|---|---|
| 家庭人口/人 | 5～8 | 4～6 |
| 劳动力/人 | 3～5 | 2～3 |
| 雇佣劳动力/人 | 2～4(季节工) | 0 |
| 经营牲畜 | 绵羊 200～500 只,奶牛 3～5 头;<br>或 40～60 头大牲畜 | 山羊 20～50 只;或 10～15 头大牲畜 |
| 经营承包土地/$hm^2$ | 2.67～6.67 | 0.5～1.0 |
| 生产水平 | 生产母畜比例＞65%,繁殖成活率＞95%,<br>出栏率＞55%,死亡率＜2% | — |

## 2. 现代畜牧业基本特征

现代畜牧业的基本框架为区域化布局、规模化经营、标准化技术、产业化发展。

**(1) 区域化布局** 区域化布局是由资源、环境、市场等诸多因素构成的。在资源优化的背景下，根据市场需求、环境条件进行最佳配置。

**(2) 规模化经营** 规模化经营是现代畜牧业的基本要素，但规模的大小受制于资源及环境。在家庭生产承包经营条件下，进行专业化养殖小区建设，形成有区域特色的规模化经营模式，是贵州广大山区农村走现代畜牧业之路的有效途径。

**(3) 标准化技术** 标准化技术的应用，也是从传统畜牧业向现代畜牧业转变的一个重要标志。饲草料基地、棚圈设施等硬件条件的改变并不等于现代畜牧业，饲养管理标准化的实施，才可支持现代畜牧业。

**(4) 产业化发展** 大型龙头企业带动区域经济的发展，它的模式是龙头企业＋基地＋专业养殖小区＋养殖户。

## 3. 中国南方喀斯特地貌区域特点

世界喀斯特地貌区域面积约占全球总面积的10%。国外的喀斯特地貌主要分布于欧洲中南部、北美东部和西南地区，其中前两者的生态状况明显优于后者，水土流失、生态破坏等问题不显著或者不足以引起生态危机、危害人类生存，草地生态系统也处于优良状态，草地资源可以得到有效开发。我国西南部的喀斯特地貌区域面积超过55万平方千米，主要以西南为核心地带，包括南方八个省、直辖市，分别为贵州、广西、云南、四川、重庆、湖北、湖南和广东，其中以贵州为中心向四周呈连续性分布的地区是世界喀斯特地貌发育最典型、最复杂、类型最全的地区，同时也是草地生态系统的脆弱区。该区域主要受亚热带季风气候影响，由于自然因素和人为因素的共同作用，当地水土流失量大、植被覆盖率低、生态灾害严重等问题极其显著，制约当地民众生活水平的提高和经济的发展。中国西南部喀斯特地貌区域（以下简称喀斯特地区）石漠化分布面积广，仅贵州和广西地区的石漠化面积就分别达5万平方千米和4.7万平方千米，并且以每年2500$km^2$的速度在不断扩展。尽管多数地区水土流失以轻度为主，但经过长时间的持续性水土流失，很多地区已无土可流，导致石漠化加剧，最终加剧了旱灾、洪涝等自然灾害，使草地生态系统恶化，草地的潜在价值不能得到有效、合理利用。在整个植被群落的演替过程中，其演替顺序依次为一年生草本植物—多年生草本植物—藤刺灌丛—次生乔木林—生态演替顶级，由此可看出草地生态系统在整个群落演替中的基础作用以及其本身在植被演替中的效用价值。基于西南喀斯特地区独特的生态环境，水资源的时空分布不均，植物生长受到抑制，群落发生逆向演替的现象，草地生态系统在整个生态系统中的作用更加突出。生态问题与经济问题密切联系，作为基础生态系统的草地生态系统，不仅对生态产生显著影响，也与当地经济发展和人们生活水平的高低直接挂钩。

**(1) 水土流失** 自然生态系统是以地貌类型为基础框架，再结合气候特征而形成的，从宏观上制约了区域生态系统的主导植被和水土流失的强度。西南喀斯特地区可溶性岩石分布广，岩溶作用强烈，地表崎岖不平，地形起伏大，陡坡多，坡度决定了地表径流和冲刷的基本驱动力，因此导致其产生独特的二元结构，即上部疏松的土层和下部破碎的岩石，使水土流失成为该区域的一个重要特征。仅贵州山区水土流失面积就达 6.7 万平方千米，年流失泥沙 6200 多万吨，年均土壤侵蚀模数 $1288t/km^2$，年侵蚀量达 1.9 亿吨。由于严重的水土流失，再加上木本植物生长所需时间较长，木本植被的生长受到严重抑制，当地形成以草本植物为主的草地生态系统；当水土流失达到一定程度，甚至出现无土可流的现象，草地植被便失去生长的物质基础，草地生态系统遭到严重破坏，甚至某些区域寸草不生，生态危机和自然灾害相续出现。

**(2) 土壤贫瘠、肥力退化** 西南喀斯特地区历史上经历过人口大爆发，为了养活更多的人口，拓展耕地面积成为必然趋势，在土地长期使用过程中的不合理利用与水土流失双向问题，引起了养分的循环与平衡失调，加剧了土壤的养分贫瘠化及肥力衰减过程；杨汉奎根据峰丛、洼地、石山土地类型测算认为，单位面积上可耕地仅 20%～30%，难利用的石质山地达 50%以上，人口密度为每平方千米 52～100 人，峰丛、槽谷的人口容量明显高于石质山地，达每平方千米 100～150 人，黔中丘原人口容量最大，可达每平方千米 150～200 人，但是现实数据明显高于这一数值，土壤贫瘠无法养活更多的人口，人地矛盾突出。西南喀斯特地区以红壤和黄壤为主，与我国酸雨的主要分布区域长江以南地区有大面积的重合，土壤酸化使脱硅富铝化过程加快，营养元素的匮乏与肥力的衰减已经影响到土壤表面植被的生长蔓延，对生态系统构成重大威胁；草产量及品质是评价草地第一性生产力高低的重要内容，土壤肥力过低致使草地生产能力低下已经成为喀斯特地区的现状。伴随土地不合理利用时间的延长，土壤有机质含量降低、肥力下降、外来有机质补充不足，肥力低的土壤不能为牧草提供优越的营养元素，所以也同时给处于基础地位的草地生态系统带来不良效果。

**(3) 水、土、光资源的分布不均** 喀斯特地区的二元结构不仅表现在地质方面，还表现在水文方面，地表水经过下渗直接转化为地下水，地表草地生态系统的退化引起地下水系统自我调蓄和净化能力降低，使低下岩层中的水资源失控，分布不均，总资源量减少，水质易受不合理利用影响而退化。该区域主要受来自印度洋的季风影响，因此夏季高温多雨，冬季温和少雨，降雨集中，夏季大范围的大雨、暴雨及短历时高强度暴雨易于出现，该时间段岩石所受的侵蚀作用较明显，加之水土流失严重，流失后的水土有相当部分并非直接倾倒入河流中，其中相当大的一部分是沿着岩石裂隙进入地下，再由地下囤积一部分，另一部分随地下暗河流出，水土流失也由地上转为地下，最终导致水土资源的空间分布差异显著。喀斯特地区地貌环境复杂，“天无三日晴，地无三里平”是当地地貌和气候的真实写照，尤其是贵州省，冬天几乎都处于阴雨绵绵的天气，光照资源得不到充分利用。由于基本的水土资源与光、热产生时空错位，致使植物光合作用在特定时间段内呈现明显的衰减现象，不利于植被生长，尤其是在冬季，当该地区由于自然灾害和人为因素而导致生态系统受到极为强烈的破坏后，无法在短时间内形成稳定的草地生态系统，对外界的自然灾害的抵御能力也明显降低。

**(4) 土地石漠化**　石漠化是指在喀斯特脆弱生态环境中，由于人类不合理的社会经济活动，使覆被遭到严重破坏、水土流失严重、岩石裸露率高、土地生态力严重下降，地表呈现类似荒漠化加快的过程。西南喀斯特代表着全球最典型的热带-亚热带喀斯特，是青藏高原隆起在南亚大陆亚热带气候区形成的一个海拔梯度大、地势格局复杂、生态脆弱的独特环境单元。石漠化已成为中国三大生态灾害之一，西南 8 省、自治区的基岩裸露率及浅盖型喀斯特面积达 29 万平方千米，成为世界最大的岩溶区和生态脆弱地带，与黄土高原并列为中国环境退化与贫困最突出区域。石漠化地区具有土层薄、石灰岩裸露、土壤肥力低、植被覆盖率低、水土流失严重、生态环境恶化等特征，生态系统退化和石漠化互为结果，严重制约了当地经济发展，并且该区域草地生态系统的应急机制匮乏，无法短时间内单方面解决类似问题。石漠化作为生态退化的极端表现，对自然灾害的防御能力变得极差，并且使自然灾害发生的时间间隔缩短，对经济造成重大损失，如石漠化较为严重的广西，自然灾害由过去的八九年一遇逐渐变为现在的两三年一遇，每年单受旱涝影响的农作物面积就达 115 万公顷，粮食减收 100 多万吨，折合经济损失达 4 亿多元，由此可见，石漠化是当地生态和经济的主要威胁因素之一。

**(5) 生物多样性减少**　生物多样性是指在一定时间和一定地区所有生物（动物、植物、微生物）物种及其遗传变异和生态系统的复杂性总称，它包括遗传（基因）多样性、物种多样性和生态系统多样性三个层次。新中国成立以来，西南喀斯特地区遭遇了生物生境破碎、环境污染、外来物种入侵、人口快速增长、国家和地方政策不健全等问题的不理想处境，对当地生态环境产生了极其强烈的冲击。喀斯特地区植被组成和植被群落具有多样性和复杂性特征。生物多样性丧失和生物入侵分别是生境的破坏和破碎化的第一位因素和第二因素，但是由于喀斯特地区独特的地质地貌，水土流失才是引起生物多样性减少和生态系统衰减的第一要素。喀斯特山地植被群落以禾本科、菊科、蔷薇科、唇形科植物为主，草地植被群落密度随海拔升高逐渐增加，草地植被受海拔影响较大；植被群落主要以次生林群落、灌木灌丛群落、灌草群落、草本群落为主，优势群落和次生优势群落以多年生草本植物为主，物种多样性和基因遗传多样性状况令人担忧，木本植物所占比率明显较低，表明生态系统朝下方向转移。土壤动物在植被逆向演替过程中明显减少，植被的种类和数量伴随着石漠化的发生也呈急速下降趋势。生物多样性减少的直接结果是系统功能的衰减，在整个植被生态系统中，因为草地生态系统抵御外来风险能力明显低于森林生态系统，所以西南喀斯特地区也最容易遭受外来作用力的威胁。

**(6) 人类不合理的开发利用** 在人类数量较少的时期，草地生态系统也面临一些问题，但经过本身的自净和恢复能力，能够有效地避免这些问题，随着人类数量的增加和对自然资源利用的范围变广，不合理利用资源的现象逐渐显露，最终导致生态被破坏。在西南喀斯特地区，具有最典型的一类脆弱生态系统和突出的人地矛盾系统，在资源利用和经济发展过程中存在严重的生态环境问题，不合理利用的开发活动所引起的问题，通常表现在土壤质量方面，如李生等报道，土地质量的变化趋势是林地＞草地＞退耕地＞农田，这一报道与一些石漠化地区得出的研究结果一致，原因可能是人为活动导致土壤养分、土壤动物等的垂直分布发生改变。开荒在草地植被的破坏过程中扮演着一个先锋角色，这也是人口大爆炸引起的问题之一，在某一时间段是对草地生态系统破坏最严重的土地利用方式；其次是过度放牧，喀斯特石漠化地区的人民比较贫穷，家畜在当地的生活开支和劳力援助中都具有重要地位，农户认为养更多的家畜不但能增加家庭收入，还能提高饮食质量，在某些地区过度放牧已成为石漠化的主要人为因素，这与北方沙漠化成因类似；相关政策也是不可忽略的一个重要影响因子。生态问题正是与人类生活相联系才存在，否则只能认为其是一种自然现象，通常人类的不合理开发利用资源是生态问题出现的导火线。

## 二、健康养殖

健康养殖是指“根据养殖对象的生物学特性，运用生态学、营养学原理来指导生产，为养殖对象营造一个良好的、有利于快速生长的生态环境，提供充足的全价营养饲料，使其生长发育期间最大限度地减少疾病发生，使生产的食品无污染、个体健康，产品营养丰富、与天然鲜品相当，实现养殖生态体系平衡，人与自然和谐”。健康养殖概念有其空间性、时间性、指向性和可操作性。根据这“四性”特征，健康养殖的概念可以用系统论的方法描述为“应用自然科学的基本原理，对特定的养殖系统进行有效控制，保持系统内外物质、能量流动的良性循环，养殖对象正常生长，产品符合人类需要的养殖综合技术”。健康养殖生产的产品首先必须为社会接受，是质量安全可靠、无公害的畜产品，对人类健康没有危害；其次，健康养殖是具有较高经济效益的生产模式；再次，健康养殖对于资源的开发利用应该是良性的，其生产模式应该是可持续的，对于环境的影响是有限的，体现了现代畜牧业的经济、生态和社会效益的高度统一。健康养殖生态管理的基本原理包括养殖环境的管理、组合因子的结合管理、加强对能引起养殖生物“应激反应”的生态因子的监控、合理的养殖密度、合理的营养管理和有效的疫病防控。

### 1. 健康的养殖模式

经过几十年的发展，中国养殖业走出了庭院式养殖这条路，向规模化、专业化、生态化方向发展。贵州是一个以山地地形地貌为主的省份，同时喀斯特地貌发育对植物生长形成岩溶逆境。这些资源特点一定程度制约了该地区养殖业的规模化和专业化，但却有利于生态化。就健康养殖体系而言，首先，要打造一个健康养殖模式，从长远规划，高标准建场，并充分考虑环境因素，这也是现代养殖与传统养殖的重要区别之一。其次，养殖设施是开展养殖的重要物质基础，养殖设施的结构和设计，在很大程度上影响畜牧养殖应用以及养殖效果和环境生态效益。养殖场建设标准应显著提升，既要着眼于长远发展，又要满足生产需求，既要达到防疫卫生条件要求，又要符合无公害生产基地建设标准。因此应对场地面积、场址选择、建筑布局、圈舍面积、采食宽度、饲养设备、饮水设备、通风设备、清粪设备、供暖和降温设备等基础设施高标准要求，保障养殖动物的健康生长，尽快生产出符合无公害标准的优质产品。

### 2. 科学的管理

养殖密度与养殖场的规模大小要协调，根据养殖场的性质和规模，不同畜群的要求、饲养方式、生产过程的集约化程度，对养殖场进行科学的管理，充分考虑经济效益和养殖的高效性。集约化生产是不错的选择，节约成本且提高生产效率，是高效养殖的重要途径。健康养殖在做到科学养殖的同时，也应该考虑成本即经济效益，这样才能使我们的养殖场更好地运转，这种模式才能得到更好地推广。

### 3. 优良品种的选育

畜种的质量不仅仅影响生长速度、肉的质量和饲料的转化率，而且影响整个群体的健康。良种是健康养殖的物质基础，具有较强的抗病害及抵御不良环境能力的养殖品种，不但能减少病害发生机会，降低养殖风险，增加养殖效益，同时也可避免大量用药对环境可能造成的危害以及对人类健康的影响。因此，必须大力提倡良种引种、选育、自育，健康养殖模式更应该选择具有高潜力、体型优良、健康无病的优质品种，进行良好的饲养管理，才能获得良好的饲养效果。还要具有提高优秀品种的利用率的能力，所以要掌握相关独立自主的繁殖和配种技术。

### 4. 标准化、无公害生产

无公害产品是健康养殖的目的，也是养殖业规划的主要目的，同时是保障畜牧业稳定、健康发展的基本要求。

要获得无公害产品，不仅仅是场地建设和周围环境要符合国家农业部规定的标准，而且所用的饲料、饮水、兽药、添加剂等投入品同样也应符合国家规定相关标准，严禁使用有毒、有害等禁止的药物。只有动物健康了，人的健康才有保证，这是健康养殖的重要标志之一。

### 5. 科学合理的饲料投喂

要满足养殖动物的营养需要，并要确定饲料中无任何超标、禁止添加的成分，威胁动物和人类健康。饲料或日粮是畜禽生产和生活的物质基础，也是充分发挥其生产性能最重要的环境条件，只有根据其生理特点、营养需求科学选择和配制饲料，才能取得更好的饲养效果。另外要求养殖场要有相关的技术和设备能够对饲料进行检测，确定无任何的不安全添加剂，要保障我们所饲养动物的健康，只有动物健康了，人类的健康才能得到保障。

### 6. 畜禽健康生长模式

要关注动物福利，合理、人道地利用动物，保证为人类做出贡献和牺牲动物享有最基本的权利，同时降低集约化生产的风险和负面影响。重视动物福利，不单单是为畜禽提供良好的养殖环境和生存条件，同时是为了提高畜禽的生产质量和养殖场的利润的要求。健康养殖要求畜禽养殖环境是良性的，消除环境恶化导致的疫病，防止给人类健康带来威胁。养殖业的发展不能违背自然规律，要关注动物福利问题，从生产方式上反思和探讨畜牧业的可持续发展。

### 7. 减少污染，防控疾病

养殖与环境要协调，在进行生产的过程中尽量将污染最小化，我们应积极地探索有机的养殖技术和提高养殖场的疾病防控能力。如发酵床技术是新兴的环保养猪技术，可以解决养猪业给环境带来的压力，既能减少环境污染，降低劳动强度，又可以培养出健康无病的猪，提高经济效益。发酵床技术是在养猪棚内根据保育、中大猪等不同类型猪群特点全面铺设一定厚度的谷壳、锯末和发酵专用菌饲料添加剂等混合物，猪饲养在上面，所排出的粪尿经微生物发酵被迅速降解、消化，从而实现环保目的。同时，在各种养殖模式中，应重点研究多元养殖、生态养殖低耗、高产的健康养殖技术工艺，开发环境清洁技术、生物降解技术等。另外，我们要加强疾病防控体系的建设，落实疫病防治与驱虫工作的实施，搞好养殖场的消毒等具体工作，防止疾病的发生。

### 8. 与其他行业协调发展

养殖场的废弃物包括由粪料、垫料、病害尸体等组成的废渣、废水及其代谢产物。这些都是严重的污染源，加强对这些废弃物的管理与无公害处理，对于保护环境、促进健康养殖与持续发展具有重要的作用。对于废弃物处理方式不应仅仅满足于达标排放，应尽量做到污染物资源化，实现综合利用。近年来，随着我国新农村建设目标的提出，在一些发达地区，已经广泛展开了利用畜禽养殖的粪便发酵的沼气能源工程。另外，我们可以通过发展干粪发酵技术将废弃物通过处理成为天然的有机肥料后用于种植业，而种植又为养殖提供无害的饲料原料，这是一种有效环保的循环。养殖业与种植业等行业的协调发展，不仅能解决养殖系统内部的废弃物处理问题，达到对各种资源的最佳利用，减少养殖过程中废弃物对环境的污染，保证养殖效果和经济效益，而且能达到最佳的环境生态效益，是一种值得推广的可持续发展方式。

# 第二章
# 家庭牧场规划

家庭牧场的规划设计本着因地制宜、科学饲养、环保高效的原则，合理布局，统筹安排，并为今后的进一步发展留有空间。要合理安排场区、轮牧草地。场区建筑物的布局既要做到紧凑整齐，又要在兼顾防疫要求、安全生产和消防安全的基础上，提高土地利用率，节约用地，尽量不占或少占耕地，节约土地资源。轮牧草地尽量集中连片，远离居民区或农田。割草地最好选择具有灌溉条件的农田或肥力水平高的土地，并在养殖场就近安排，以减少收割劳力投入。

## 一、前期调查

### 1. 土地利用现状

调查牧场总面积、非牧业用地（居民点、道路、水域与其他用地）面积和牧业用地面积（饲料地、青贮、多汁饲料、人工草地、天然打草地、天然放牧场）。根据牧场要求，提出土地利用结构调整意见和可行方案。

### 2. 饲草料生产

调查牧场上述各种牧业用地的饲草料单产与总产水平。测定天然放牧草地各种植物的盖度、高度、频率和单位面积产量，也可以根据当地草原业务部门近期的测产确定天然草地单产。根据现状调查与周边地区比较，发现存在问题，确定合乎实际的单产调整指标。调查外购饲草料包括牧场目前和今后计划每年从本地区或单位以外购入精饲料、青贮、多汁饲料、干草、秸秆等各种饲草料的数量。

### 3. 畜牧业生产

调查牧场生产方式和家畜种类，各种家畜数量、母畜比重、繁殖成活率、死亡率。根据与周边地区先进水平比较和本地区规划要求，综合确定今后上述各项畜牧业生产指标。

## 二、畜牧场分区规划布局

### 1. 总体布局

畜牧场一般包括 3～4 个功能区，即生活区、管理区、生产区和粪便污水处理区、病畜隔离区。具体布局遵循以下原则。

**(1) 畜牧场生活区** 指管理人员住宅区、职工生活区（包括居民点），应在全场上风和地势较高的地段，依次为生产管理区、饲养生产区。这样配置使牛场产生的不良气味、噪声、粪便和污水，不致因风向与地表径流而污染居民生活环境，以避免人畜共患疾病的相互影响。生活区应与生产区保持100m以上的距离，以保证生活区良好的卫生环境。

**(2) 畜牧场管理区** 包括经营管理、产品加工销售等建筑物。管理区要和生产区严格分开，保证50m以上距离。外来人员只能在管理区活动。

**(3) 畜牧场生产区** 应设在场区的较下风位置，要能控制场外人员和车辆，使之不能直接进入生产区，要保证最安全、最安静。大门口设门卫室、消毒更衣室和车辆消毒池，严格控制非生产人员出入生产区，出入人员和车辆必须进行严格消毒。生产区的畜舍要合理布局，按科学的饲养模式布置畜舍，各畜舍之间要保持适当距离。粗饲料库设在生产区下风口地势较高处，与其他建筑物保持60m以上的防火距离。饲料库、干草棚、加工车间和青贮池要布置在适当位置，便于车辆运送，减小劳动强度。但必须防止牛舍和运动场因污水渗入而污染草料。

**(4) 畜牧场粪尿污水处理、病畜隔离区** 设在生产区下风地势低处，与生产区保持不小于300m的卫生间距。病畜隔离区设单独通道，要方便消毒，方便污物处理等。尸坑和焚尸炉距畜舍300～500m以上。防止污水粪尿废弃物蔓延污染环境。

## 2. 羊舍的建筑与设施

**(1) 羊舍建筑基本要求** 农户视其自然条件、建筑材料来源情况，因地制宜，建立规模化、科学化圈舍。

① 选址。选择高燥、平坦、背风向阳、微倾斜的地势（坡度在1%～3%为宜），水源充足、水质优良。

② 羊舍环境要求。主要考虑光照、温度、相对湿度、气流状况等。

③ 羊舍类型。夏热冬不冷的气候区，多采用开放式或半开放式羊舍。要求夏季通风良好，冬季舍内和舍外温湿度差异不大。建筑永久性羊舍，要求上有屋顶，三面有墙，向阳面是半砖墙即可。大群山羊养殖户可建羊棚，要求防晒、避雨，建筑上有顶棚，四周敞开，空气流通。

④ 羊舍建筑技术要求。

a. 做好羊舍地基和基础。简易羊舍或小型羊舍，因地基负载力小，仅要求有足够的承重能力、厚度，抗冲刷力强，下沉度小于2～3cm，膨胀性小。基础一般比墙宽10～15cm，用砖或石、混凝土作基础建材。

b. 墙要求坚固稳定、表面平整、易于清洁。屋顶的隔热作用大于墙，最好采用多层建筑材料，增加屋顶保温作用。一般农户采用单坡式屋顶，羊舍是单列式栏，露天走道。双列式羊舍、羊栏，一般是双坡式屋顶。

c. 羊舍地面要求。地面必须做到坚实、平整、无裂缝、不硬、不滑，使羊只卧息舒服，防止四肢疾病或肺病发生。最少应有1%～1.5%坡度，便于排粪和排尿液。易于清扫、消毒。

d. 设计时应充分考虑天棚（双坡式屋顶必须做），门应向外开。

**(2) 农家羊舍面临的主要问题** 在我国南方地区，许多农家羊舍都建在房前房后，或用石块（板）堆垒，屋顶盖草或水泥瓦，用木板或木棒铺设圈底或食槽颈枷，这些羊舍存在的主要问题：

a. 羊舍建地面积过小或利用效率不高，无运动场。

b. 圈舍用弯曲木棒拼凑而成，极不平整，有的地方空隙太大。

c. 颈枷设计不合理，草料浪费极为严重，有的羊只不能直立，终年被固定在颈枷上。

d. 通风隔热性能差，潮湿阴暗，污染严重。

e. 少数羊采用垫圈饲养，草料直接放在地面上。

上述原因使管理和生产极为不便。许多羊的身体变形，内寄生虫感染率达100%，乳房炎和蹄病非常普遍，部分母羊出现瘫痪、阴道和子宫脱出和关节炎，甚至出现破伤风和败血症等，尤其是高产母羊患病更为严重。因此，农家山羊舍的建筑问题已成为发展山羊生产瓶颈问题之一。

**(3) 羊舍设计的主要参数**

① 羊舍及运动场面积。应根据养羊的品种、数量和饲养方式而定。面积过大，浪费土地和建筑材料，单位面积养羊的成本会升高；面积过小，不利于饲养管理和羊的健康。各类羊每只所需羊舍面积如下：成年种公羊为4.0～6.0$m^2$；产羔母羊为1.5～2.0$m^2$；断奶羔羊为0.2～0.4$m^2$；其他羊为0.7～1.0$m^2$。产羔舍按基础母羊占地面积的20%～25%计算，运动场面积一般为羊舍面积的1.5～3倍。

② 羊舍温度和相对湿度。冬季产羔舍最低温度应保持在10℃以上，一般羊舍在0℃以上，夏季舍温不应超过30℃。羊舍应保持干燥，地面不能太潮湿，空气相对湿度应低于70%。

③ 通风与换气。对于封闭式羊舍，必须具备良好的通风换气性能，能及时排出舍内污浊空气，保持空气新鲜。

④ 采光。采光面积通常是由羊舍的高度、跨度和窗户的大小决定的。在气温较低的地区，采光面积大有利于通过吸收阳光来提高舍内温度，而在气温较高的地区，过大的采光面积又不利于避暑降温。实际设计时，应按照既利于保温又便于通风的原则灵活掌握。

⑤ 长度、跨度和高度。羊舍的长度、跨度和高度应根据所选择的建筑类型和面积确定。单坡式羊舍跨度一般为5.0～6.0m，双坡单列式羊舍为6.0～8.0m，双列式为10.0～12.0m；羊舍檐口高度一般为2.4～3.0m。

**(4) 羊舍配套设备和设施**

① 草架。草架的功能一是将饲草与地面隔离，避免羊只践踏和被粪尿污染；二是使羊在采食时均匀排列，避免相互干扰。草架的形式多种多样，可根据需要选择。

② 衡器。用于活羊或产品的称重。肉羊出售时，通常是按重量计价。如果经常成批出售，可购买专用的家畜称重衡器。这种衡器的称重台面上装有钢围栏，一次可称量几只到几十只家畜。较先进的还采用了电子称重传感器，具有防震动功能，更适合于家畜称重。如果称重是为了监测羊的生长发育情况，可采用新型的数字式电子秤，这种秤精度高、读数直观，还有自动校准功能，用起来十分方便。当然，也可以采用其他传统衡器。

③ 监控系统。监控系统在国外畜牧养殖业中已普遍采用。该系统主要包括监视和控制两个部分。监视部分的功能是让生产管理者能够随时观察了解生产现场情况，及时处理可能发生的事件，同时具有防盗功能；控制部分的功能是完成生产过程中的传递、输送、开关等任务，如饲料的定量输送、门窗开关等。控制部分在国内的一些现代化养猪场、养鸡场已经采用，但在养羊生产中还是空白。目前有实际应用意义的是监视系统，该系统主要由摄像头、信号分配器和监视器组成，成本主要取决于摄像头和监视器的质量及数量。对于羊场而言，低分辨率的黑白摄像头和普通监视器就足够了，这样，一套基本的监视系统成本也只有几千元。

④ 消防设备。对于一定规模的羊场，经营者必须加强防火意识，除建立严格的管理制度外，还应备足消防器材和完善消防设施，如灭火器和消防水龙头（或水池、大水缸）等。

⑤ 环保设施。环保意识的增强，是人类进步的突出特征。当今社会，无论是经商还是搞生产，都必须注意环境保护。羊场建设中应重点考虑如何避免粪尿、垃圾、尸体及医用废弃物对周围环境的污染，特别是避免对水资源的污染，以避免有害微生物对人类健康的危害。一般说来，未经消毒的污水不能直接向河道里排放，场内应设有尸体和医用废弃物的焚烧炉。规划放牧场地时，还要避免对周围生态环境的破坏。

**(5) 羊舍设计依据**

① 占地面积。根据农家羊舍一般建在房前房后的特点，原则上要求羊舍门窗开向南面，舍内每只泌乳母羊占地面积1.2～1.5$m^2$，并在舍后或侧面修一个自由运动场，每只羊占地面积1.5$m^2$左右。

② 通风换气。羊舍的通风换气极为重要，尤其是在南方地区相对湿度过大

的情况下。因为在饲养过程中，山羊的呼吸和有机物的分解（如尿、粪、饲料、粪渣）会产生大量有害气体。在设计方面，羊舍的通风换气性能是否符合卫生要求，可由下式计算：

$$L=Q/(q_2-q_1) \tag{2-1}$$

式中 $L$——羊舍内相对湿度保持在卫生要求范围内的每小时通风量，$m^3/h$；

$Q$——舍内家畜排出及地面潮湿物体蒸发的水气总量，g/h；

$q_1$——畜舍空气中相对湿度和温度在卫生要求范围内的绝对湿度，$g/m^3$。

$q_2$——进入舍内新鲜空气的绝对湿度，$g/m^3$。

【应用举例】假设一个养10只泌乳母羊（每只体重50kg）的羊舍长6m，宽3.5m，高2.5m，舍内温度保持在10℃时，相对湿度不超过79%。该地区一月份舍外平均气温6.1℃，绝对湿度2.6$g/m^3$（取最低值）。

计算：

a. 10只母羊每小时产生的水气量为

$$133\text{g/h(按带双羔的哺乳羊计)}\times10=1330\text{g/h}$$

b. 由地面蒸发的水汽量为羊生产水气量的10%，则水汽总量为

$$Q=1330+1330\times10\%=1463(\text{g/h})$$

c. 查舍温10℃时饱和湿度为9.17$g/m^3$，则

$$q_2=9.17\text{g/m}^3\times79\%=7.2\text{g/m}^3$$

d. $q_1=2.6\text{g/m}^3$

e. 代入式（2-1）得

$$L=\frac{1463}{7.2-2.6}=318(\text{m}^3/\text{h})$$

由此可知畜禽舍内相对湿度保持在卫生要求范围内，每小时的通风量应为318$m^3$。

f. 计算该羊舍的换气次数

$$\text{羊舍容积}=6\times3.5\times2.5=52.5(\text{m}^3)$$

$$\frac{318}{52.5}=6.5(\text{次/时})$$

g. 计算该羊舍应有的通风口面积，该羊舍通风窗木板厚度约为4cm，则由下式计算：

$$A=L/V$$

式中 $L$——通风量，$m^3/h$或m/s；

$V$——通风窗口气流速度，m/s；

$A$——通风窗口面积，$m^2$。

$$V=20\times4.427\times\frac{\text{通风窗厚(舍内气温}-\text{舍外气温)}}{273-\text{室外气温}}\times3600$$

$$V=20\times4.427\times\frac{0.04(10-6.1)}{273-6.1}\times3600=186.3(\mathrm{m/h})$$

$$A=\frac{318}{186.3}=1.7(\mathrm{m^2})$$

计算结果：通风窗口面积应为 $1.7\mathrm{m}^2$。

### 3. 羊舍的环境控制

**(1) 畜舍的保温与隔热** 保温就是在寒冷的季节，通过畜舍将畜禽体产生的热和用热源（火炉、暖气等）发散的热存留下来，防止散失，而形成温暖的环境。隔热，就是在炎热的季节，通过畜舍和其他设施（凉棚、遮阳等），以隔绝太阳辐射热传入舍内影响家畜机体，防止舍内和家畜机体周围的气温升高，形成较凉爽的环境。为家畜创造适宜的环境，以克服自然因素的不良影响，最重要的措施是防寒与降暑。畜舍的保温隔热，要因地制宜，必须根据当地的气候特点和规定的环境参数进行设计。

① 防寒与采暖。气温的影响会限制家畜生产力。防寒采暖就是通过良好的保温隔热措施，把舍内产生的热充分加以利用，使之形成适于家畜机体要求的温度环境。搞好保温防寒设计，选用保温性能好的材料修造屋顶，要求一定的厚度，在屋顶铺设保温层。屋顶、墙壁、门、窗、地面设计的关键是提高保温能力。加强防寒管理，要及时维修畜禽舍，认真做好越冬准备工作。在冬季，可适当加大家畜的饲养密度，以提高畜禽周围的环境温度。舍内防潮可减少动物机体热能的损失，如采用垫草和其他垫料也可以改善小气候，提高家畜防寒能力。

重视畜舍的采暖，在冬季通过上述措施仍不能达到所要求的适宜温度时，在有条件的地方宜采用人工采暖，以补充热源，这对家畜产房和幼畜舍尤为重要。采暖与保温、防潮与换气应全面考虑，妥善处理。畜舍采暖可分集中采暖与局部采暖。厚垫草养畜，畜舍内铺垫草可保温、防潮，吸收有害气体。

② 防暑与降温。遮阳是在畜舍周围植树或棚架攀缘植物，在舍外或屋顶上搭凉棚，在窗口上设置遮阳板、挂草带等以遮挡太阳光对畜舍的影响。要将畜舍的遮阳、采光和通风作为一个整体，分清主次，妥善处理。

a. 增强反射能力。为了夏天防暑，可将屋顶和墙壁的外侧刷白，以增强屋顶和墙面对太阳辐射热的反射能力。通风是畜舍降温防热的有效措施，通风既可排除畜舍内的热量，又能使舍内空气新鲜。搞好养殖场的绿化，既可缓和太阳辐射热、降低环境温度、改善小气候，又具有净化空气、美化环境和防风的作用。

b. 降温。当大气的温度接近或超过畜的体温时，用上述方法达不到降低空气温度的目的，只有采取降温的办法来缓和高温对家畜健康和生产力的影响。

ⅰ.接触冷却。给畜禽“冲凉”。

ⅱ.蒸发冷却。往地面上、屋顶上洒水，靠水分蒸发吸热而降温。

ⅲ.喷雾冷却。将水喷成雾状以降低空气的温度，在送风前进行效果更好。

**（2）通风与换气** 在高气温的情况下，通风换气可缓和高温对家畜的不良影响，在封闭式饲养的情况下，通风换气可排除舍内污浊的空气，改善畜舍的空气环境。自然通风是靠舍外刮风和舍内外的温差实现的。在炎热地区的夏季单独自然通风往往起不到应有的作用，需进行机械通风。

① 负压通风。负压通风又叫排风，即用风机把舍内污浊的空气抽到舍外。

② 正压通风。正压通风又叫送风，即强制将风送入畜舍内，使舍内气压高于舍外，舍内污浊空气被压出舍外。

③ 联合通风。同时用风机送风和排风。

**（3）排水与防潮** 潮湿度是影响畜舍内环境的重要指标，尤其是密闭式畜舍其影响更为突出。家畜每天排出的粪尿量很大，日常饲养管理所产生的污水很多，粪尿和污水导致舍内潮湿，排除水汽就须加大通风，在冬季加大通风就会降低舍温。因此，应合理设置畜舍的排水系统，及时清除粪尿及污水是防潮的重要措施。传统的清粪排水设施主要包括粪尿沟、排出管和粪水池。现代畜饲养已进入工厂化生产，可将畜舍修成漏缝地面，其下直接是贮粪池，或在漏缝地面下设粪沟。

也可采用厚垫草饲养，垫草不仅可以改善畜禽床的状况，而且具有吸水和吸收有害气体的作用。采用网床、高床培育羔羊。利用行为习性，利用家畜的排粪行为，也可改善舍内环境并简化清粪过程。

**（4）采光与照明** 采光分为自然光照和人工光照两种。在开放式或半开放式畜舍和一般有窗畜舍，主要靠自然采光，必要时辅以人工光照；在无窗畜舍则靠人工光照。

## 三、草场规划与划区轮牧

### 1. 轮牧方案设计

**（1）选址** 暖季放牧场牧草正值生长期，不合理利用易对植被造成伤害。应尽量集中联片，并且确保草场使用权已落实到户。

**（2）轮牧单元的组织形式** 有单户和联户两种形式。户均草地面积大的牧户采用单户形式。户均面积较小的地区，为节约投资和便于管理，可采用联户形式，几户草场共同组成一个轮牧单元，统一划分轮牧小区，牲畜统一轮牧。

**(3) 季节牧场的划分** 季节牧场的划分除考虑地形、土壤、植被等条件外，另一个重要的依据是草畜平衡。利用前期大量调查资料，在除天然放牧场以外各种饲草料产量一定的前提下，通过天然放牧场冷季和暖季面积的合理划分，使饲草料资源达到最佳配置，并且与家畜的季节动态相匹配，从而实现草畜动态平衡。

**(4) 划区轮牧面积** 季节牧场划定后，确定轮牧面积。轮牧面积不超过暖季放牧场面积，若由于资金或其他方面因素限制，可用部分暖季放牧场进行划区轮牧。

**(5) 轮牧区范围界定** 利用大比例尺地形图（1∶50000），全球定位仪（GPS）以及其他测量工具标定草地界限，居民点、道路、水域等非牧业用地要实地上图。内业将图用扫描仪扫入微机并计算面积。

**(6) 载畜量** 季节放牧场划分以后，根据各种饲草料资源的配置情况和家畜各项生产指标，综合计算冷季和暖季载畜量，如果暖季草场全部划区轮牧，则暖季载畜量就是轮牧区的载畜量。若轮牧单元采用联户的组织形式，应以每户草场面积占单元面积的比重为权数，确定每户应该放养的牲畜数。

**(7) 放牧季与始牧期** 放牧季是家畜在轮牧区中放牧利用草原的时间，贵州草地一般可以周年放牧。开始轮牧的时间要根据牧草生长情况综合确定，通常在牧草生长量达到产草量的15%～20%时开始轮牧。

**(8) 小区放牧天数** 根据放牧时该小区可食牧草产量和放牧牲畜的数量确定，一般春季开始放牧的前3个小区，由于牧草恢复生长后不久，产量较低，放牧天数要少，具体天数可通过当时实际测产确定，也可以根据以往不同类型草地月产量动态系数确定。一般小区最多放牧天数为5～7d。

**(9) 小区数目** 6～9个小区能够满足划区轮牧要求，也与牧民财力基本适应。

**(10) 放牧频率** 10～12次，根据小区数目和放牧季长短可做适当调整。

**(11) 轮牧周期** 指依次轮流放牧完全部小区的放牧天数之和，各轮牧周期时间都不同，不同草地类型轮牧周期的平均时间一般为：天然草地40～45d，人工草地一般为30～40d。

## 2. 工程设计

**(1) 小区面积** 小区面积＝轮牧区可利用草地面积/小区数目，小区内若有非放牧用地（如水域等）应扣除。

**(2) 小区形状** 小区形状为长方形或正方形，若受图斑限制或一些特殊原因，可出现少量梯形或三角形。长方形长宽比例以（1∶1）～（3∶1）为宜，宽度按1个羊单位0.15～1m设计。

**（3）小区布局** 根据每个划区轮牧地块和整个轮牧区的形状确定，总的原则是利于家畜进出、饮水方便、缩短游走距离。

**（4）牧道及门位** 牧道宽度5～10m，若与乡间路共用，可根据需要适当加宽，应尽量缩短牧道长度，提高草地利用率。门位设计应尽量减少牲畜进出轮牧区的游走距离，不绕道，同时要考虑牧畜的游走习惯，尽量设在距离居民点和饮水点近、朝向牧道的一角。

**（5）家畜饮水及其设施** 水源有地表水、地下水，有的轮牧区地表水和地下水缺乏，可从轮牧区以外用水车拉水。在进行布局设计时，应尽量缩短各小区到饮水点的距离。在使用地表水解决饮水问题时，要有专门的饮水设备与水源分开，防止污染水源。

若用地下水解决饮水问题，如果地势平坦，可利用地下管道将水直接引到各放牧小区，可用电力提水设备。贵州山地地势起伏大，可采用集中饮水方式，即各小区都到固定饮水点饮水。

**（6）围栏** 根据当地实际情况，可选择网围栏、棘丝围栏或电围栏，网围栏和棘丝围栏质量和标准应符合NY/T 1237—2006《草原围栏建设技术规程》要求。

### 3.轮牧管理方案设计

**（1）制定畜群轮牧计划** 根据放牧频率、小区放牧天数、轮牧周期，制定每个周期各小区轮牧始、终时间，每天作息时间等畜群轮牧计划。

**（2）家畜分群放牧** 为避免大、小畜在同一小区混群放牧时大畜对小畜造成伤害，同时考虑到大、小畜采食习性上的差异，大、小畜要分小区放牧。先放大畜，后放小畜，两者间隔1～2个小区，这样能使放牧大畜的小区牧草有一个暂短的休息机会，同时也减轻了小畜放牧时的污染程度。

**（3）放牧小区轮换计划** 每一放牧单元的各轮牧小区，每年的利用时间、利用方式按一定规律顺序变动，周期轮换，使草地保持长期的均衡利用。

**（4）补充矿物质** 划区轮牧与自由放牧相比，矿物质饲料容易缺乏，必须补充。可补盐或盐砖。补盐时要有盐槽，防止污染草地；若用盐砖，应分散放置，防止局部草地过渡践踏。

**（5）制定畜群保健计划** 畜群保健坚持预防为主、防治并重的原则，春秋两季驱虫、药浴各一次，按要求定期注射疫苗，平常畜群发现疾病及时治疗。

**（6）围栏及饮水设施管护制度** 对围栏及饮水设施要定期检查，围栏松动或损坏时应及时进行维修，以防畜群放牧时穿越轮牧小区围栏。饮水设施有破损要及时检修，冷季轮牧区休牧时，管道供水系统要排空管道存水，饮水槽等设施要妥善保管以备来年使用。

### 4. 划区轮牧实施

概括来讲，划区轮牧的实施过程是：首先要根据气候、地形、植被或水源等条件，将放牧地划分为季节牧场；进而按放牧地的面积、产量及畜群大小、放牧时间长短，把季节牧场再划分为轮牧分区（或称小区）；然后，按照一定的次序和要求轮流放牧，合理利用。

**(1) 划分季节牧场** 我国放牧利用的草地，目前多根据季节分为季节牧场，有的也称之为季节营地或季带。即不同的季节利用不同的放牧地，这是实施划区轮牧的第一步。其划分原则主要应考虑：

① 地形和地势。地形和地势是影响放牧地水热条件的主要因素，也是划分季节牧场的主要依据。

山地草地地形条件变化很大，地势、海拔不同，气候差异较大，植被的垂直分布也十分明显。在这种地方季节牧场基本上是按海拔高度划分的。每年从春节开始，随气温上升逐渐由平地向高山转移，到秋季又随气温下降由高山转向山麓和平滩。也可以按坡向划分，在冷季（冬春）利用阳坡，暖季（夏秋）利用阴坡。生产中常有“天暖无风放平滩，天冷风大放山湾”的说法。

在比较平坦的地区，小地形对水热条件影响较大，夏秋牧场可划分在凉爽的岗地、台地，冬春牧场安排在温暖、避风的洼地、谷地和低地。

② 植被特点。放牧地的植被成分在季节牧场划分上有重要意义，牧谚有“四季气候四季草”的说法，即在不同季节植被有一定的适宜利用时期。例如，芨芨草在夏季家畜几乎不采食，适口性非常低，蒿类或其他一些生长季有特殊气味的植物，往往不为家畜所采食，但秋天经霜之后，适口性明显提高，以这类植物为主的草地尽可划为深秋利用。针茅在盛花期及结实期，由于颖果上具有坚硬的长芒，牲畜多不采食，甚至常常刺伤家畜，这类草地尽可在此之前利用。在荒漠、半荒漠地区，有些短命与类短命植物，在春季萌发较早，并在很短时间内完成其生命周期，以这类植物为主的牧场早春利用是最合适的。一些早熟的小禾草，如硬质早熟禾、冰草等，以及一些无茎豆科牧草，如乳白黄芪、米口袋等，春季萌发较早，而且在初夏即完成其生命周期，这类牧草也只适合于春季和夏初利用。

③ 水源条件。为使家畜正常生长发育，必须满足其饮水需要，放牧场的适宜利用期与其水源条件有密切关系。不同季节，因气候条件不同，牲畜生理需要有差异，其饮水次数、饮水量也不一样。暖季气温高，牲畜饮水较多，故要求水源充足，距离较近。冷季牲畜饮水量和次数较少，可以利用水源较差或离水源较远的牧场。有些草原夏季无水，冬天有雪时，可在冬季靠雪解决饮水问题，以利用缺水草原。

根据上述一些基本原则，可以将放牧地划分成两季（冷季、暖季）、三季（夏场、春秋场、冬场等）或四季牧场，然后在季节牧场内再划分轮牧分区。

**（2）放牧地的轮牧** 放牧地轮牧，是指每一放牧单元中的各轮牧分区，每年的利用时间、利用方式按一定规律顺序变动，周期轮换。这样可防止每年在同一时间以同一方式利用同一草地，以避免草层过早退化，使其能保持长期高产稳产。因为当每年同一时期利用同一块草地时，会使有价值牧草正常的营养物质积累与消耗过程被破坏，种子不能形成，使其产量下降，并从草层中衰退，而非理想植物与毒草却不断增加，所以不合理利用是造成草地迅速退化的一个重要原因。据测定，当连续四年不合理放牧时，草地上家畜不食的植物可增加20%～30%，而饲用植物的产量下降40%～50%。为了防止这种情况发生，必须要有正确的放牧系统，实行放牧地轮牧。

更换利用次序：放牧小区的利用次序每年更换，如今年从第一小区开始放牧，明年从第二小区开始，后年从第三小区开始等，依次类推。

较迟放牧：等牧草充分生长后再行放牧，以避开在春季忌牧时期的利用。

延迟放牧：使主要的优良牧草结种之后再放牧，为种子成熟与更新创造一定的条件，或避开秋季忌牧时期。

刈牧交替：退化比较严重的草地，在生长季内完全不加利用，使其充分休闲，或使割草与放牧交替，以恢复生机。

## 四、典型案例

### 1. 示范点基本情况

示范点位于贵州省毕节市撒拉溪镇朝营小流域，属六冲河流域，地处毕节市西南部，平均海拔1600m，流域切割较深，相对高差悬殊。亚热带季风湿润气候，年平均气温约为12℃，年平均降雨量在984.40mm。森林覆盖率35.62%。朝营下小寨示范点海拔1730～1978m，为多年农用梯田，山体中部以上为陡坡耕作，岩石出露显著，整个示范点水土流失严重，土壤结构不佳，内部板结。

朝营小流域水土流失面积为47.39km$^2$，占流域总面积的84.12%，流失等级高，是全省平均流失程度的2.02倍。流域范围属贵州省水土流失重点防治区划分中的重点监督区。据估算，土壤侵蚀模数为每年1321t/km$^2$。其中，轻度、中度、强烈和极强烈侵蚀分别为17.32km$^2$、16.78km$^2$、1.62km$^2$、11.66km$^2$。

撒拉溪镇石漠化比例在40%左右，以轻度和中度为主，还有少部分强度石漠化。朝营小流域内碳酸岩面积 4472.47hm$^2$，石漠化面积 2616.41hm$^2$，其中，轻度石漠化 1532.95hm$^2$、中度石漠化 910.59hm$^2$、强度石漠化 172.87hm$^2$，分别占流域石漠化面积的 58.59%、34.80%、6.61%。由于农民毁林开荒种地，居民点和人口密度较大的地方石漠化等级程度较高。此外，居民采取广种薄收的不合理的土地利用行为，使森林植被遭到不同程度破坏，导致地表岩石裸露，在降雨或径流等运移力的作用下，水土流失严重，同时气候和岩性又加速了这一过程，最终导致石漠化的加剧。

土地面积 5633.30hm$^2$，其中耕地面积 2471.73hm$^2$、林地面积 2791.14hm$^2$、园地面积 13.37hm$^2$、草地面积 29.55hm$^2$，分别占流域农用地总面积的 43.88%、49.55%、0.24%、0.52%。其中，耕地面积中有灌溉水田 1.24hm$^2$，占耕地面积的 0.05%；旱耕地 2470.49hm$^2$，占耕地面积的 99.95%。本流域内土地以林地和耕地为主，天然草地面积较小，园地零星分布。建设用地主要为农村居民点和交通运输用地，以及零星独立工矿用地。未利用地为成片的荒草地和部分石漠化较为严重的裸岩石砾地。

## 2. 草地规划配置

根据小流域定性特征将整个区域划分为五个类型（图 2-1），分别为：$T_1/T_2$ 山顶台地、$M_1$ 阴坡、$M_2$ 阳坡、B 谷底。不同的区域分别有不同的小环境，因此其生境特征也不同。

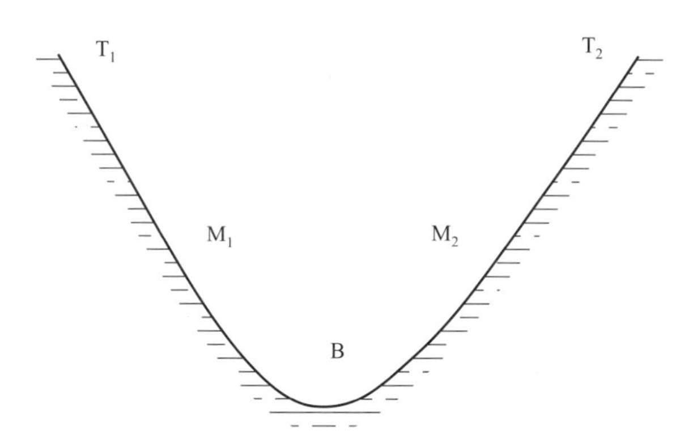


图 2-1　小流域牧草试验区布置示意

$T_1/T_2$：山体顶部由于受雨水侵蚀比较严重，土层比较浅，土壤保水性比较差，但光照充足。

$M_1$ 阴坡：阴坡具有较好的水分条件，但光照不足；接受山体中上部冲刷而来的土壤集聚于这一区域，土层常比较深厚，土壤质量较好。

$M_2$ 阳坡：阳坡光照较充足，但水分条件较差；接受山体中上部冲刷而来的土壤集聚于这一区域，土层常比较深厚，土壤质量较好。

B谷底：谷底这一区域光照条件最差，但土壤和水分条件较好。

不同物种（品种）的牧草对水分、肥力、光照、温度等环境因素的适应性不同，岩溶地区土壤水分含量季节性变化幅度大，据此提出群落耐旱栽培技术，具体试验如下：根据不同的土壤和立地条件组配相应的牧草群落，依据时空互补性原则，同时考虑耐旱性差异组织群落组分，使其对环境因子的适应相互补充，从而达到草地生产力维持的作用。根据不同的土壤和立地条件组配相应的牧草群落，依据时空互补性原则，重点考虑不同牧草能量和蛋白营养平衡，据此组织群落组分，使其营养相互补充。

据此将B谷底设计为高产割草地，选配的草地建植方案为：①扁穗雀麦＋白三叶；②白三叶＋多年生黑麦草＋鸭茅；③饲用甜高粱＋一年生黑麦草；④墨西哥玉米＋一年生黑麦草。

将$M_1$和$M_2$规划为放牧草地，其中阴坡的草地组合为：①鸭茅＋多年生黑麦草＋白三叶；②白三叶＋高羊茅＋多年生黑麦草；③扁穗雀麦＋白三叶；④多花木兰＋白三叶＋鸭茅；⑤白刺花＋白三叶＋鸭茅。阳坡的草地组合为：①毛花雀稗＋紫花苜蓿；②紫花苜蓿＋多年生黑麦草＋白三叶；③多年生黑麦草＋白三叶；④宽叶雀稗＋白三叶＋红三叶；⑤多花木兰＋紫花苜蓿＋白三叶＋鸭茅；⑥白刺花＋紫花苜蓿＋白三叶＋鸭茅。

$T_1$、$T_2$坡顶可规划为季节性放牧草地，其草种组合为：①多花木兰＋扁穗雀麦＋白三叶；②白刺花＋紫花苜蓿＋多年生黑麦草；③刺槐＋多年生黑麦草＋白三叶；④黄槐＋白三叶＋鸭茅；⑤紫穗槐＋紫花苜蓿＋扁穗雀麦。

## 3. 轮牧小区规划

根据草场面积暂定每小区面积为100亩（1亩＝667$m^2$），小区轮牧示意图见图2-2。

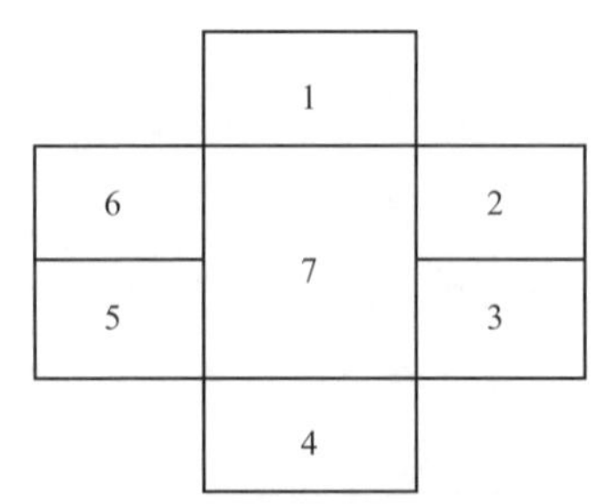


图2-2 草场轮牧示意

1—刚放牧的小区；2—正在放牧的小区；

3，4—待放牧的小区；5，6—休闲小区；7—养殖场

## 4. 养殖场规划

### (1) 家庭牧场规划设计

① 经营规模的确定。家庭牧场规划设计要适应草地畜牧业现阶段生产力的发展水平，由于各地资源及社会经济条件不同，经营规模也有所不同。

根据对毕节撒拉溪定居点现状调查（表 2-1），并参照关岭-贞丰花江具有代表性的定居区，确定现阶段贵州家庭牧场的畜牧业收入（表 2-2）。

表 2-1 撒拉溪示范区生物质能来源情况

| 行政村名 | 主要性畜养殖情况 | | | 秸秆种植情况 | |
|---|---|---|---|---|---|
| | 猪/头 | 牛/头 | 鸡/只 | 种植面积/$hm^2$ | 秸秆产量/kg |
| 朝营村 | 3 | 1 | 4 | 0.533 | 1409 |
| 冲锋村 | 3 | 0 | 6 | 0.333 | 809 |
| 龙凤村 | 4 | 1 | 6 | 0.437 | 1203 |
| 撒拉溪村 | 0 | 0 | 2 | 0.102 | 590 |
| 沙乐村 | 3 | 0 | 4 | 0.309 | 764 |
| 水营村 | 1 | 0 | 2 | 0.187 | 460 |
| 永丰村 | 2 | 1 | 5 | 0.433 | 1209 |
| 钟山村 | 4 | 0 | 6 | 0.367 | 965 |
| 茅坪村 | 3 | 1 | 7 | 0.399 | 1009 |

表 2-2 花江顶坛小流域主要村民组畜牧业收入（张浩，2013）

| 年份 | 项目 | 擦耳岩 | 石板寨 | 大石板 | 田坝 | 戈背 | 湾子 | 总计 |
|---|---|---|---|---|---|---|---|---|
| 2005 | 畜牧业收入/万元 | 13.94 | 29.75 | 8.98 | 17.84 | 4.47 | 13.03 | 88.01 |
| | 占经济总量比重/% | 28.41 | 60.92 | 42.94 | 43.74 | 15.77 | 21.19 | 35.26 |
| 2010 | 畜牧业收入/万元 | 27.23 | 30.71 | 47.49 | 35.80 | 13.27 | 50.40 | 204.9 |
| | 占经济总量比重/% | 9.85 | 16.19 | 20.86 | 21.89 | 15.13 | 15.53 | 16.14 |

② 家庭牧场布局建筑要求。根据贵州的气候特点及定居牧民生活生产需要，家庭牧场在建设过程中需要特别注意以下几点。

a. 方位选择。应当按照东西长、南北短的长方形布局设计，住房及圈舍必须坐北朝南。另根据贵州大部分地区冷季上午的天气状况较稳定，日照较低，同时冷季主风向以西北风为主的特点，方位选择应偏东 2°～5°为佳。因此，在定居点整体规划及家庭牧场宅基的建筑布局放线时，必须注意上述方位选择要点。

b. 生产生活设施区界要明显。生产与生活设施区界要明显，用矮墙进行隔离，一般住房生活区应居于上风区，人畜行走路线不能混同，生活区人进出门与牲畜走门分设。

c. 防火安全及卫生防疫安全。草棚储草房要与住房及牲畜圈舍有足够的间隔，至少 20m 的距离。在圈内外都必须留有足够的粪便处理堆积区，在人畜进出口应设置消毒池。在圈舍外应设立独立的病畜隔离治疗舍。

③ 家庭牧场建设主要参数。家庭牧场建设是新生事物，又具有特殊性，与农村家庭养殖不同，也不同于公司或企业运作下的规模化的专业养殖基地，所包含的内容比较多，因此，比较缺乏相应可参照的技术资料和规范。此次笔者根据对各地定居点的调查，整理出如下参数标注，供设计时参考。

在生活区生活设施主要有住房、厨房、库房、厕所、庭院等。一般生活区的面积占宅基地面积的 18%～25%，在 0.2～0.33hm$^2$ 的宅基地中，生活区面积一般在 500～600m$^2$ 为宜，其中，除了房屋建筑外，还应至少有 140m$^2$ 的庭院，布置果树、花坛、小花园。人均住房面积 14～20m$^2$，根据习俗，坐北的一栋为卧室、大小客厅，坐西的为厨房、库房储藏室。

**（2）家庭牧场布局建设模式**

① 两种布局规划设计模式。家庭牧场应当是在区域化布局的前提下进行专业化养殖，这是草原畜牧业实现产业化的基础，也就是说每个家庭牧场在经营的畜种和品种上应当专业化。贵州大部分牧民，每户既养牛又养羊同时养猪。因此，在家庭牧场建筑中，在考虑专业化为主的同时，还要布置适当的猪舍等。笔者对比较典型的占地 0.33hm$^2$（65m×52m＝3380m$^2$）和 0.2hm$^2$（2000m$^2$）两种规模和以养牛为主的两种家庭牧场布局进行了研究设计，作为建筑参考模式。

② 以养牛为主的家庭牧场布局

a. 存栏 40 头生产母牛的家庭牧场。存栏 40 头生产母牛的家庭牧场建筑内容参数见表 2-3。表 2-3 参数布局实例见图 2-3。占地 0.33hm$^2$（3380m$^2$）以养牛（兼用牛、暖季放牧）为主的家庭牧场，生活区面积 585m$^2$。占 17.3%，生产区面积 2795m$^2$，养牛规模可达到生产母牛 35～40 头，育成牛 42～48 头，年内总存栏 80 头。

**表 2-3　存栏 40 头生产母牛的家庭牧场建筑布局参数**

| 建筑布局内容 | 数量 | 备注 |
| --- | --- | --- |
| 宅基地面积/m$^2$ | 3380 | 65m×52m(0.33hm$^2$) |
| 生活区面积/m$^2$ | 585 | 30m×19.5m |
| 生产区面积/m$^2$ | 2795 | |
| 单排式牛舍/m$^2$ | 180 | 30m×6m 育肥及育成牛 |

续表

| 建筑布局内容 | 数量 | 备注 |
| --- | --- | --- |
| 单排式牛舍运动场/$m^2$ | 420 | 30m×14m |
| 双排式牛舍/$m^2$ | 330 | 30m×11m 生产牧牛舍 |
| 双排式牛舍运动场/$m^2$ | 480 | 30m×16m |
| 饲料库及调制间/$m^2$ | 60 | 12m×5m |
| 机具库及马厩/$m^2$ | 88 | 16m×5.5m |
| 草棚/$m^3$ | 640 | 20m×8m×4m |
| 青贮窖/$m^3$ | 280 | 16m×3m×3m×2 座 |
| 粪场/$m^2$ | 240 | 20m×12m 院外布置 |

注：单排式牛舍为育肥牛及育成牛舍，双排式牛舍为生产母牛舍。

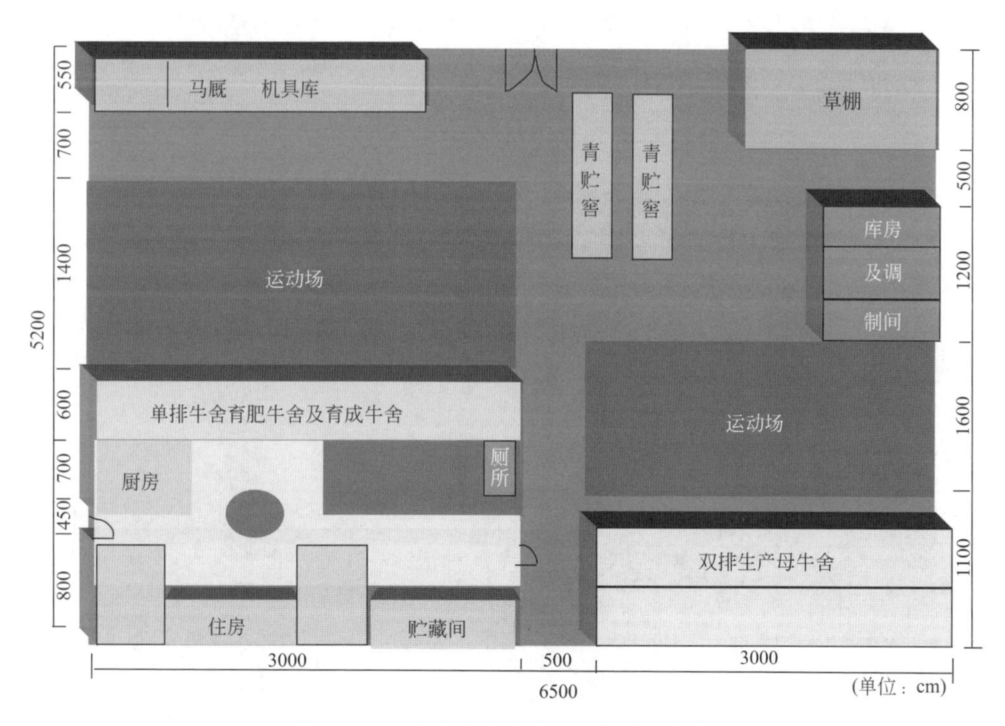


图 2-3　40 头生产母牛家庭牧场平面布局

b. 存栏 20 头生产母牛家庭牧场建筑布局参数。存栏 20 头生产母牛的家庭牧场建筑内容参数见表 2-4。表 2-4 参数中布局实例见图 2-4，占地面积 2000$m^2$（0.2$hm^2$），以养牛为主的家庭牧场，生活区面积 440$m^2$，占 22%，生产区面积 1560$m^2$，占 78%，养牛规模可以达到生产母牛 20 头，育成及育肥 24 头，年内总存栏 44 头。

表 2-4　存栏 20 头生产母牛家庭牧场建筑布局参数

| 建筑布局内容 | 数量 | 备注 |
| --- | --- | --- |
| 宅基地面积/$m^2$ | 2000 | 50m×40m |
| 生活区面积/$m^2$ | 440 | 22m×20m |
| 生产区面积/$m^2$ | 1560 | |
| 单排式生产母牛舍/$m^2$ | 150 | 25m×6m |
| 母牛运动场/$m^2$ | 350 | 25m×14m |
| 育成牛及育肥牛舍/$m^2$ | 120 | 20m×6m |
| 育成牛及育肥牛运动场/$m^2$ | 280 | 20m×14m |
| 饲料调制奶处理室/$m^2$ | 45 | 5m×9m |
| 草棚/$m^3$ | 480 | 12m×10m×4m |
| 青贮窖/$m^3$ | 180 | 12m×3m×2.5m×2 座 |
| 粪场/$m^2$ | 160 | 16m×10m |
| 库房、马厩/$m^2$ | 40 | 5m×8m |

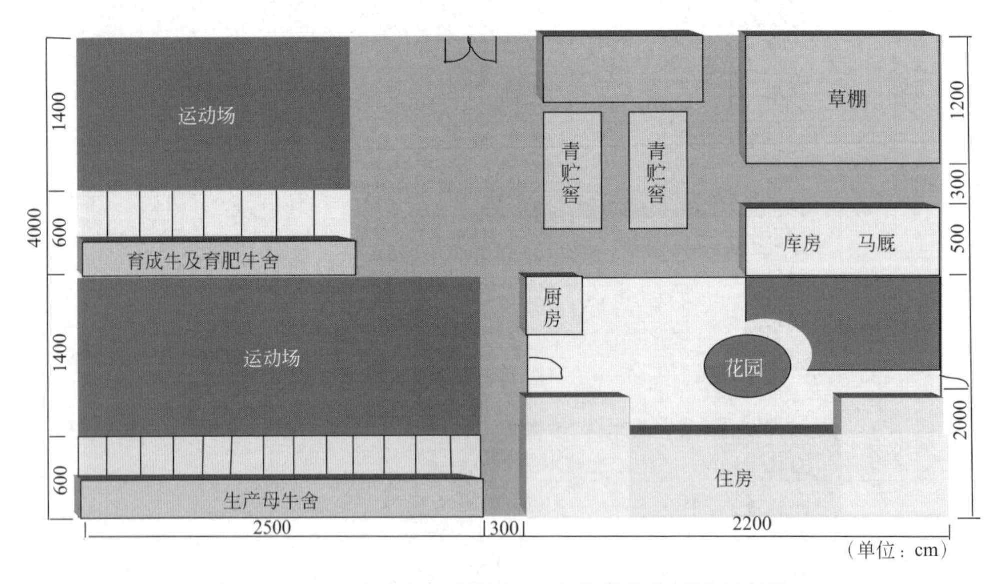


图 2-4　20 头生产母牛存栏牛 44 头的家庭牧场平面布局

③ 以养羊为主的家庭牧场布局

a. 存栏规模 500 只绵羊的家庭牧场。经营生产母羊 250～300 只，年存栏规模 500 只绵羊的家庭牧场建筑，建筑布局参数见表 2-5，布局及侧轴效果见图 2-5。

表 2-5　存栏规模 500 只绵羊的家庭牧场建筑布局参数

| 建筑布局内容 | 数量 | 备注 |
| --- | --- | --- |
| 宅基地面积/$m^2$ | 3380 | 65m×52m(0.33$hm^2$) |
| 生活区面积/$m^2$ | 585 | 30m×19.5m |
| 生产区面积/$m^2$ | 2795 | |
| 生产母羊舍/$m^2$ | 210 | 30m×7m |
| 生产母羊运动场/$m^2$ | 450 | 30m×15m 沿墙体设饲槽饮水槽 |
| 育肥羊舍/$m^2$ | 195 | 30m×6.5m |
| 育肥羊运动场/$m^2$ | 255 | 30m×8.5m 沿墙体设饲槽饮水槽 |
| 生产母羊及羊羔舍/$m^2$ | 195 | 30m×6.5m |
| 生产母羊及羊羔运动场/$m^2$ | 255 | 30m×8.5m 沿墙体设饲槽饮水槽 |
| 饲料调制间及库房/$m^2$ | 66 | 12m×5.5m 大小 3 间 |
| 草棚/$m^3$ | 640 | 20m×8m×4m(长×宽×高) |
| 青贮窖/$m^3$ | 180 | 12m×3m×2.5m×2 座 |
| 库房、马厩/$m^2$ | 88 | 16m×5.5m |

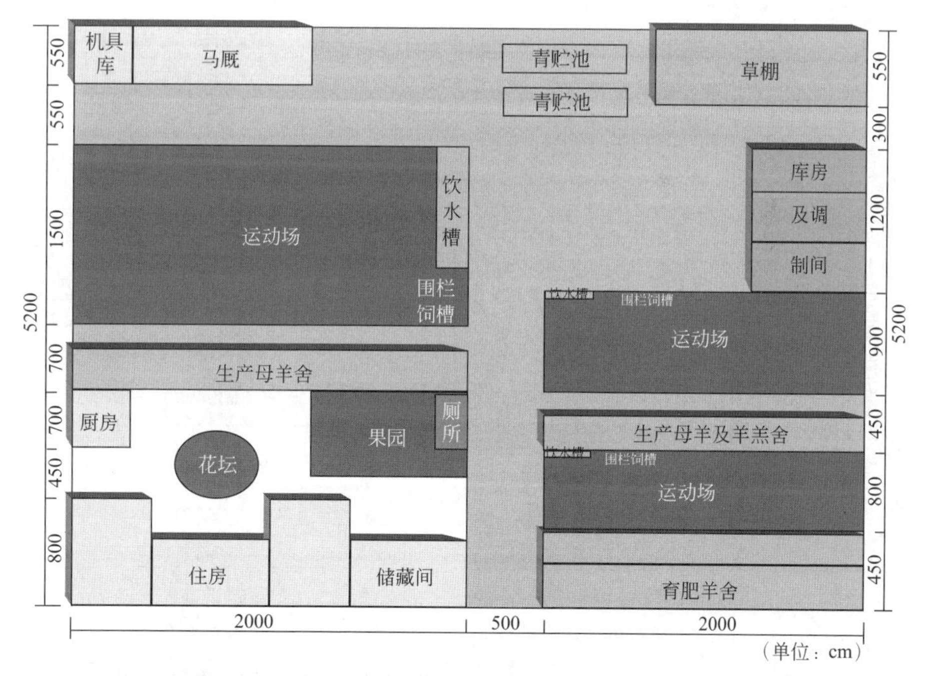


图 2-5　存栏 500 只绵羊的家庭牧场（250 只生产母羊及 250 只育肥羊舍）

b. 存栏规模 300 只绵羊的家庭牧场。经营生产母羊 150 只、年存栏规模 300 只绵羊的家庭牧场，建筑布局参数见表 2-6，平面布局见图 2-6。

表 2-6 存栏规模 300 只绵羊家庭牧场建筑布局参数

| 建筑布局内容 | 数量 | 备注 |
| --- | --- | --- |
| 宅基地面积/$m^2$ | 2000 | 50m×40m(0.2$hm^2$) |
| 生活区面积/$m^2$ | 440 | 22m×20m |
| 生产区面积/$m^2$ | 1560 | |
| 生产母羊舍/$m^2$ | 175 | 25m×7m |
| 运动场/$m^2$ | 350 | 25m×14m |
| 育成羊及育肥羊舍/$m^2$ | 163 | 25m×6.5m |
| 运动场/$m^2$ | 313 | 25m×12.5m |
| 饲料调制及库房/$m^2$ | 45 | 9m×5m |
| 草棚/$m^3$ | 576 | 12m×12m×4m |
| 青贮窖/$m^3$ | 125 | 10m×2.5m×2.5m×2 座 |
| 库房/$m^2$ | 40 | 8m×5m |

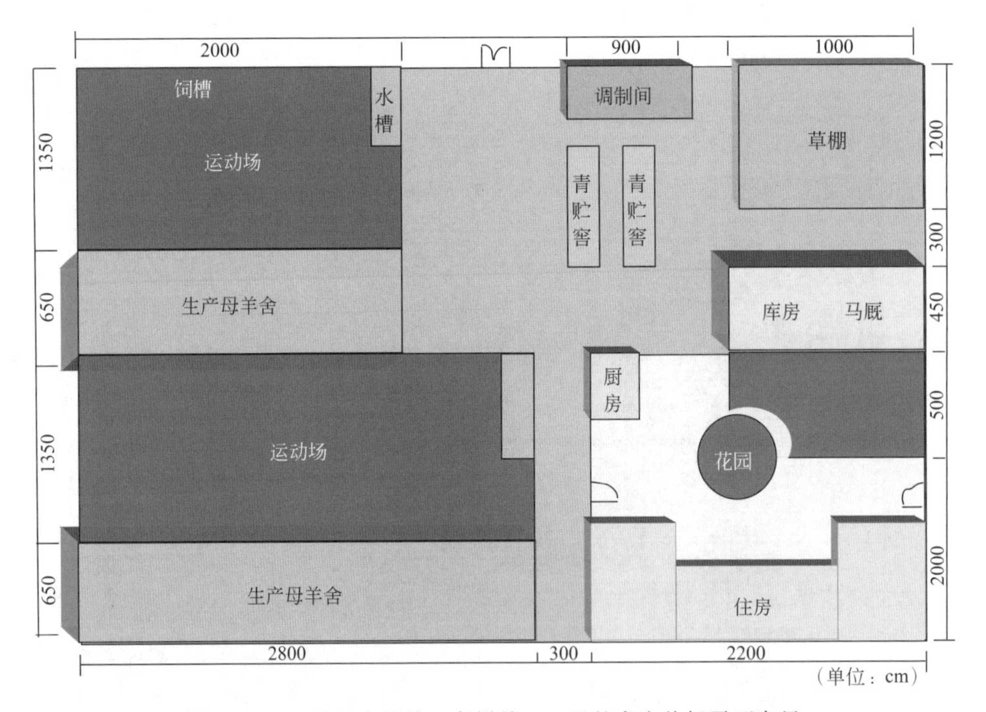


图 2-6 150 只生产母羊、存栏羊 300 只的家庭牧场平面布局

④ 牛舍建筑。家庭牧场的永久性圈舍建筑要经济实用，同时又要设计规范科学。目前一般家庭牧场牛舍在结构材料上多为砖木结构，也有造价相仿的塑（彩）钢架结构。

a. 单排式牛舍。单排式牛舍比较适合规模较小的家庭牧场，也适合农区专业养殖小区的养牛专业户。跨度小，建造容易，建筑关键是各项规格尺寸要符合规范参数，图 2-7 是可容纳 20 头生产母牛及 10 头犊牛（育成牛）的单排式牛舍。单排式牛舍建筑中除了对内部的牛床、饲槽等按规格布置外，须注意的是玻璃窗户及通风换气管的设置。图中牛舍内面积为 $175m^2$，按牛舍采光系数规范 1∶12 计，窗口面积应为 $14.6m^2$，窗户尺寸为 1m×1.5m，因此窗户数量为 10 个较为合适。

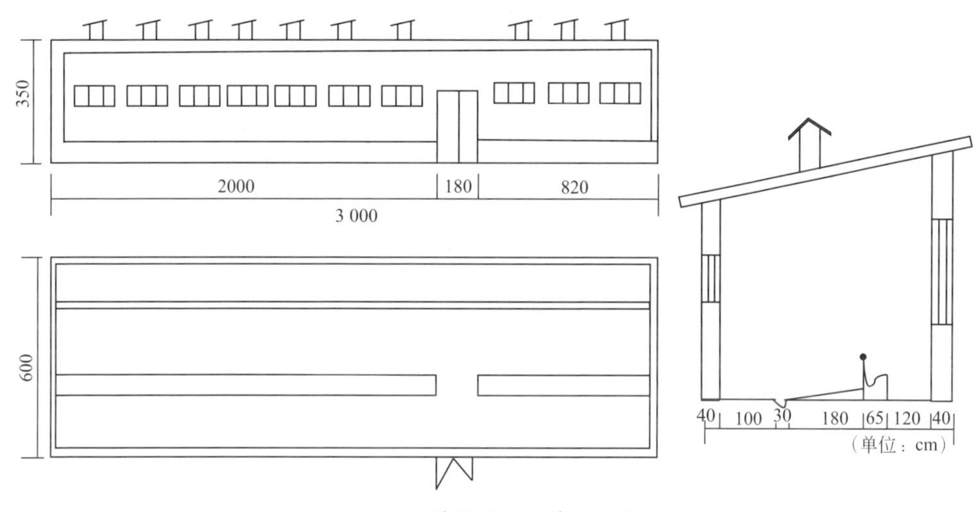

图 2-7　单排式牛舍建筑示意

b. 双排式牛舍。适合规模较大，占地面积大的家庭牧场。一般跨度 10.0～11.0m，多为综合性牛舍，生产母牛、育成牛以及产犊间、饲料调制、冲洗及奶处理间合为一体。有对头式、对尾式两种［图 2-8、图 2-9（对头式）、图 2-10、图 2-11（对尾式）］，其采光设置计算参照单排式牛舍。

双排式牛舍粪尿排量大，因此排粪沟除了（东西）两端有一定的（2°～3°）坡度外，在圈外必须设置临时储粪池。20 头牛临时粪池的规格一般为 4m×2m×0.5m（长×宽×深），需卵石混凝土处理。

**(3) 羊舍建筑图**

① 混合羊舍。跨度 6～6.5m，可单坡式，也可双坡式（塑料暖圈），内设饲槽沿边墙布置。圈外运动场设置饮水槽，并沿围栏隔墙设置饲槽（图 2-12）。

② 双排式羊舍。跨度 8.0～8.5m，不对称双坡式，南向坡可建成万通板塑模坡面。也可全封顶式坡面羊舍中间设工作走道（1.4～1.5m），饲槽、隔栏、羊床对头式布局（图 2-13），这种羊舍适合规模较大、进行冬羔生产的母羊群。

**(4) 其他生产设施建筑**　家庭牧场主要生产设施固然重要，但在实际生产运作中，其他设施的规模化建设对于提高家庭牧场系统功能影响也较大。在大的方面有青贮窖和干草设施的示范建设（见第四章），在小的方面有圈外运动场如何设置饲槽、饮水槽，圈舍内如何合理采光及通风换气等。

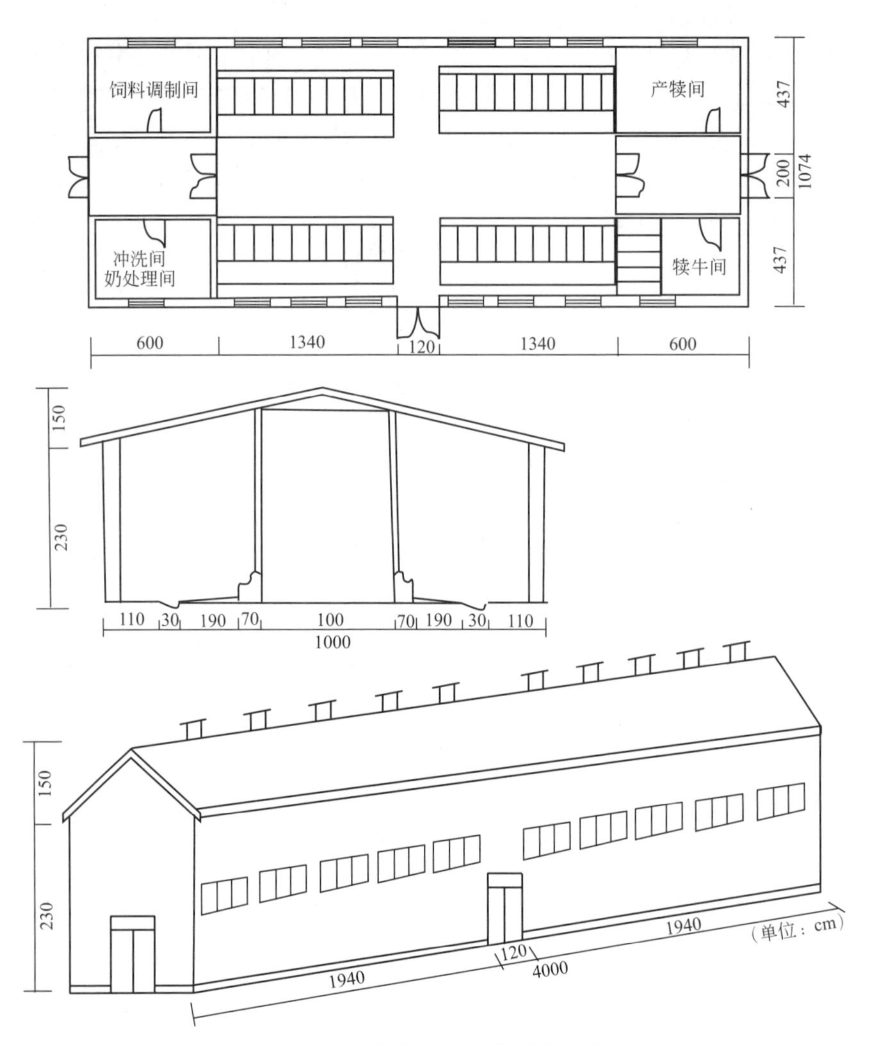


图 2-8　家庭奶牛场牛舍建筑示意

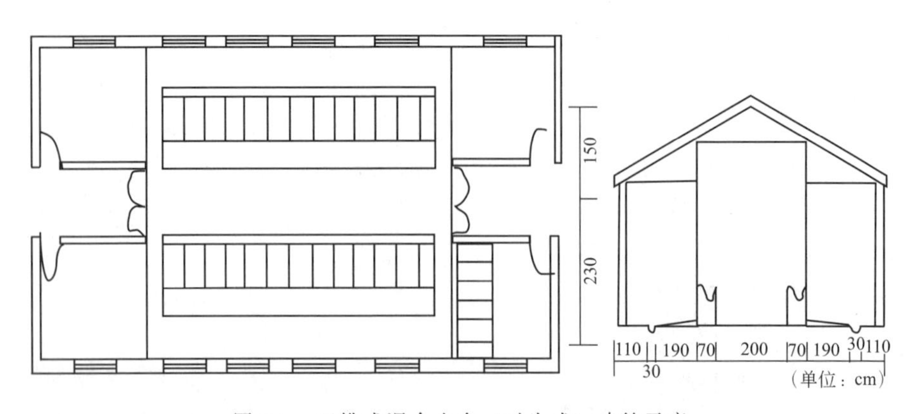


图 2-9　双排式混合牛舍（对头式）建筑示意

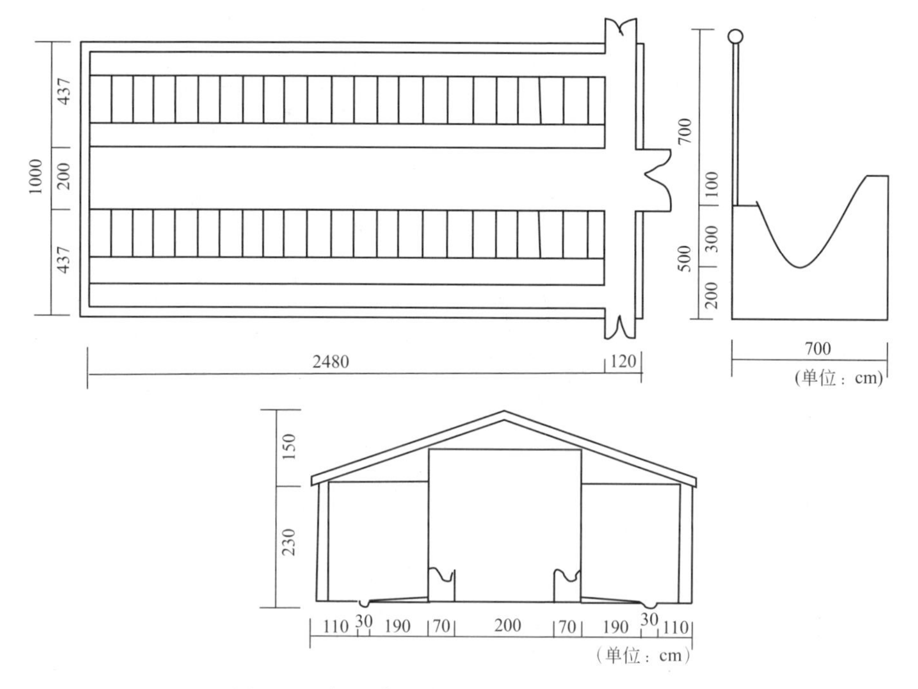


图 2-10　奶牛养殖小区双排式牛舍建筑示意

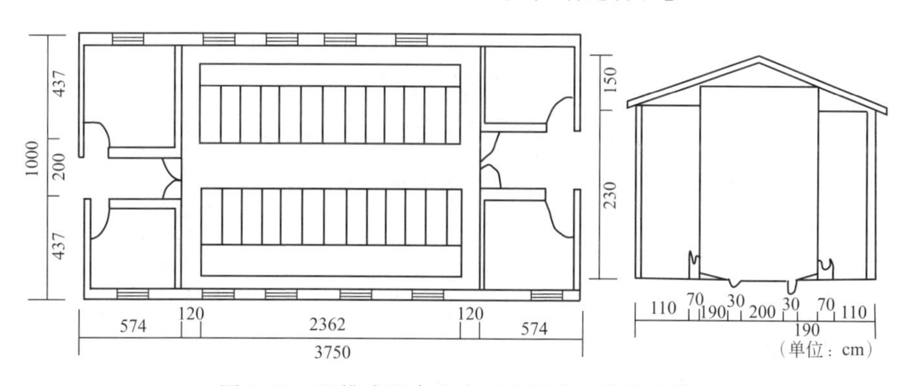


图 2-11　双排式混合牛舍（对尾式）建筑示意

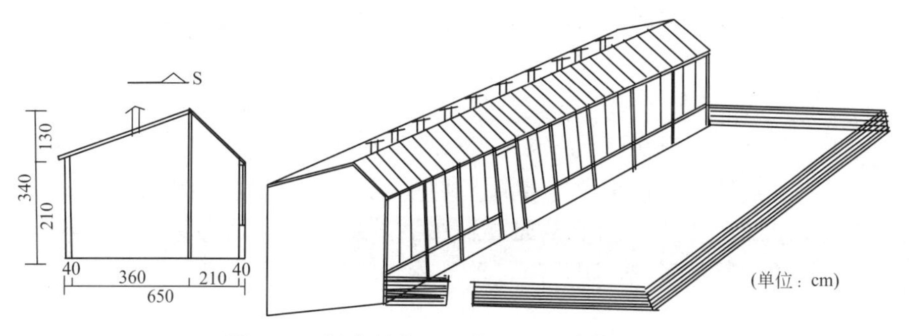


图 2-12　混合羊舍（塑膜万通板）建筑示意

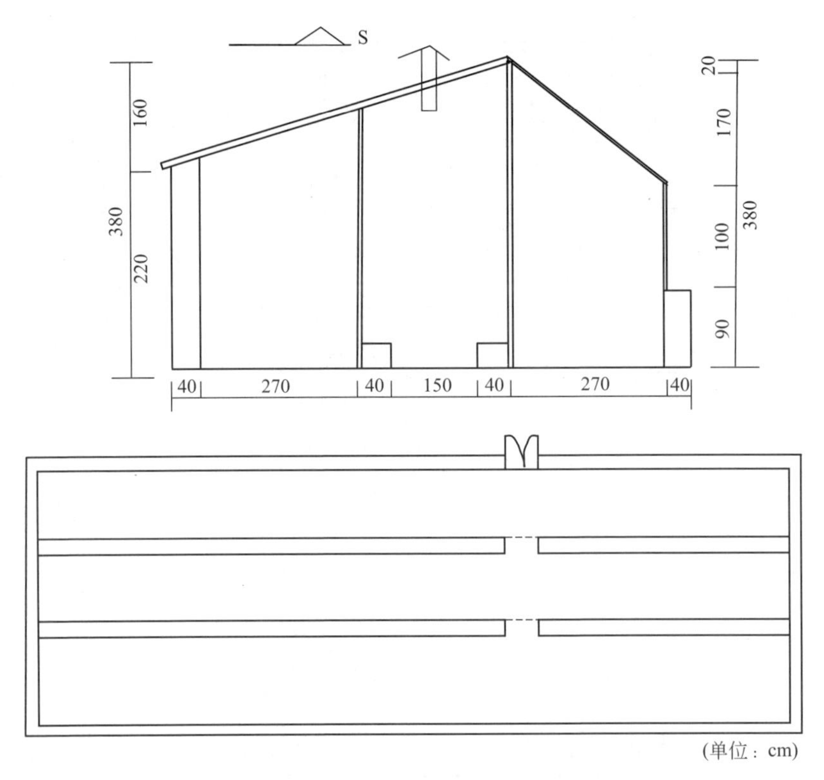


图 2-13　双排式（塑膜万通板）羊舍圈建筑示意

在生产区运送草料及牲畜进出的大门必须设置消毒池，一般消毒池的宽度与大门等宽，门处也需设置消毒池，宽度与门等宽，长度 2.4m，深度 0.05m，池内垫石灰粉或草木灰。消毒工作主要在于打断病菌的连续性、阻止传染病的传播，从而保护其他家畜免受传染病病原体的危害。

**(5) 典型羊舍举例**

① 封闭双坡单列式羊舍。这种类型羊舍内设单列羊床和饲养通道，四周墙壁封闭严密，保温和隔热性能好。屋顶为又坡式，跨度大，排列成“一”字形，其长度可根据羊的数量适当加以延长或缩短。如果前面只建半截围墙，则成为半封闭。

② 封闭双坡双列式羊舍。与封闭双坡单列式羊舍结构基本相同，但内设对称两列羊床，饲养通道在中间。这类羊舍跨度更大，舍内宽敞明亮，更便于饲养管理和提高工作效率，适用于大型集约化养羊场。

③ 塑料棚舍。这种羊舍一般是将简易开放式羊舍的运动场，用材料作好骨架，上面覆盖塑料膜而成，可用于母羊冬季产羔和肉羊育肥。

# 第三章
# 饲草生产

# 一、饲草生产的区划

## 1. 贵州牧草分区

地球上约有39万种植物，可利用的植物为2500～3000种，其中作物2300种，可食用的900种，经济作物1000种，栽培牧草400种左右。我国牧草种植区划为九个区。贵州省牧草种植区划属于（7）西南白三叶、黑麦草、红三叶、苇状羊茅栽培区。但贵州省由于纬度变化和海拔变化形成的立体气候又形成了自身独特的气候特点，通常贵州省牧草种植区划为三个区：①温热区。铜仁、黔东南、黔南、黔西南等海拔在800m以下的地区。②温凉区。贵阳、安顺、遵义等海拔800～1200m的区域。③冷凉区。毕节、六盘水等海拔在1200m以上的地区。

## 2. 饲草区划

**（1）温热区**　适于贵州低热河谷地区种植的牧草品种有皇草、狼尾草、苇状羊茅、小花毛花雀稗、地方毛花雀稗、扁穗牛鞭草、非洲狗尾草、百喜草，这些品种根系发达、耐干热能力强，且产草量高、营养丰富，在低热河谷地区基本上是一年四季青绿，完全能解决贵州低热河谷地区四季青绿饲草均衡供应的问题。

**（2）温润区**　适于温暖湿润地区种植的牧草品种有普那菊苣、欧洲菊苣、串叶松香草、球茎草芦、园草芦、扁穗牛鞭草、多年生黑麦草努伊、交战2代苇状羊茅、地方毛花雀稗和加拿大毛花雀稗、安巴沙多鸭茅、宝兴鸭茅、里熬百脉根、哈马河红三叶、苏丹草、维多46高丹草、紫花苜蓿的三得利、金皇后、阿尔冈金、Nitro、巨人801、盛世等品种，这些牧草品种产草量高、营养丰富、适口性较好，在引进牧草中为优质牧草，很有推广利用价值。这类地区包括海拔在800～1200m的贵州中部的广大农区，可供选择的牧草品种较多，种草养畜发展潜力较大。

**（3）冷凉区**　适于寒冷湿润地区种植的牧草品种有多年生黑麦草努依、一年生黑麦草沃土、劲能、特高、白三叶的海发、川引拉丁诺、扁穗雀麦、锋利燕麦、毛叶苕子、草芦、宝兴鸭茅、维多利亚紫花苜蓿等品种，这类品种基本上属于冷季型牧草，草质较优，产草量也高，是高寒湿润地区优质人工草地建设和改良的理想牧草品种。

### 3. 主要栽培牧草生产性能

在丰产条件下主要栽培牧草年青草产量在每亩10000kg以上的品种有菊科牧草普那菊苣、欧洲菊苣和串叶松香草，年产草量分别为每亩12000kg、15000kg和16000kg，禾本科牧草皇草、桂牧1号和墨西哥玉米，年产草量分别为每亩15000kg、13000kg和15000kg。产草量在每亩6000～10000kg的品种有禾本科的多年生黑麦草努伊每亩6017.0kg、冬牧70黑麦草每亩6000kg、维多46高丹草每亩7500kg、球茎草芦每亩7000kg、扁穗牛鞭草和非洲狗尾草每亩6000kg、豆科的紫花苜蓿品种金皇后每亩6500kg、阿尔冈金每亩6000kg、俄勒414每亩6257kg、俄勒525HQ每亩6057kg、白三叶品种川引拉丁诺每亩6000kg等。产草量在每亩4000～5000kg的牧草品种有多年生黑麦卓越、一年生黑麦草沃土、鸭茅、白三叶、百脉根、紫花苜蓿等。

## 二、种植模式

根据不同地区草地性质、土质、小气候和农民种植习惯，可以选择不同的牧草优质高产栽培模式。

### 1. 稻田免耕冬闲田优质高产栽培技术推广

主推区域：黔东南州、铜仁地区。

主推品种：燕麦、一年生黑麦草等品种。

主推技术：免耕直播技术。利用水稻田放水收稻前2周，及时播种一年生黑麦草种子，将一年生黑麦草种子丸衣化（种子包衣稀泥浆）处理，增加种子重量，提高撒播效果，水稻采收后按照牧草正常田间管理和刈割利用。

### 2. 旱地冬闲土优质高产栽培技术推广

主推区域：毕节地区、黔西南州、黔南州。

主推品种：光叶紫花苕、扁穗雀麦、燕麦、一年生黑麦草等品种。

主推技术：与粮食或经济作物轮作技术。推广夏季种植粮食或经济作物，冬季种植牧草，如此往复循环，实现粮-草高效栽培轮作目标。

### 3. 多年生牧草混播高产技术

牧草混播是指将两种或两种以上的牧草混合播种在一起，利用它们在生长发育、形态特征、地上地下空间利用等方面的差异，优势互补，可以建成高效人工植物群落，该技术理论性较强，而且增产效果显著。多年生牧草混播高产技术为草种混播搭配、种植与管理技术。推广标准化播种、施肥、灌溉及收获等田间管理技术措施，该项技术可使多年生牧草人工草地产量从每公顷 22.5t 提高到每公顷 67.5t，牧草产量相当于天然草地产草量的 3 倍以上；一年生人工草地产草量可达每公顷 112.5t，牧草产量相当于天然草地产草量的 5 倍以上，且牧草质量明显改善。

主推区域：贵州省各地区。

主推品种：鸭茅、紫花苜蓿、多年生黑麦草、白三叶。

主推技术：多草种混播技术。推广禾：豆混播比例为 8：2 技术，鸭茅＋黑麦草＋白三叶（即草 4 号鸭茅 15kg/hm$^2$＋黑麦草 7.5kg/hm$^2$＋海发白三叶 7.5kg/hm$^2$）；鸭茅＋苇状羊茅＋白三叶＋黑麦草（即鸭茅 11.25kg/hm$^2$＋苇状羊茅 11.25kg/hm$^2$＋白三叶 7.5kg/hm$^2$＋黑麦草 7.5kg/hm$^2$）；鸭茅＋紫花苜蓿＋黑麦草＋白三叶（即鸭茅 15kg/hm$^2$＋紫花苜蓿 7.5kg/hm$^2$＋黑麦草 7.5kg/hm$^2$＋白三叶 7.5kg/hm$^2$）；当施氮量为 300kg/hm$^2$，年刈割次数为 6 次时，混播草地鲜草产量可达到 73000kg/hm$^2$，粗蛋白质含量达 17.22%，粗脂肪含量为 5.34%，同时杂草入侵最少，是多年生牧草混播高产技术最理想的技术方案。

### 4. 牧草轮、间作超高产牧草地建植模式

为更好地利用低热河谷地区特殊的气候炎热、水热同季优势，重点推广暖-凉型牧草轮作超高产牧草地建植技术，以获得最大产草量、更好地经济效益，并能常年保障青绿饲草的不间断供应。

**(1)“皇草＋一年生黑麦草”套作模式** 皇竹草为多年生牧草，年可刈割 5～6 茬，单位面积产草量高，但在贵州省进入冬季后基本不生长，遇到霜冻会导致损害和死亡，在贵州省每年都要采取一定的保护措施。采用此模式前，贵州省皇竹草基本全部为单种，从每年的 11 月下旬到次年 5 月基本不产牧草。采用此模式，推行“皇草＋一年生黑麦草”轮作模式，一方面解决了草地冬季和早春不产草、草地闲置问题，同时由于冬季黑麦草覆盖皇竹草根茬，起到很好的保护作用，有效防止了皇竹草根茬损害，提高了来年再生效果。据统计这种模式的年产鲜草量达 315t/hm$^2$，折合年产牧草干物质 56.7t/hm$^2$，按每公顷年产牧草干

物质 10t 为高产基数，本模式的产草量为高产基数的 6.6 倍，实现了超高产。

**(2) 紫花苜蓿+苇状羊茅间作模式** 在山谷、缓坡草地带推广紫花苜蓿+苇状羊茅间作模式，可有效延长供青期，提高产草量，该种植模式年产鲜草量为 $180.5t/hm^2$。折合干物质 32.5t，为高产基数的 3.3 倍，实现了超高产。

**(3) 一年生杂交高丹草+一年生黑麦草轮种模式** 在规模养殖场、养殖户推广一年生杂交高丹+一年生黑麦草轮种模式，该种植模式每年种植两季，可以达到周年均衡供应鲜草，该种植模式年产鲜草量为 $252.9t/hm^2$，折合干物质 43.6t，为高产基数的 4.3 倍，实现了超高产。

### 5. 人工草地防退化与持续高产技术

本项技术的关键：一是通过改善人工草地的理化性状，增加通透性，进而为植物根系扩展和再生创造良好的条件；二是通过增加物质技术投入，如施肥、灌溉等措施，可以延缓植被衰老；三是应用物理技术改变植物根系的生长发育状况，如适当松土、耙地等措施，可以延长植被的使用寿命。目前人工草地的使用寿命一般为 3～5 年，第 4 年产量明显下降，针对这种情况，我们在人工草地建植中适当增加持久性好的牧草品种，并辅以重耙、施肥、以畜控草等一整套技术措施，应用该技术一般可使该类人工草地使用寿命延长 2～3 年，产草量提高 23.4%，社会、经济、生态效益十分显著。

## 三、冬闲田种草

### 1. 种植豆科牧草

种植豆科（紫云英）牧草采用稻田免耕法，每年 9 月底前，在晚稻放水晒田时将紫云英牧草种子均匀撒播在稻田里，4 月上中旬即紫云英开花盛期收割翻压，后翻耕种早稻。紫云英盛花期生物产量最高，达到 $7091.8kg/hm^2$；紫云英区的晚稻产量为 $7578.5kg/hm^2$，比冬闲区的晚稻增产 56.6%。稻-稻-紫云英（饲草）年平均收入为每公顷 38637 元，比对照（稻-稻-冬闲）年平均收入每公顷增加 28453.5 元，增幅为 285.4%。

### 2. 种植禾本科（小黑麦、黑麦草、燕麦等）牧草

水稻收获后（10 月底至 11 月初）播种牧草，4～5 月收割翻压后翻耕种水

稻。小黑麦拔节期生物产量最高，达到 2887.7kg/hm$^2$；小黑麦区的晚稻产量为 6840.5kg/hm$^2$，比冬闲区的晚稻增产 40.6%。一年生黑麦草在田间的管理要注意下面几点：①排灌水。一年生黑麦草喜湿怕渍，在管理上要及时做好排灌水工作。在分蘖期、拔节期、抽穗期以及每次收割后施肥时要结合灌水。②施肥。施足底肥，每亩施农家肥 1.5t 以上或钙镁磷肥 40kg 为宜，最好用草地专用肥 25kg。在三叶期和分蘖期各追肥 1 次，每次亩施尿素或复合肥 5～10kg。以后就每割草 1 次，追肥 1 次，亩施尿素 10～15kg。为了防止草头腐烂，一般割草 3～5d 后追肥，并结合灌水。③中耕除杂。苗期中耕除杂 2 次，此外每次收割后中耕除杂 1 次。④防治病虫害。一年生黑麦草在高温高湿天气常发生赤霉病和锈病，可用 1%石灰水浸种预防。虫害则根据害虫类别针对性喷施药。

稻-草种植模式年平均收入为每公顷 25984.5 元，比对照（稻-稻-冬闲）年均收入每公顷增加 15801 元，增长 159.6%。研究表明，黑麦草与水稻轮作模式全年每公顷产优质牧草 133500kg、产粮 11250kg、产值 3997.5 元、利润 1738.5 元，其利润比采用二熟制农作（油菜-稻、小麦-稻）高出 101.9%和 177.9%，取得了种草养羊、养牛增收、农田增效的效果。

### 3. 豆科牧草和禾本科牧草混播

采用免耕法种草，每年 9 月底前，在晚稻放水晒田时将一定比例的牧草种子均匀撒播在稻田里，待水稻收割时牧草已长到 5cm 左右，当年可刈割 1～2 次，次年可刈割 2～3 次，产量达 52500kg/hm$^2$。在不同混播比例处理中，以 4∶6 混播比例的草群产量最高，在 1∶1 行的异行种植处理中，平均可生产干草 12091.5kg/hm$^2$；5∶5 与 6∶4 混播比例的草群产草量也在 10000.5kg/hm$^2$ 以上，尤其是豆科牧草的产量大幅度增加，极大地改善了土壤结构。这种方法既缓解了种草与收稻劳动力的冲突，又提高了牧草的刈割利用次数，比未免耕种植的黑麦草可以提早利用 1～2 次，达到提高种草养畜效益的目的。豆科与禾本科混播效果更佳，能达到产量和质量双高，翌年土壤疏松，利于翻耕，是目前南方冬闲田种草中应用最广的一种方法。

### 4. 种植十字花科（油菜）牧草

水稻收获后（10 月底至 11 月初）全耕整地，进行秧苗栽植，次年 4 月上中旬即油菜开花结荚期收割翻压，后翻耕种早稻。但劳动强度较大。油菜开花期产量最高，达到 843.1kg/hm$^2$。稻-油菜种植模式年平均收入可达到每公顷 21370.5 元。

## 四、饲草生产计划的制定

综合的饲草生产计划包括利用天然草场、人工栽培青饲料、青贮等多种技术措施组织青饲轮供计划。通常首先要编制畜群周转计划。

### 1. 编制畜群周转计划

首先明确家畜的类型和数量，包括现有数量、配种和产仔计划、输入和输出计划，确定每月畜群的数量变化。期限为一年，年底制定下一年的计划（表 3-1）。

表 3-1　畜群周转计划表

| 组别 | | 年末 | 月份 | | | | | | | | | | | |
|---|---|---|---|---|---|---|---|---|---|---|---|---|---|---|
| | | | 1 | 2 | 3 | 4 | 5 | 6 | 7 | 8 | 9 | 10 | 11 | 12 |
| 泌乳母牛 | | | | | | | | | | | | | | |
| 初孕母牛 | | | | | | | | | | | | | | |
| 青年母牛 | | | | | | | | | | | | | | |
| 成年母牛 | | | | | | | | | | | | | | |
| 犊牛 | 0～6 月 | | | | | | | | | | | | | |
| | 6～12 月 | | | | | | | | | | | | | |
| | 12～18 月 | | | | | | | | | | | | | |
| 合计 | | | | | | | | | | | | | | |

### 2. 确定饲草需要量

**（1）确定不同月份平均日需求量**

① 计算日定量：考虑家畜类型、家畜年龄、家畜性别。家畜每天所需饲草的数量可根据饲养标准和实践经验来确定。

② 计算不同月份日需求量。日需要量＝日定量×月平均头数

**（2）计算饲草月需求量**

饲草月需要量＝日定量×平均头数×30

**（3）年度需求量**

年度需求量＝各月需求量合计

### 3. 青饲轮供的组织技术

青饲轮供的组织技术包括：①确定牧草种类；②制定种植方案；③制定管理措施；④其他补充措施。下面以一案例具体论述。

### 4. 青饲料轮供计划案例

贵阳市麦坪养殖基地位于贵阳市花溪区，可利用草地 1200 余亩。是贵阳市农业科技园区。现存栏羊 1000 余只。由于养殖规模大，靠野外割草或小地块的种植牧草远不能满足饲草的需求，因此，制定一个牧草周年轮供的种植计划是保证种牛场全年青绿饲草料均衡供给的必要保证。

**(1) 区域概况** 麦坪养殖场具有高原季风湿润气候的特点，冬无严寒，夏无酷热，无霜期长，雨量充沛，湿度较大。年平均气温为 14.9℃，无霜期平均 246d，年雨量 1178.3mm，空气优良天数 341d。养殖场为喀斯特地貌特征，但土层较为深厚，降雨后容易渗漏，表现为工程性缺水。土壤为黄壤土，pH6.5～6.8，土层深厚，有机质含量较低。

**(2) 周年轮供方案制定** 根据养殖场客观条件，在制定方案时，我们充分考虑了牧草轮供的均衡性、经济性以及实用性等原则。

① 本地区适宜种植牧草品种。综合本地气候土壤条件以及本地区种草的实际经验，可以选择以下牧草种类作为栽培草种：多花黑麦草（*Lolium multiflorum* L.）、扁穗牛鞭草［*Hemarthria compressa*（L. f.）R. Br.］、白三叶（*Trifolium repens* L.）、苏丹草［*Sorghum sudanense*（Piper）Stapf.］、皇竹草（*Pennisentum Pureum*）、墨西哥玉米（*Euchlaena mexicana* Schrad）、紫云英（*Astragalus sinicus* L.）等。以上牧草在本地均有栽培史，具有饲用价值高、产量高、适应性好、易于栽培和利用等特点。

② 家畜的类型、数量、可利用饲草种植面积。用于肉羊饲养，目前存栏 1000 头，可利用饲草种植面积 1200 亩，本文设计用地 200 亩。

③ 养殖场对牧草的需求状况。养殖场饲草供应要求按 1000 只（35kg 肉羊）的需要量进行周年均衡供给，并且在全年总需要量的基础上上浮 10%作为调节计划供草量。每只羊每天按 5kg 鲜草的量计算，每日需提供鲜草 5t，每月需提供鲜草 150t，年需求量为 1800t。

④ 种植方案拟定。结合本地区的气候、土壤条件以及养殖场的实际情况，采用多年生牧草与一年生牧草，禾本科与豆科牧草，单播与混播相结合的方式，合理安排播种期，从而保证牧草的周年均衡供给。本文拟定了两个方案以供参考：

a. 方案一（表 3-2）。对于多年生牧草，皇竹草采用单一的茎断繁殖方式，多年利用，于 3 月下旬扦插，第一年 6 月份开始利用，以后每年 5～10 月利用，估计亩产 10t 左右，种植 50 亩。休闲期种植多花黑麦草，有利于充分利用土地资源。则每年 12 月至次年 4 月可收获 3t 左右的以多花黑麦草为主的鲜草。

**表 3-2　牧草轮供计划**（方案一）

| 牧草 | 面积/亩 | 产量/t | | | | | | | | | | | | 总计 |
|---|---|---|---|---|---|---|---|---|---|---|---|---|---|---|
| | | 1 月份 | 2 月份 | 3 月份 | 4 月份 | 5 月份 | 6 月份 | 7 月份 | 8 月份 | 9 月份 | 10 月份 | 11 月份 | 12 月份 | |
| 皇竹草 | 50 | — | — | — | — | 80 | 80 | 80 | 100 | 80 | 80 | — | — | 500 |
| 牛鞭草<br>白三叶 | 50 | | | | 70 | 70 | 70 | 70 | 70 | 70 | 70 | | | 490 |
| 多花黑麦草 | 50 | 50 | 50 | 50 | 50 | | | | | + | — | 50 | 50 | 300 |
| 苏丹草 | | | | + | — | — | — | 50 | 50 | 50 | 50 | | | 200 |
| 多花黑麦草 | 50 | 50 | 50 | 50 | 50 | | | | | + | — | 50 | 50 | 300 |
| 墨西哥玉米 | | | | + | — | — | 50 | 50 | 50 | 50 | 50 | | | 250 |
| 总产草量 | | 100 | 100 | 100 | 170 | 150 | 200 | 250 | 270 | 250 | 250 | 100 | 100 | 2040 |
| 需求量 | | 150 | 150 | 150 | 150 | 150 | 150 | 150 | 150 | 150 | 150 | 150 | 150 | 1800 |
| 差额量 | | −50 | −50 | −50 | 20 | 0 | 50 | 100 | 120 | 100 | 100 | −50 | −50 | 240 |
| 其他 | | “+”为播种期 | | | | | | “—”为休闲期 | | | | | | |

扁穗牛鞭草与白三叶按照 65∶35 的比例进行混播，在冬季补播一定量的多花黑麦草，提高冬季牛鞭草白三叶草地冬季地力，牛鞭草白三叶草地利用期限为 5 年，种植 50 亩。扁穗牛鞭草与白三叶按比例于 5 月扦插，当年 7 月初开始利用，以后每年 4～10 月利用，估计产草量 10t 左右，于 10 月刈割后初播一定量的多花黑麦草，则每年 12 月至次年 4 月可收获每亩 3t 左右的以多花黑麦草为主的鲜草。

对于一（越）年生的牧草，采用冷暖季轮作制，即冬春季种多花黑麦草，夏秋季种植苏丹草、墨西哥玉米（单播），充分利用时间空间来增加牧草产量，种植面积 100 亩（其中苏丹草 50 亩，墨西哥玉米 50 亩）。黑麦草地估计亩产 10t 左右，每年 11 月至次年 4 月利用；苏丹草估计亩产 5t 左右，每年 7～10 月利用；墨西哥玉米于每年 4 月 20 日左右育苗，5 月 20 日左右移栽，6 月底开始利用，利用至 10 月，估计亩产 15t 左右。

按以上轮供表，全年牧草剩余 240t，在全年牧草需求量上浮 10%的范围内，符合要求。从表 3-2 中可以看出，全年牧草供给上存在着冬春季节上的较不平衡，可以通过在产草高峰期将多余的牧草进行青贮、晒制青干草（草粉）等方法贮存起来供鲜草供给不足时利用。

b.方案二（表 3-3）。结合本地有大量肥沃的冬闲田，因而可以利用水稻收割后至次年栽种水稻这一段时间，轮作一季多花黑麦草，从而增加冬春季鲜草的供给量，减少养殖场常年固定饲草地的面积。对于冬闲田可以采用租用半年（冬春季）或农户种草后收购鲜草的方式进行利用（如黑麦草的收购价在每千克 0.187 元以下，公司都是赢利的）。冬闲田里的黑麦草草地估计亩产鲜草 10t 左右，利用期为 10 月至次年 4 月，面积为 50 亩左右，相应地可以减少皇竹草的面积。其他的与方案一相同。调整后的轮供表如表 3-3 所示。

**表 3-3　牧草轮供计划**（方案二）

| 牧草 | 面积/亩 | 产量/t | | | | | | | | | | | | 总计 |
|---|---|---|---|---|---|---|---|---|---|---|---|---|---|---|
| | | 1 月份 | 2 月份 | 3 月份 | 4 月份 | 5 月份 | 6 月份 | 7 月份 | 8 月份 | 9 月份 | 10 月份 | 11 月份 | 12 月份 | |
| 皇竹草 | 30 | — | — | — | — | 60 | 60 | 60 | 60 | 60 | | — | — | 300 |
| 牛鞭草<br>白三叶 | 50 | | | | 50 | 90 | 70 | 70 | 70 | 70 | 70 | | | 490 |
| 多花黑麦 | 50 | 50 | 50 | 50 | 50 | | | | | + | — | 50 | 50 | 300 |
| 苏丹草 | | | | + | — | — | — | 50 | 50 | 50 | 50 | | | 200 |
| 多花黑麦草 | 50 | 50 | 50 | 50 | 50 | | | | | + | — | 50 | 50 | 300 |
| 墨西哥玉米 | | | | + | — | — | 40 | 40 | 40 | 40 | 40 | | | 200 |
| 紫云英 | | | | | | | | | | | | | | |
| 多花黑麦草 | 20 | 40 | 40 | 40 | 40 | | | | | | + | — | 40 | 200 |
| 总产草量 | | | | | | | | | | | | | | |
| 需求量 | | 140 | 140 | 140 | 190 | 150 | 170 | 220 | 220 | 220 | 110 | 100 | 100 | 1900 |
| 差额量 | | −10 | −10 | −10 | 40 | 0 | 20 | 70 | 70 | 70 | −40 | −50 | −50 | 100 |
| 其他 | “+”为播种期 | | | | | | | “—”为休闲期 | | | | | | |

按以上轮供表，全年牧草剩余 240t，在全年牧草需求量上浮 10%的范围内，符合要求。充分利用当地冬闲田种草，可以节约土地，充分利用当地的土地资源，减轻冬春季节鲜草供给量的不足。

**(3) 分析**

① 均衡性。方案一全年牧草剩余 240t。全年牧草供给上存在着冬春季节上的较大不平衡。方案二全年牧草剩余 100t。从全年牧草供给上看，冬春季节牧草比较平衡。

② 实用性。方案一立足于自身草场，便于统一规划，可以通过管道将养殖场化粪池的粪水输送到草地里，在草地里安装水管进行灌溉，易于管理。具有较高的实用价值。方案二则利用了本地大量肥沃的冬闲田，通过租用半年（冬春季）土地或农户种草后收购鲜草的方式，在水稻收割后至次年栽种水稻前这一段

时间，轮作多花黑麦草，增加了冬春季鲜草的供给量，减轻了牧草的季节供求不均的矛盾，改善了冬春季节饲草的结构，减少了养殖场常年饲草地的面积，具有很好的实用价值。

③ 营养性。方案一以禾本科牧草为主，营养性稍差。方案二利用多花麦草与白三叶混播，适当减少了皇竹草的种植面积，而用来种植豆科牧草紫云英，不仅利用豆科牧草的固氮作用，可以肥地，而且也增加了黑麦草的产量，使饲草营养价值有所提高。

④ 经济性。方案一立足于养殖场自身草场，便于养殖场的统一规划，管理简单，成本低。方案二不仅仅充分利用养殖场自身的草场，还调动了当地的大量冬闲田，工作量有所增加.需要与农户及时沟通，引导农户，并对其进行技术上的指导，总体上讲，增加了管理成本。

总体来看两个方案各有特点。方案二充分利用本场内的200亩土地，也充分利用了本地大量肥沃的冬闲田，合理搭配种植各种优质牧草，在草种选择上，有多年生的，也有一年生的，有禾本科的，也有豆科的。禾本科牧草含碳水化合物丰富，豆科牧草含蛋白质丰富，这二者结合，一方面可提供营养成分完全的青绿饲料，另一方面豆科牧草有固氮作用。二者混播可提高禾本科牧草的产量，同时也可节约氮肥，最重要的是营养全面的同时，能够较好地解决冬春饲草短缺的问题，均衡性好，是降低了日粮配方成本，实现了利润最大化。

原牧草生产模式在生产上预付资本较少。种植牧草品种比较单一，管理方面要求比较简单。方案二的实行，需要有专业的技术人员全程指导，增加了人力物力预付资本，在冬春饲草供应方面，还存在着一定的缺陷，如冬春季节饲草均衡性还不是最好。故可以适当调整方案，适当增加冬闲田的利用面积，用来种植多花黑麦草，使冬春季节的饲草短缺问题得到更好的解决。

**（4）建议**

① 青饲料轮供一方面要立足于养殖场自身草场，便于统一规划，易于管理，也要充分利用本地大量肥沃的冬闲田，增加冬春季鲜草的供给量，减轻牧草季节供求不均的矛盾，改善冬春季节饲草的结构。

② 在轮供方案的制订中适当考虑禾本科牧草和豆科牧草的混播，不仅可以节省氮肥，还可以提高黑麦草品质。

③ 在贵阳养殖场表现较好的牧草有多花黑麦草、扁穗牛鞭草、白三叶、苏丹草（高丹草）、甜高粱、皇竹草、墨西哥玉米、紫云英等。

④ 采用多年生牧草与一年生牧草，禾本科与豆科牧草，单播与混播相结合等方式制订种植计划，通过合理安排播种期，采用青贮、晒制青干草等方式调节牧草供给的季节不均，可以保证养殖场牧草的周年均衡供给。

# 五、常见饲草栽培技术

## 1. 多花黑麦草

学名：*Lolium multiflorum*。

别名：意大利黑麦草，一年生黑麦草。

英名：Italian ryegrass，Annual ryegrass。

多花黑麦草喜温热湿润气候，种子适宜发芽温度为20～25℃。在昼夜温度27/12℃时生长最快，幼苗可耐1.7～3.2℃低温。

抗旱性差，年降水1000～1500mm的地区生长，耐潮湿，但忌积水。

喜肥沃土、沙壤土，黏土也行；最适土壤pH6.0～7.0，可适5.0～8.0。

在高海拔的冷凉区域4～5月播种，9～10月收获利用；长江以南各地适于秋播，以便冬季和来年春季提供草料。每亩播量为1kg，多的1.5kg（种用降低），行距15～30cm，播深2cm，多花黑麦草生长迅速，产量高，较宜单种，亦可与红三叶、白三叶、苕子、紫云英等混种。每亩可用多花黑麦草0.5kg与毛苕子2～2.5kg或箭筈豌豆3～4kg或金花菜6～7.5kg混合，在秋季结合棉田或在水稻收割后迅速整地播种。在三年以上草地上宜少用多花黑麦草，以免前期阻碍生长缓慢的多年生牧草，后期死亡后留下隙地，给杂草以后侵入的机会。作为冬闲田种草（图3-1、图3-2）的主要草种之一，利用期为10月到次年的5月，可以极大缓减冬季饲草不足的问题。

播种前深耕和多施基肥可提高产量和品质，条播行距15～30cm，播量15.0～22.5kg/hm$^2$，覆土1.0～2.0cm，播种后镇压；每公顷硫酸铵120～150kg或尿素90～120kg；易受黏虫、螟虫危害，用敌杀死、速灭杀丁等防治；种子易脱落，2/3植株穗头变黄时要及时采收。

图3-1 冬闲田中的多花黑麦草

图3-2 稻田免耕种植黑麦草

多花黑麦草生长迅速，产量高，秋播次年可收割3～5次，亩产量4000～5000kg，在良好水肥条件下，亩产鲜草可达7500kg以上。种子产量高，每亩可收种子50～100kg。种子易脱落，应及时收获。

多花黑麦草草质好，柔嫩多汁，适口性好，为各种家畜所喜食，也是草鱼的好饲料。据报道每增长草鱼0.5kg，需黑麦草11kg，而苏丹草则需10～15kg。利用方法为用以放牧、青饲，制干草或青贮料。

## 2. 多年生黑麦草

学名：*Lolium perenne*。

英名：Perennial ryegrass。

别名：英国黑麦草，宿根黑麦草。

多年生黑麦草为短期多年生草。喜温凉湿润气候。宜于夏季凉爽、冬季不太寒地区生长。10℃左右能较好生长，27℃以下为生长适宜温度，35℃生长不良。光照强、温度较低对分蘖有利。温度过高则分蘖停止生长或中途死去。黑麦草耐寒耐热性均差，在我国东北、内蒙古寒冷较甚地区不能越冬或越冬不稳定，在南方夏季高温地区大多不能越夏。在风土适宜条件下可生长两年以上，但在我国不少地区只能作为越年生牧草利用。不耐阴，在其他株本较高牧草混种时，往往一年后即被淘汰。

黑麦草在年雨量500～1500mm地方均可生长，而以1000mm左右为宜。能耐湿，但排水不良或地下水过高时也不利于生长，不耐旱，高温干旱对黑麦草生长更为不利。

对土壤要求比较严格，吸肥不耐瘠，最适宜在排灌良好，肥沃湿润的黏土或黏壤土上栽培。略能耐酸，适宜的土壤pH值为6～7。

春秋均可播种而以早秋播种为宜。多年生黑麦草早期生长较其他多年生牧草为快，秋播后如天气温暖，在初冬和早春即可生产相当草料。播后第二年即达最盛时期，杂草亦难侵入。单播时每亩播种量以1kg左右为度，多的1.5kg，收种的可略少。一般以条播为宜，行距15～20cm，覆土2cm。施氮肥是提高产品质量的关键措施。增加施氮量可增加有机质产量和蛋白质含量，可减少纤维中难以被反刍动物消化的半纤维含量，纤维素含量也随施氮肥量而减少。据研究在每亩施氮量0～22.4kg情况下，每千克氮素可生产黑麦草干物质24.2～28.6kg，粗蛋白质4kg。

可与其他牧草混种，二、三年生草地适于和红三叶、苜蓿、鸡脚草、猫尾草等混种，三年以上的长期草地，如风土适宜，除种持久性较长的多年生牧草外，亦须混种多年生黑麦草。据国外研究，多年生黑麦草和寿命长牧草混种时，其植株不应超过总株数的25%，以免其侵占性强，使其他多年生牧草受排挤而减少。

多年生黑麦草生长速度较其他多年生牧草为快。9 月底播种者，越冬前株高已达 15～20cm，有 8～10 个分蘖。次春 3 月底株高约 30cm，4 月下旬抽穗，6 月上旬成熟。3 月下旬播种者，其盛花期较秋播者约迟一个月，株本亦较低。早熟与晚熟品种成熟期相差一个月左右。

用以放牧者草层高 20～30cm 为放牧的适宜高度。用以刈制干草者，以花盛时刈割为宜。一个生长季节可收割 2～4 次，亩产鲜草 3000～4000kg。一般两次刈割间隔的时期在暖温带需 3～4 周。通常第一次刈割后再利用，再生草放牧，能耐家畜的践踏，即使食稍重，生机仍旺。刈牧后留茬高度以 5～10cm 为宜。

### 3. 鸭茅

学名：*Dactylis glomerata*。

别名：鸡脚草，果园草。

鸭茅喜温和湿润气候，最适生长温度为 10～31℃。昼夜温度变化大对生长有影响，昼温 22℃，夜温 12℃最宜生长。耐热性差，高于 28℃生长显著受阻。鸭茅能耐荫，鸭茅的抗寒能力及越冬性差，对低温反应敏感，6℃时即停止生长，冬季无雪覆盖的寒冷地区不易安全越冬。

在各种土壤皆能生长，但以湿润肥沃的黏土或黏壤土为最适宜，在较瘠薄和干燥土壤也能生长，但沙土则不甚相宜。需水，但不耐水淹。能耐旱，其耐寒性强于猫尾草。略能耐酸，不耐盐碱。对氮肥反应敏感。

一般采用种子繁殖，每公顷播种量 15～18kg。条播行距 25～30cm，播深 2～3cm。在贵州省温暖湿润地区一般宜秋播，种子田播种可适当稀播。除单播外，其与白三叶、红三叶等混播可建成高产、优质的人工草地；如与白三叶混播，每公顷混播 2～3kg 白三叶，14～16kg 鸭茅；如与红三叶混播，总播种量 15kg/hm$^2$，红三叶和鸭茅混播比例为 1∶（2～3）。种子约在 6 月中旬成熟，易于脱落，注意分期收获。因该草种需肥力强，宜选择较肥沃的土地。苗期生长快，幼苗细弱，播前须精细整地，并注意防除杂草；收草以刚抽穗时刈割最好，在瘠薄的土壤上，除施足基肥外，每利用 1～2 次后，还应结合灌溉每公顷施 60～90kg 尿素。除种子繁殖外，也可采用分株繁殖。

鸭茅再生草基本处于营养生长阶段，因此它的饲用价值仍很高。牧草品质与矿物质组成有关，以干物质为基础计算，鸭茅钾、磷、钙、镁等的含量随生长时期而下降，铜在整个生长期内变动不大。第一茬草含钾、铜、铁较多，再生草含磷、钙和镁较多。大量施氮可引起过量吸收氮和钾而减少镁的吸收，牧草中的镁缺乏可引起牛缺镁症（统称牧草搐搦症）。鸭茅含镁较少，饲喂时应予以注意。

## 4. 狗尾草

学名：*Setaria viridis*。

英名：Green foxtail 或 Green bristlegrass。

别名：莠、谷莠子、绿狗尾草。

狗尾草广布于世界各地，我国南北各省普遍生长。为野生牧草，东北、南京亦有引种栽培。一年生草本植物，适应性强，分布很广，干湿之地均可生长。常见于荒地、林地隙地、路旁、沟坡、田埂和旱田等处。有时形成单一的群落。4月中旬生长，7月上旬开花，8～9月种子成熟。

出苗以土温20～25℃为宜，最低出苗温度14℃左右。播种期以在3月上旬为宜，约一个月后出苗，冬季播种者亦须至3月下旬才出苗，但生长期短促，产草量很低，往往不及抽穗、成熟即死。生长时期，自出苗至种子成熟为95～115d，初穗期在出苗后70～90d，生长旺盛时期自5月下旬至7月中旬，有两个月的时间。冬春播种者，株本高度在盛穗期约自45cm至70cm以上，8月初播种者至9月中下旬即抽穗，株高仅20cm左右，产草量不及早期播种的1/10，9月中旬播种者株本更低，草产量更少，不及抽穗而死。所以狗尾草的播种时期以早春为最适宜。每亩播量需2～3kg。狗尾草在华中丘陵地带天然坡上，在开花期测产一次，亩产鲜草1600kg。

## 5. 毛花雀稗

学名：*Paspalum dilatatum*。

英名：Dallis grass，Large watergrass，Golden crowngrass，hairy floweret grass 等。

别名：金冕草，宜安菜。

毛花雀稗为多年生草本，丛生，性喜热，适于亚热带地区种植。亦有一定耐寒能力，轻霜不受伤害，晚秋仍能生长。冬季无霜冻地区能保持青绿。需水较多，耐水渍，亦较耐干旱。适应性广，对土壤要求不严，各种土壤都能生长，尤喜肥沃而湿润的黑色黏重土壤和低地。

可用种子和分株繁殖。播种前整地宜细，施足有机基肥。秋播或春播均可，亦可早夏播。条播行距40～50cm，覆土深1～2cm。播量每亩1～1.3kg。分株繁殖全年；雨季都可进行。按行距40～50cm，株距20～30cm移植，每穴深5～6cm，栽后灌水。此草丛生，如单播地面常有空隙，难以覆盖，适于和其他牧草混种。尤以地毯草（*Axonopus compressus*）和狗牙根最为适宜。为保持和提高生产力，亦可与红三叶、白三叶、苜蓿、胡枝子、大翼豆、银叶山蚂蝗、黑麦草、蜜糖草等混种。混种时播种量每亩0.4～1.0kg。刈后应及时追肥。施适量氮肥可增加其密度和产量。在干旱时必须进行灌溉。种子成熟不齐，且易脱落，宜及时采收。收得的种子发芽率不高，一般只有50%。加以其种子常受麦角菌（*Clavicepspaspali*）的侵害，故优良种殊为难得。一般每亩可收种子20～30kg。

毛花雀稗可青刈饲喂，晒制干草和青贮，亦可放牧利用。每年可刈草3～4次。亩产鲜草2500～3000kg。毛花雀稗刈割过迟，草质粗刚，适口性差，以在株高15～30cm时刈割为宜。混播草地可作放牧草场，耐牧，又耐践踏，如在适当生长高度放牧，仍为极好的牧场。营养价值较高，但草质较粗硬，含钙少，初食时易引起类似下痢的症状。

### 6. 扁穗雀麦

扁穗雀麦最适温度为20～25℃，最高温度为35℃。在22～26℃的温度条件下。耐寒性相当强，幼苗能忍受－5～－3℃的霜寒，直至结冻才枯死，成为生育期长达200多天的耐寒型牧草。

喜水耐旱，在贵州多数地区可以生长良好、在天边、沟渠常形成优势种群。在排水良好、土壤水分充足的地方生长最好。

对土壤的要求不严格，适宜在排水良好而肥沃的壤土或黏壤土上生长，在轻砂质土壤中也能生长。

### 7. 苇状羊茅

学名：*Festuca arundinacea*。

英名：Tall fescue或Reed fescue。

别名：苇状狐茅、亭狐茅、高牛尾草。

苇状羊茅为多年生疏丛草本。生态幅度较广，而适于湿润气候和肥沃疏松的土壤，在地下水位高的情况下也能很好生长。较能耐寒，在1℃的温度下也能继续生长，温度高于4℃时，生长速度加快，也适于较炎热的地方。对土壤要求不严格，在水泛地、排水不良的土壤上均能生长，并能适应酸性与碱性土壤，具有一定的耐盐能力。此草原产于欧洲，我国新疆、东北中部湿润地区，亦有生长。在欧美为重要的栽培牧草之一，在我国东北地区引种，始于1923年，现我国各地均有引种栽培。苇状羊茅在兰州3月下旬播种，8月上旬成熟，播种当年可以完成发育周期，越冬良好，也比较耐旱。在东北地区，生长第二年4月初返青，5月底至6月初抽穗，6月中旬开花，7月初种子成熟，从返青至种子成熟约需90d。

耐旱耐湿耐热，在年降水量450mm以上的地区可旱作，可耐夏季38℃高温。但耐寒性差，低于－15℃无法正常生长，在东北和内蒙古大部分地区不能越冬。对土壤要求不严，可在pH4.7～9.5的土壤上生长，但以pH5.7～6.0、肥沃、潮湿的黏重土壤为最好。

苇状羊茅饲料品质中等，适宜于刈割利用，为羊、马所喜食。在一年中其可食性以秋季最好，因此时牧草中可溶性碳水化合物增加，而粗纤维的数量与春夏季节含量相当，春季可食性居中，夏季最低。调制成干草，各种家畜均喜食。就牧草和种子的产量而言，皆较草地羊茅为优。一般每年可刈割2～3次，亩产青草可达4500kg，种子亩产20～45kg，高者可达50kg以上。苇状羊茅的化学成分，干草中含水14.4%，粗蛋白质8%，粗脂肪2.3%，粗纤维26%，可溶性无氮物42.3%，粗灰分7%。

### 8.苏（高）丹草

学名：*Sorghum sudanense*。

英名：Sudangrass。

别名：野高粱。

高丹草为苏丹草和高粱的杂交种。

苏丹草喜温不耐寒，尤其幼苗期更不耐低温，遇2～3℃气温即受冻害。种子发芽最低温度为8～10℃，最适温度为20～30℃。

根系发达，能从不同深度土层吸收养分和水分，所以抗旱力较强。不耐湿，水分过多，易遭受各种病害，尤易感染锈病。

再生能力强。

苏丹草对土壤要求不严，只要排水良好，在沙壤土、重黏土、弱酸性和轻度盐渍土上均可种植，而以肥沃的黑钙土、暗栗钙土上生长最好。其吸肥能力强，过于瘠薄的土壤上生长不良。苏丹草根系发达，抗旱力强，干旱季节生长停滞，雨后又恢复生长。在生长期必须适时灌溉，特别在抽穗开花期，需水量最多，苏丹草不宜在过分湿润的地区栽种，但过分干燥则生长不好，也易感染病毒，产量显著下降。苏丹草对土壤选择不严，只要排水畅通，在沙壤土、重黏土、微酸性土壤或盐碱土等皆可种植，而以肥沃的黏质黑土为最宜。在砂土上虽然也可以栽种，但产量很低。

苏丹草以4月中下旬播种为宜，当地温达12～14℃时即可下种。播种方式以条播为好，撒播亦可。条播时行距视水肥条件及栽种目的而异，如水肥充足时，行距20～30cm，如气候干旱，水肥差时，行距30～60cm。就栽种目的而言，收割草料者，行距宜密，采收种子者，行距宜宽，播种深度3～4cm，干旱时宜稍深，湿润时宜稍浅。条播时每亩约需种子1.5kg，撒播时每亩需种子2～2.5kg。

苏丹草在饲料轮作制中，应把它放在豆科牧草和中耕作物之前，谷类作物之后，并且尽量避免连作。因苏丹草对水肥的消耗很大，耗地力严重，因此它是很多作物的不良前作。故在编制轮作计划时，须注意及此。

苏丹草能在较短时期内生产多量的草料。它的再生能力强，在寒冷地区全年可收割 1～3 次，温暖地区可收割 3～4 次，在南京可收割 4 次。4 月初播种者，第一次收割约在 6 月下旬，第二次在 8 月初，第三次在 9 月底，至 10 月下旬再收一次。每次草料产量，以第一次为最多，约占 50%，第二次次之，约占 27%，第三次又次之，约占 15%，第四次最少，尚不到 10%。全年鲜草产量每亩 3000～5000kg。苏丹草收割时期以在开花期为最宜。如欲多收几次，可提前收割，但稍迟收割质地并不粗老，因为茎秆基部不断发出新茎。收割时离地面较其他牧草为高，以在第二节间离地约 10cm 处收割为宜，太低则阻碍新茎的生长。苏丹草收割青饲，或调制干草，皆很适宜，其茎秆比高粱、玉米较细，故调制干草较高粱、玉米为容易。干草产量一般每亩 500kg 上下，有时可高达 1000kg。苏丹草亦可供夏季放牧之用，尤以雨较少、温度较高的地区为宜，用以放牧牛、马、羊、猪，皆喜食。为保证苏丹草品种的纯度，留地必须和高粱等牧草地隔开 400～500m。由于苏丹草是风媒花，同时和高粱的亲缘关系接近，二者相距太近，很易杂交。苏丹草的适口性很好，为大小牲畜所喜食，其营养含量也丰富，蛋白质含量较其他禾草为多。并且也是池塘养鱼的最优青饲料之一。

### 9. 象草（皇竹草、狼尾草）

学名：*Pennisetum Purprcum*。

英名：Elephant gras，Npiea grass，其细茎种亦名 Merker grass。

别名：紫狼尾草。

象草喜温暖湿润气候，肥沃土壤。适宜在南北纬 10°～20°的热带或亚热带地区栽培。气温 12～14℃时开始生长，25～35℃时生长迅速，8℃以下时生长受抑制，经霜易遭冻害，土壤冻结，会发生死亡，严寒酷暑均有碍生长。象草原产于非洲、澳洲和亚洲南部等地，是热带、亚热带地区普遍栽培的一种高产牧草。历史上是我国从印度、缅甸等国引入广东、四川等地试种的，目前在我国南方各省已有大面积栽培利用。长江以北的河北、北京等地也在试种。在两广和福建等地区种植，一般 3～12 月均能生长，高温多雨季节生长最佳。云、贵、川、湘、赣等省生长时期稍短，以上地区一般均能越冬。往北、皖等省种植，生长期 4～10 月，一般不能越冬，需保苗越冬，第二年重栽。喜水肥，对氮肥特别敏感。需长光照。对土壤要求不严，在砂土、壤土微碱性土壤以及酸性的贫瘠红壤均能种植，而以深厚肥沃的土壤生长最佳。根系发达，耐旱性较强，但只有水分充足，才能获得高产。

象草结种少，种子成熟期不一致，发芽率低，通常采用无性繁殖。应选择土层深厚、疏松肥沃、排水良好的土壤。耕翻宜深施足量基肥。山坡地种植，宜开成水平条田。新垦地应提前1～2月翻耕、除草，使土壤熟化后种植。选择粗壮、无病害的扦插种茎，切成短段，每段有2～3节，成行埋植土中，行距80cm，株距50～60cm。种茎可平埋，覆土4～6cm；或斜插，与地面成45°角，顶端一节露出地面。每亩需种茎100～200kg。也可分根种植。植后灌水，经10～15d即可出苗。栽种期，两广2月，云、贵、川、湘、闽等省3月，苏浙皖等省4月为宜。一次种植后，能继续多年收割利用，但历年过久，产量渐减，故每隔5～6年需重新种植。出苗后应及时中耕除草，注意灌溉，以保证全苗、壮苗。苗高约20cm时，即可追加施氮肥，促进分蘖和生长。越冬用种茎应选择生长健壮植株，有100d以上生长期，株高在2m以上，能越冬地区，种茎可在地里越冬，供第二年春季栽植。冬季较冷不能越冬地区，应在霜前，选干燥高地挖坑，割去茎顶，放入坑内覆土50cm，增温保种越冬，后可采用沟贮、窖贮和温室贮等方法越冬。

植后2.5～3个月，株高100～130cm时即可刈割。南方一般每年可割5～8次。高温多雨地区，水肥充足，每隔25～30d即可刈割一次。留茬高6～10cm。一般亩产3000～5000kg，高者可达10000kg左右。每次刈后追肥，灌溉，中耕除草，利于再生，以获得高产。刈割时期应在鲜嫩时为宜，过迟刈割，茎秆粗硬，品质下降，适口性降低。象草产量高，且营养价值也较高。适时收割的象草，柔嫩多汁，适口性好，牛、羊、马均很喜食。亦可养鱼。一般多用青饲，亦可青贮，晒制干草和粉碎成干草粉。

### 10. 狗牙根

学名：*Cynodon daclylon*。

英名：Dactylon，Bermudagrass togs-toothgrass，Devil grass，Wiregrass等。

别名：行仪芝、爬根草、绊根草。

狗牙根喜温暖湿润气候，不耐寒，当气温低至－14℃时，其上部大多凋萎；当气温下降到1～5℃时，生长严重抑制。气温10℃左右时开始生长，25～35℃时长势最旺，35℃以上长势减弱。由于根系浅，不耐久旱，故宜栽植于有灌溉条件或湿润多雨的地区。对土壤要求不严，黏土、沙土、酸性土都能生长。耐瘠薄，但肥沃土壤上生长更佳，对氮肥敏感，尤以对硝态氮反应为佳。

狗牙根栽种或用种子，或移植草坪均可。其种子细小，故整地须特别细致，并进行滚压。一般采用撒种，覆土宜浅，以春播为宜，播种量每亩0.35～0.5kg。但一般用无性繁殖，即用匍匐茎及地下茎，或成片草皮切割移植。要求土地潮湿、肥沃、无杂草。匍匐茎枝插植时，可选用粗壮、生长好，无病虫植株茎节，切成小段，每段保留3～4个茎节，按行距20～30cm，株距15～20cm插植，露出地面1～2节。草皮移植时，可切成33cm宽长条，或33cm见方大小草块，按70～100cm距离移栽一长条草皮，或按70～100cm见方中移栽33cm见方草皮。移栽后，四周覆土应踏实，随即灌水。移植时间最好在春夏两季。成活后一出现匍匐茎，即行施肥，促其生长。狗牙根活后不久即蔓延附近，布满地面。狗牙根因有匍匐茎蔓延，历时稍久，往往形成丛生密草皮，使生长衰退。应该用切土机或圆盘耙，切破草皮，或用其他适当中耕器耙碎草皮，则空气、水分、肥料等均能渗入土内，可刺激新茎的发生。如于切破草皮后，施用适当肥料，尤能促进生长，恢复其旺盛的生机。

狗牙根株本低矮，适于放牧，少用以调制干草。如气候适宜，水肥充足，植株较高，亦可刈割晒制干草和青贮。刈割一般应在草高35～50cm时，每隔4～6周刈一次，最后一次应在初霜来临前8周。产草量较其他禾草低，平均每亩产干草150～200kg，亦有高达350～400kg或以上。无论是单一狗牙根还是混种狗牙根草地，都适于放牧，且须及时行牧，最好能频牧，因为此草耐牧性甚强，不但无损其生机，反可使茎枝柔嫩，品质较好，达到最大的载畜量。若任其生长，则茎粗硬，不宜消化，粗老部分每为家畜所摒弃。

## 11. 扁穗牛鞭草

学名：*Hemarthria compressa*。

别名：片草、牛鞭草、鞭草。

扁穗牛鞭草为多年生草本，高70～100cm，有根茎。茎秆直立，稀有匍匐茎，下部暗紫色，中部多分枝，淡绿色。茎上多节，节处易折。叶片较多，叶线形或广线形，长10～25cm，直立或斜上，先端渐尖，两面粗糙，叶鞘长达节间中部，鞘口有疏毛，叶耳缺，叶舌小钝三角状，高1mm。总状花序单生或成束抽出，花序轴坚韧，长达5～10cm。节间短粗，长4～6mm。节上有成对小穗，一有柄，一无柄，外形相似，披针形，长5～7mm。有柄小穗长圆壮披针形，长5～7mm，嵌入于坚韧穗轴的凹处，内含2朵花，一为完全花，一为不育花。不育花有外稃，外稃薄膜质，透明。

喜温暖湿润气候，在亚热带冬季也能保持青绿。既耐热又耐低温，极端温度39.8℃生长良好，－3℃枝叶仍能保持青绿。在海拔2132.4m的高山地带，能在有雪覆盖下越冬。该草适宜在年平均气温在16.5℃地区生长，气温低影响产量。在地形低湿处生长旺盛，为稻田、沟底、河岸、湿地、湖泊边缘常见的野生禾草。扁穗牛鞭草对土壤要求不严，在各类土壤上均能生长，但以酸性黄壤产量更佳。牛鞭草在地形低湿处生长旺盛。根茎及匍匐枝生活力旺盛，因而有时构成大面积的单优势种群落，以无性繁殖为主。这种禾草于7月中旬至8月上旬开花，花期较短。开花后，茎叶生长量小，质地变硬。因此，宜在开花期和花期前供作饲用。

扁穗牛鞭草作为饲用，为禾草中营养成分偏低的种类。每克鲜叶中含维生素 C 0.1mg，这与一般禾草无大差异。粗纤维量相对较多，适口性不高。青草的茎叶柔嫩时，稍有甜味，切掉花穗、加水洗净、铡碎后，牛、马、羊喜吃，适作家畜的饲草。干草切碎后与其他饲料混合，才能被牛羊一般饲用。常常在低温地上形成纯群落。

“广益”牛鞭草植株被白粉而呈灰绿色，叶鞘紫红，叶片长于叶鞘，长 18～33cm；直立茎长 165cm，秆较细，分蘖很多；抗寒性强，冬季草丛能保持青绿并能缓慢生长；耐酸碱；耐多次刈割，产草量高，年产鲜草 $149t/hm^2$，在四川洪雅县较肥的农田地，其干物质产量年均可达 $38.1t/hm^2$，坡荒地 $18.0t/hm^2$。

扁穗牛鞭草再生性好，在贵州贵阳一年可以刈割 5～8 次。随着生长日数的增加，“广益”“重高”牛鞭草在发育趋向成熟的过程中，干物质中粗蛋白、粗脂肪、灰分的含量呈下降趋势，木质素的含量不断增加。“广益”“重高”牛鞭草具有较高的营养成分，通过实验室分析，牛鞭草风干物的氨基酸和微量元素含量丰富，牛鞭草的赖氨酸和酪氨酸含量高达 1.67%和 1.18%，其他氨基酸都具有；微量元素 Fe 含量达 0.1160%，Cu、Mn、Zn 的百分含量分别是 0.0015、0.0180 和 0.260，营养成分比较平衡和全面。

牛鞭草草场建植技术要点：

选择生长良好、粗壮老健、节密的成株作种茎。

用带两个节的茎段作株本进行繁殖，繁殖一亩草地，以 5 万株本（穴距为 10cm×14cm）计，约需种茎 150kg；一亩种用草地产草量，约半数（除顶部嫩茎）作扦插的茎段，一般当年可繁殖 40 亩左右。

用带 3～4 个节的茎段作株本进行繁殖，一般每亩应有 8 万～10 万株本，约需种茎 500kg。

越冬草地，如作种用，一年可刈种茎 2～3 次，在 5 月份第一次扦插的株本，生产 60d，到 8 月，又可刈茎再繁殖一次。

建植时间：全年可种植，但以 5～9 月为最好。试验证明，7 月是扁穗牛鞭草的繁殖生长高峰，无论是生长速度，还是再生苗萌发均为最佳时间。

栽插技术：繁殖时按 20～30cm 行距开沟，深 3cm 左右，顺利排种苗株距 3～5cm。覆盖土壤压紧后地面留 1～2 节于土外。扦插后及时施清粪水。或抢在雨前扦插或播种灌水，成活率很高。气温在 15～20℃时，7d 长根，10d 露出新芽。

## 12. 紫花苜蓿

学名：*Medicago sativa*。

英名：Alfalfa 或 Lucerne。

紫花苜蓿根系发达，主根深入土中，侧根主要分布在 20～30cm 以上的土层内。根颈生长 2～3 年者一般都在 15～20cm，通常在 15cm 以上。每个根颈丛密生许多茎芽，普通可生数十条茎枝。茎秆斜上或直立，光滑，稍有毛，具角棱，略呈方形，中空，有白色的木质髓。茎秆粗 2～4cm，高约 100cm 以上，茎深绿，亦有带棕红色或棕紫色者。叶由三小叶组成，托叶大，长 6～10mm，先端尖锐，不易脱落。小叶长圆形，其基部较狭，叶片上面呈绿色，下面呈淡绿色，且有短毛。背面中脉突出。花成簇状，排列为总状花序，梗长 4～5cm，自叶腋生出。每簇花 20～30 朵，每花有短柄。花蝶形。荚呈螺旋形，盘旋状，一般 2～4 回，成熟时荚呈暗棕色。种子呈肾状，色泽黄褐色。

紫花苜蓿喜温暖半干燥气候，气候温暖，昼夜温差大，对其生长最为有利。生长的最适温度是 25℃，超过 30℃光合效率开始下降。抗寒能力强，幼苗都能耐－4～－3℃的低温，气温达－44℃也能安全越冬。

紫花苜蓿根系强大，入土较深，能吸收土壤深层水分，因而抗旱力强。苜蓿适于在年降水量 300～800mm 的地区生长，在年降水量＞1000mm 的地区不宜种植。苜蓿耐寒性很强。因根系发达，入土很深，故耐旱性很强，仍属抗旱植物。苜蓿生活力强，自疏松的砂砾乃至黏重的黏土均能生长，而以深厚疏松且富含钙质的土壤最为适宜。它最忌积水，连续积水 1～2d 即大量死亡，且地下水位应在 1m 以下，否则对其生长不利。不宜强酸强碱土，而喜中性或微碱性土壤，以 pH 值 7～8 为宜，所以钙肥的施用有利于苜蓿的生长，且耐盐性强。其开花最适温度为 22～27℃，适宜的相对湿度为 53％～75％。

最为适宜的是沙壤土或壤土。适宜的 pH 值范围为 7～8，在盐碱地上种植。

轮作：一般苜蓿在轮作制中的栽种年限为 2～4 年。

整地：准备栽种苜蓿的土地必须进行深翻，播种前整地要精细，要求做到地平、土碎、无杂草，以促进幼苗生长健壮。

播种：播种时期，可根据当地的气候和前作的收获期而定，要因地制宜。播种方式，撒播、条播、点播均可，但以条播为宜，便于田间管理。行距收草者以 20～30cm，收种者以 45cm 为宜。播种深度以 2～4cm 为宜。播种量为每亩 0.5～1kg，收草者每亩 1～1.5kg。

混播：混种以苜蓿和鸡脚草配合，较为适合。

排水：播种后如未出芽而下大雨，及时用钉齿耙将表土轻轻耙松，幼苗期及时除草，多雨时，应随时排除积水，勿使田间有积水，对生长两年以上的苜蓿，在每次刈割之后或早春萌发前，都须进行中耕除草，以刺激新芽之发生。

施肥：每公顷苜蓿每年自土中吸取的养分为约 200kg 氮、65.5kg 磷、250kg 钾，种植苜蓿其需要肥量较种植禾谷类多。如用化肥，每亩可用 20～30kg 过磷酸钙，作为基肥，钾肥的施用量每亩约 10～15kg 钾盐或 30～40kg 草木灰，可与磷肥同时施用。土中缺乏钙肥，每亩需 150kg 上下。首次栽种苜蓿的土地可用根瘤菌拌种，用种过苜蓿的土壤拌种后播种，亦可达到接种目的。

收割：一般在花期为适当，此时产量高，品质好，无碍苜蓿的生机，有助于新芽的发生。苜蓿草料的收割次数，与气候和雨水等因子有关。

## 13. 白三叶

学名：*Trifolium repens*。

英名：White clover。

别名：白车轴草、荷兰翘摇等。

白三叶喜温凉湿润气候，生长适宜温度 19～24℃。适应性较其他三叶草为广，耐热耐寒性较红三叶、杂三叶为强。在赤道地区可生长在海拔 1600～3000m 的地方，亦尚耐旱。喜湿润环境，年雨量不宜少于 600～800mm。耐阴。只要排水良好，各种土壤皆能生长，尤喜富于钙质及腐殖质土壤。耐瘠、耐酸，适宜土壤 pH 值为 6～7，在土壤 pH 值 4.5 时仍可生长。耐盐碱能力差。

白三叶种子细小，整地务须精细。宜秋播，迟则易受冻害。春播稍迟又受杂草排挤。单播每亩 500g 左右。一般宜与红三叶、黑麦草、鸡脚草等混种，尤宜与丛生禾本科牧草混种，以充分利用其丛生时留下的隙地。混种时，每亩白三叶种子用量为 100～250g。白三叶苗期生长缓慢，应注意中耕除草。一旦长成即竞争力很强，不需中耕除草，种子落地又可自生，因而可使草地经久不衰。混种草地中禾本科牧草生长过旺时，应经常刈割，以利于白三叶的生长。白三叶在初花期即可刈割，春播当年，每亩要收鲜草 750～1000kg，第二年可刈割多次，亩产可割鲜草 2500～3000kg。花期长达 2 个月，种子成熟期不一致，种子成熟 80%以上即可采收花序，让其后熟即可。每亩可收种子 10～15kg。

无性繁殖见效快，以春秋为宜，全垦清杂后，每公顷施磷肥 375～600kg，视其用途可灵活定植行距，将种苗分蔸、分株分段移栽均可，每窝 1～3 株，每株 3～4 节，斜插灌溉即可，每公顷用去叶种茎 1500～3000kg。栽后施定根淡肥水，遇干旱应浇水保苗，且宜尽快覆盖。两种繁殖方式在生产上可因时制宜。

白三叶茎叶细软，叶量特多，营养丰富，尤富含蛋白质。白三叶茎枝匍匐，再生力强，耐践踏，最适于放牧。是温带地区多年生放牧地不可缺少的豆科牧草，用来放牧草食家畜时宜与禾本科牧草混种。通常认为黑麦草与白三叶产草量以 2∶1 为理想，既可保持单位面积内干物质和蛋白质的最高产量，又可防止膨胀病的发生。白三叶与地三叶、苜蓿等均含有雌激素香豆雌醇，长期单一放牧利用时可引起牛羊繁殖障碍。混种草地可减少此种繁殖问题。在白三叶牧地应施行轮牧，每次放牧后应停牧 2～3 周，以利再生。

## 14. 红三叶

学名：*Trifolium pratense*。

英名：Red clover。

别名：红车轴草、红荷兰翘摇。

红三叶属长日照植物，能耐荫，喜凉爽湿润气候。于夏季高温生长不过热、冬不过寒地区，在平均气温大于或等于10℃、年积温2000℃左右地区较为适宜。生长最适温度为15～25℃，能耐零下8℃低温。不耐热，夏不良或死亡。喜湿润环境，耐湿不耐旱，年雨量以1000mm左右为宜，高温干旱尤为不利。对土壤要求，以排水通畅、土质肥沃并富于钙质的黏壤土最为适宜，次为砂土。红三叶喜富含钙质的肥沃黏壤土或粉沙壤土，pH以6.6～7.5为宜，较耐酸性，但耐碱性较差。

红三叶根系深长而发达，且根瘤众多，种后能遗留大量有机质于土中，尤能增加氮素。宜短期轮作中利用，在长江以南一部分中性土壤中可作为水旱地冬季绿肥牧草。如能与禾本科牧草混种，其改良土壤的作用更为显著。忌连作，一次种植以后须隔五六年方可再种。红三叶种子细小，早期生长缓慢，整地务必精细。苗床要求土块细碎，上虚下实。前作收获后应及时浅耕、灭茬、耕翻、耘耙。红三叶根深，要尽可能耕翻得深些。

播种时期春秋皆可，而以9月播种最好。红三叶的播种量，如系春播，每亩可用种子750～1000g，收种的可减少。当年种子发芽率最高。播种方式以条播为宜，行距20～40cm，收草宜宽。覆土深度1～2cm。未种过红三叶的地方第一次种植三叶草时接种根瘤菌的效果极为显著。

红三叶在幼苗时期应行耘耙清除杂草，促其生长。以后每次刈牧之后，亦须及时耘耙，以刺激再生草的发育。在瘠地种植时，每亩施厩肥1500～2000kg，如用化学肥料，每亩可施20kg过磷酸钙、10kg钾盐（或25～30kg草木灰），磷钾肥可同时施用。酸性土壤可施用石灰，每次刈割后应酌量施用氮肥。

收获：一般在草层高度达40～50cm时，无论秋播、春播或现蕾开花与否，均可考虑进行第一次收割，早春播种的当年可刈割2～3次，亩产鲜草2000kg上下。秋播的当年和次年共刈割3～5次，亩产4000～5000kg或更高。一般应在盛花后25～30d种子发硬，花梗枯干，花序易抹落时收种，每亩可收种子15～40kg。

## 15. 白花草木樨

学名：*Melilotus Adans*。

白花草木樨耐寒性较强，在日均地温稳定在3.1～6.5℃时即开始萌动，第一片真叶期可耐－4℃的短期低温，成株可在－30℃的低温下越冬。抗旱能力强，在年降水量300～500mm的地方生长良好，在分枝期土壤含水量降到5.8%时仍能缓慢生长。对土壤要求不严，除低洼积水地不宜种植外，其他土壤均可种植。耐瘠薄，在有机质含量0.01%的粗砂土上，株高仍达1.3～1.5m。特别喜富含石灰质的中性或微碱性壤土，适宜的pH值为7～9。

### 16. 紫云英

学名：*Astragalus sinicus*。

英名：Astrgalus或Chinesemilkvetch。

别名：莲花草、红花草子等。

紫云英喜温暖湿润气候，不耐寒，生长最适温度为15～20℃，气温较高时生长不良。喜砂壤土或黏壤土，亦适应无石灰性的冲积土。不耐瘠薄，在排水不良的低湿田或保水保肥性差的砂壤土则生长不良。耐酸性较强，耐碱性较差，适于pH5.5～7.5的土壤。盐分高的土壤不宜种植紫云英，土壤含盐量超过0.2%就会死亡。紫云英较耐湿，发芽要有足够的水分，但忌积水，耐旱性较差，久旱会使紫云英提早开花和降低产量。

播后6d左右出苗（9～10月播），出苗1个月后形成6～7片真叶并开始分枝，开春以前分枝为主，开春后分枝停止，4月上中旬开花，5月上中旬种子成熟，生育期240～250d。

一般选择砂壤或黏壤，保水保肥性好的土壤多数与粮棉轮作，采取撒播，对整地要求一般。对磷肥敏感，一般不施底肥，少用种肥和生长期施用有机肥和磷肥，如播前用50%人粪尿浸种10～12h，再用草木灰拌种作种肥，能保证发芽整齐，苗期生长旺盛。苗期至春前施用灰肥或厩肥，可促进苗期生长、分枝。春后则利于茎叶生长，抽茎前氮、磷肥配合使用效果较好。播种期：9月上旬至10月，8月下旬至9月中旬也可播种，播种量：饲草2～4kg，收籽1.5kg。播种方式：撒播为主，也可套作，混播。冬春干旱时应适当灌溉。一般不进行中耕除草，但视播种方式而异，穴播或条播情况下可适当除草中耕。80%荚果变黑时收种，产量50～60kg。

# 第四章
# 饲草青贮和干草调制

# 一、饲草青贮

青贮饲料是指经过在青贮容器中的厌氧条件下发酵处理的饲料产品。更确切地说，是在厌氧条件下经过乳酸菌发酵调制保存的青绿多汁饲料。新鲜的和萎蔫的或者是半干的青绿饲料，在密闭条件下利用青贮原料表面上附着的乳酸菌的发酵作用，或者在外来添加剂的作用下促进或抑制微生物发酵，使青贮 pH 值下降而保存的饲料叫作青贮饲料（Silage）。青贮的基本目的是贮存青绿饲料以减少动物所需营养物质的损失。

## 1. 青贮种类

青贮饲料按其原料含水量高低，可划分为高水分青贮、凋萎青贮和半干青贮。

高水分青贮：被刈割的青贮原料未经田间干燥即行贮存，一般情况下含水量70%以上。这种青贮方式的优点为牧草不经晾晒，减少了气候影响和田间损失。其特点是作业简单，效率高。但是为了得到好的贮存效果，水分含量越高，越需要达到更低的 pH 值。高水分对发酵过程有害，容易产生品质差和不稳定的青贮饲料。另外由于渗漏，还会造成营养物质的大量流失，以及增加运输工作量。

凋萎青贮：该技术是 20 世纪 40 年代初期开始在美国等国家广泛应用的方法，至今在牧草青贮中仍然使用。在良好干燥条件下，经过 4～6h 的晾晒或风干，使原料含水量达到 60%～70%，再捡拾、切碎、入窖青贮。将青贮原料晾晒，虽然干物质、胡萝卜素损失有所增加，但是，由于含水量适中，既可抑制不良微生物的繁殖而减少丁酸发酵引起的损失，又可在一定程度上减轻流出液损失。适当凋萎的青贮料无需任何添加剂。此外，凋萎青贮含水量低，减少了运输工作量

半干青贮：也称低水分青贮，主要应用于牧草（特别是豆科牧草），降低水分，限制不良微生物的繁殖和丁酸发酵而达到稳定青贮饲料品质的目的。为了调制高品质的半干青贮饲料，要通过晾晒或混合其他饲料使其水分含量达到半干青贮的条件，应用密封性强的青贮容器，切碎后快速装填。

## 2. 青贮饲料在畜牧业生产上的意义

**（1）青贮饲料营养损失较少** 除了人工干燥而调制的干草以外，在田间调制

干草常因落叶、氧化、光化学等原因，使其营养物质损失 20%以上，有时高达 40%，如在风干过程中，遇到雨水淋洗或发霉变质，则损失更大。但是，在饲料青贮过程中，其营养物质的损失一般不超过 15%，尤其是粗蛋白质和胡萝卜素的损失很少。如甘薯藤青贮时，每 100g 干物质中含有胡萝卜素 9.49mg，与新鲜甘薯藤每 100g 干物质中含胡萝卜素 7.59～10.30mg 的量接近，如果晒制干草，那么每 100g 干物质所含的胡萝卜素便只剩下 0.25mg，损失达 90%以上。

**(2) 青贮饲料适口性好，消化率高** 牧草及饲料作物经过青贮后可以很好地保持饲料青绿时期的鲜嫩汁液，质地柔软，并且产生大量的乳酸和少部分醋酸，具有酸甜清香味，从而提高了家畜的适口性。有些植物如菊芋、向日葵茎叶和一些蒿类植物风干后，具有特殊气味，而经青贮发酵后，异味消失，适口性增强。青贮饲料的能量、蛋白质消化率与同类干草相比均高。并且青贮饲料干物质中的可消化粗蛋白质（DCP）、可消化总养分（TDN）和消化能（DE）含量也较高。

**(3) 扩大饲料来源，有利于养殖业集约化经营** 玉米秸、高粱秸等农作物秸秆都是很好的饲料来源。但是它们质地粗硬，利用率低，如果能适时抢收并进行青贮，则可成为柔软多汁的青贮饲料。菊科中的一些植物和马铃薯茎叶等晒成干草后有异味，家畜不喜食，经青贮发酵后，却成为家畜良好的饲料。另外畜禽不喜欢采食或不能采食的野草、野菜、树叶等无毒青绿植物，经过青贮发酵，也可以变成畜禽喜食的饲料。青贮饲料所占空间比干草小得多，$1m^3$ 青贮饲料的重量为 450～700kg，其中含干物质 150kg，而 $1m^3$ 的干草重仅 70kg，含干物质 60kg。

**(4) 青贮饲料可以长期保存，不受气候等环境条件的影响** 青贮饲料可以常年利用，保存条件好的可达多年，在青贮方法正确，原料优良，存贮窖位置合适，不漏气、不漏水，管理严格情况下，青贮饲料可贮存 20～30 年，其优良品质保持不变。

家畜饲喂青贮饲料，可减少消化系统和寄生虫病的发生，也可减轻杂草危害。

## 3. 常规青贮发酵的基本原理

**(1) 青贮发酵过程** 青贮实际上是在厌氧条件下，利用植物体上附着的乳酸菌，将原料中的糖分分解为乳酸，在乳酸的作用下，抑制有害微生物的繁殖，使其达到安全贮藏的目的。

青贮发酵过程受物理因素、化学因素和微生物因素等因素的制约，因此，掌握青贮调制技术，有必要了解从装填原料到完成青贮饲料的过程中所发生的变化和理论。

将正常的青贮发酵过程大体可分为 5 个阶段。

① 植物呼吸期。青贮原料经切碎装入青贮窖后，经过3d左右的呼吸作用，$O_2$ 耗尽而产生 $CO_2$。

② 好气性细菌繁殖期。呼吸的同时好气性微生物繁殖。

③ 乳酸发酵期。青贮窖内形成厌氧状态，这时就开始植物分子间的呼吸（厌氧呼吸）和强烈的乳酸发酵。植物分子间呼吸主要是在细胞内酶作用下消耗体内 $O_2$ 而产生 $CO_2$、$H_2O$ 和有机酸，同时放热。此外，乳酸菌迅速繁殖，并且分解可溶性碳水化合物而产生乳酸，迅速降低pH值，起防腐保鲜的作用。一般发酵初期以球菌繁殖为主，随着pH值的下降其繁殖能力减弱，接着耐酸的乳酸菌的繁殖占主导地位，进一步降低pH值。

④ 发酵稳定期。pH值下降到4.2左右抑制几乎所有微生物的活动，青贮料得以长期保藏。

⑤ 酪酸发酵期。若青贮原料、调制方法和青贮设施能满足条件，就能保证青贮饲料品质的稳定性。否则，乳酸发酵途径中所产生的乳酸转化为酪酸，并且蛋白质和氨基酸也分解成氨类物质，导致pH值升高，青贮品质下降。通常这种变化在原料被装填后30d左右发生。

**（2）调制优良青贮应具备的条件**

① 原料应有适当含糖量。

$$\text{饲料最低需要含糖量}(\%)=\text{饲料缓冲度}(\%)\times 1.7$$

饲料最低需要含糖量为使100g全干饲料pH降到4.2所需乳酸克数。常规青贮含糖量应不低于最低需要含糖量。

② 原料应有适当含水量。含水量少，难于压实，空气多；含水量多，易结块，利于酪酸菌活动，同时汁液流失率。一般以60%～70%为宜，粗硬材料可以为78%～82%，幼嫩多汁以60%为宜。

③ 厌氧条件、适宜温度。严格密封，30℃左右，不超过38℃。

## 4.青贮饲料调制技术

**（1）青贮设施** 目前常见的青贮设施（图4-1）包括青贮窖（图4-2）、青贮壕、拉伸膜青贮（图4-3）、简易塑料袋青贮（图4-4）等。在实际应用中尽量利用当地建筑材料，以节约建造成本。在地下水位较高的地方，可采用地面青贮。国外有的用硬质厚（2～3cm）塑料板作墙壁（图4-5），可以组装拆卸，多次使用。另一种形式是堆贮。将青贮原料按照青贮操作程序堆积于地面。

**（2）常规青贮操作流程**

① 适时收割。根据青贮品质、营养价值、采食量和产量等综合因素的影响，禾本科牧草的最适宜刈割期为抽穗期，而豆科牧草开花初期最好。专用青贮玉米（即带穗整株玉米），多采用在蜡熟末期收获，并选择在当地条件下初霜期来临前

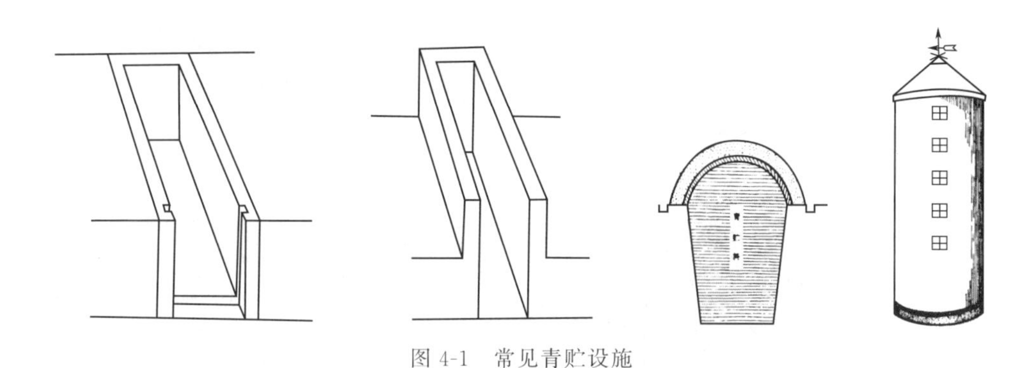

图 4-1 常见青贮设施

图 4-2 地上式青贮窖

图 4-3 拉伸膜草捆青贮

能达到蜡熟末期的早熟品种。兼用玉米（即籽粒作粮食或精料，秸秆作青贮饲料的玉米），目前多选用籽粒成熟时茎秆和叶片大部分呈绿色的杂交品种，在蜡熟末期及时掰果穗后，抢收茎秆作青贮。

② 调节水分。适时收割时其原料含水量通常为 75%～80%或更高。有些情况下如雨水多的地区通过晾晒无法达到合适水分含量，可以采用混合青贮的方法，以期达到适宜的水分含量。

③ 切碎和装填。原料的切断和压裂是促进青贮发酵的重要措施。切碎的程

图 4-4　大型塑料袋青贮

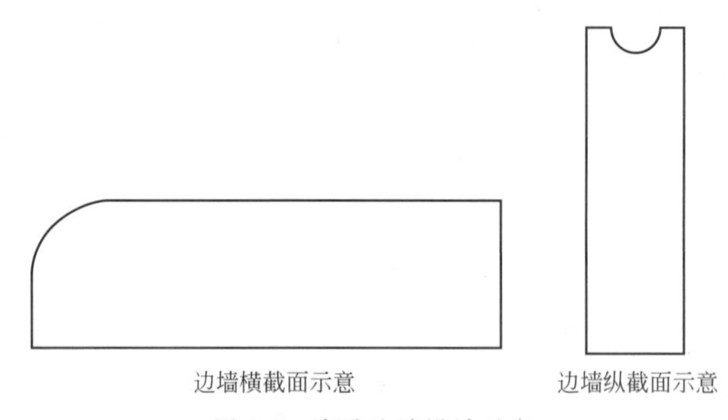


图 4-5　青贮边墙设计示意

度取决于原料的粗细、软硬程度、含水量、饲喂家畜的种类和铡切的工具等。对牛、羊等反刍动物来说，禾本科和豆科牧草及叶菜类等切成 2～3cm，玉米和向日葵等粗茎植物切成 0.5～2cm，柔软幼嫩的植物也可不切碎或切得长一些。

一般小型窖当天完成，大型窖 2～3d 内装满压实。

④ 添加青贮添加剂。添加剂一般在装填的同时添加，用水将添加剂混合均匀，逐层添加。添加剂一般包括：a. 发酵促进剂，如乳酸菌制剂、酶制剂等；b. 糖类和富含糖分的饲料；c. 酸类等微生物抑制剂。

添加的酶制剂主要是多种细胞壁分解酶，大部分商品酶制剂是包含多种酶活性的粗制剂，主要是分解原料细胞壁的纤维素和半纤维素，产生被乳酸菌可利用的可溶性糖类。目前酶制剂与乳酸菌一起作为生物添加剂引起关注。酶制剂的研究开发也取得了很大进展，酶活性高的纤维素分解酶产品已经上市。迄今为止的研究中设定每吨鲜草添加纤维素分解酶范围为 100～2000g。

⑤ 压实。为了避免空隙存有空气而腐败，任何切碎的植物原料在青贮设施

中都要装匀和压实，而且压得越实越好，尤其是靠近壁和角的地方不能留有空隙，这样更有利于创造厌氧环境，便于乳酸菌的繁殖和抑制好气性微生物的生存。

⑥ 密封与管理。用塑料布将青贮料充分密封，并在后期定期查看，以免发生漏气、鼠害等问题。

## 5. 青贮饲料的品质鉴定及饲用技术

**(1) 感官鉴定法** 对于青贮饲料，对其发酵品质的评估很重要，这包括测定青贮饲料的 pH 值、各种挥发性脂肪酸含量、乳酸含量、青贮的损失、氨态总氮、酸性洗涤纤维、中性洗涤纤维、木质素、可溶性碳水化合物（WSC）的含量。但饲料化学成分分析法不能反映动物对饲料的消化情况，无法评价秸秆处理以后营养价值的改进幅度。所以目前国内外研究者较多地采用瘤胃尼龙袋法，通过测定秸秆处理前后某种成分的降解率、消化率等参数进行评定。在农牧场或其他现场情况下，可采用感官鉴定法来鉴定青贮饲料的品质，多采用气味、颜色和质地等指标（表 4-1）。

表 4-1 现场感官评定指标和得分比例

| 项目总配分 | pH(25) | 水分(20) | 气味(25) | 色泽(20) | 质地(10) |
|---|---|---|---|---|---|
| 优等 | 3.4(25)<br>3.5(23)<br>3.6(21)<br>3.7(20)<br>3.8(18) | 70%(20)<br>71%(19)<br>72%(18)<br>73%(17)<br>74%(16) | 甘酸味舒适感(18～25) | 亮黄色(14～20) | 松散软弱不黏手(8～10) |
| 良好 | 3.9(17)<br>4.0(14)<br>4.1(10) | 76%(13)<br>77%(12)<br>78%(11)<br>79%(10)<br>80%(8) | 淡酸味(9～17) | 褐黄色(8～13) | 中间(4～7) |
| 一般 | 4.2(8)<br>4.3(7)<br>4.4(5)<br>4.5(4)<br>4.6(3)<br>4.7(1) | 81%(7)<br>82%(6)<br>83%(5)<br>84%(3)<br>85%(1) | 刺鼻酒酸味(1～8) | 中间(1～7) | 略带黏性(1～3) |
| 劣等 | ＞4.8(0) | ＞86%(0) | 腐酸味，霉烂味(0) | 黑褐色(0) | 发黏结块(0) |

青贮成熟后，开袋进行质量评价，感官评价参照1996年农业部的《青贮饲料质量评定标准》进行适当调整。根据青贮料的加权分获得其综合评分，试验将其划分为四个等级（表4-2）：优等（100～76）、良好（75～51）、一般（50～26）、劣质（25以下）。

表4-2　评定等级划分

| 等级 | 优等 | 良好 | 一般 | 劣质 |
|---|---|---|---|---|
| 得分 | 100～76 | 75～51 | 50～26 | 25以下 |

我国现行的青贮饲料质量评定标准是1996年农业部下发的《青贮饲料质量评定标准》。本试验根据此标准对青贮饲料进行感官评定，该标准制定了感官评定方法、实验室方法来评定青贮饲料质量的标准。感官评定方如下。

色泽：优质的青贮饲料非常接近于作物原料的颜色，青贮饲料的温度是影响颜色的主要因素，温度越低，青贮饲料越接近于原来的颜色。青贮榨出的汁液是很好的指示器，通常颜色越浅，表明青贮越成功，禾本科作物尤其如此。

气味：品质优良的青贮饲料通常具有轻微的酸味和苹果香味，类似于刚切开的面包味和香烟味。陈腐的脂肪臭味以及令人作呕的气味，说明产生了丁酸。霉味说明压得不实，有空气进入。如果出现一种类似猪粪尿的极不愉快的气味，说明蛋白质已经大量分解。

结构：植物的结构应当能清晰辨认。

尝味道：只适合具有丰富经验的人。

**(2) 饲养技术**　青贮饲料在乳牛饲养中效果非常明显，此外在肉牛、羊、马和猪的饲养中广泛运用。家畜对青贮饲料的适口性强，采食量高。但第一次饲喂青贮饲料，有些家畜可能不习惯，可将少量青贮饲料放在食槽底部，上面覆盖一些精饲料，等家畜慢慢习惯后，再逐渐增加饲喂量。在美国一头乳牛一天饲喂50～70kg青贮饲料不发生生理障碍，日本通常为15～20kg。

各种家畜的适宜青贮饲料喂量，一般每天每头的喂量羊为1.5～5kg，役牛13～18kg，乳牛15～30kg。妊娠家畜应适当减少青贮饲料喂量，妊娠后期停喂，以防引起流产。冰冻的青贮饲料，要在解冻后再用。实践中，应根据青贮饲料的饲料品质和发酵品质来确定适宜的日喂量。

## 6. 稻草秸秆青贮技术

水稻秸秆资源丰富，但利用不充分，饲用效率不高。为了解决稻草大型青贮设备造价高、不适宜家庭式生产等限制因素，这里介绍一种采用塑料袋进行袋式青贮工艺。

**(1) 稻草秸秆养分含量**　稻草秸秆的DM（干物质）、CP（粗蛋白）、WSC

（可溶性糖）、NDF（中性洗涤纤维）、ADF（酸性洗涤纤维）含量分别为：42.33%、6.64g/kg、7.64%、64.76%、50.29%。稻草秸秆的ADF含量低于NDF含量，粗蛋白和可溶性糖含量低。适合青贮的鲜草中WSC需占干物质的8%～10%或至少占鲜样重的3%以上。其原料本身青贮难度较大。

**(2) 塑料袋青贮排气工艺** 三种排气工艺为：不排气；密封后3h进行一次排气；8h后二次排气。每个处理装3袋。排气方法：在鼓胀塑料袋的一角，剪开一0.5cm宽的小口，尽量排尽塑料袋内气体，迅速密封。

不排气、一次排气、二次排气三种排气处理后青贮稻草的品质差异显著（图4-6），三种工艺处理后青贮鲜料的pH值变化范围为4.044～4.592，氨态氮TBN：0.6007～0.2813。二次排气处理的pH值和TBN含量最低。三种排气处理在8d、20d、45d时的WSC和CP含量变化趋势均为：二次排气＞一次排气＞不排气，差异显著（$P<0.05$）。二次排气处理较不排气和一次排气处理具有较高的ADF和NDF含量，ADF与NDF含量呈正相关关系。随着青贮时间的延长，三种排气处理青贮料的pH值、TBN及营养物质含量变化趋势逐渐一致。

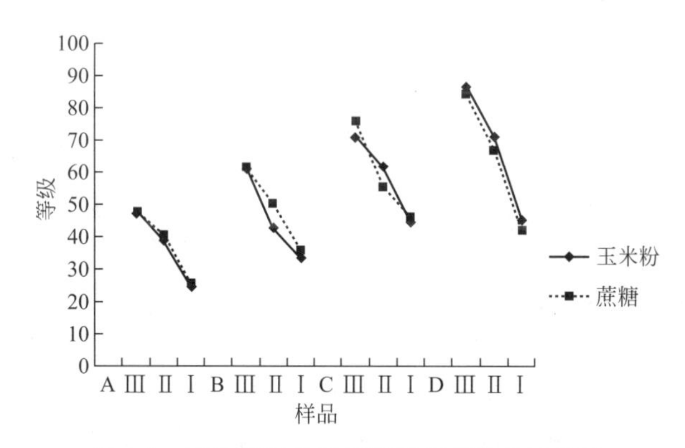


图4-6 三种排气处理后青贮稻草的品质差异

① 不同排气处理青贮稻草pH值。pH值是发酵成功与否的重要标志，青贮料pH值随着乳酸发酵而降低，乳酸菌活动越剧烈，pH值越低。pH值高于4.2～4.5时，说明有腐败菌的繁殖，腐败菌的发酵会产生酪酸等具有刺鼻性气味的物质，对青贮料的品质和保存不利。

青贮8d、20d、45d后分别测定不同排气处理青贮料pH值，结果如表4-3所示。在青贮8d时青贮料的pH值均大于4.2（4.39～4.59），青贮20d后的pH值均大于4.2但小于青贮8d时的pH值，青贮45d后pH均小于4.2（4.098～4.044）。可见发酵8d时，乳酸菌的繁殖和产酸浓度较低，但随着青贮时间的推后，乳酸菌利用青贮料和糖源提供的糖分及其他营养物质，产生大量酸性物质，有效地降低了青贮料的pH值。

从表4-3、图4-7可见，添加玉米粉作为糖源不同排气处理中，青贮8d和20d后TE较NE能有效的降低pH值，下降幅度为0.2，差异极显著（$P<0.01$），OE较NE低，差异不显著（$P>0.05$）。

**表4-3　不同排气处理在不同青贮时间段pH值**

| 糖源 | 处理(E.T) | 8d | 20d | 45d |
| --- | --- | --- | --- | --- |
| 玉米粉 | 不排气(NE) | 4.592[aA] | 4.461[aA] | 4.098[a] |
| | 一次排气(OE) | 4.531[aA] | 4.441[aA] | 4.044[a] |
| | 二次排气(TE) | 4.404[bB] | 4.254[bB] | 4.068[a] |

注：E.T，排气处理；不同小写字母表示差异显著（$P<0.05$），不同大写字母表示差异极显著（$P<0.01$）。

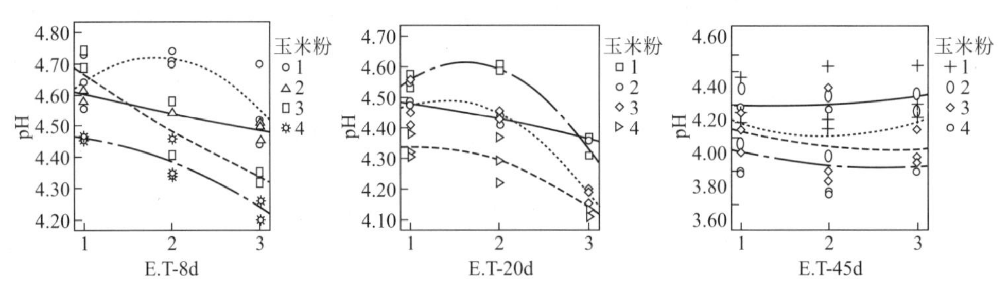


图4-7　不同排气处理后8d、20d、45d青贮pH值变化趋势

注：各图右上侧注释1,2,3,4对应糖源梯度A，B，C，D；横坐标1,2,3分别对应排气密封工艺NE，OE，TE（下同）的三个样品。

② 不同排气处理青贮稻草TBN（非蛋白氮）含量。青贮饲料中TBN含量是评定青贮饲料质量的重要指标，反映了青贮过程中蛋白质的分解程度，且与青贮饲料饲用价值密切相关。Moseley等用绵羊进行青贮饲料的饲养试验发现，DM的采食量与TBN/N的比值呈强负相关。稻草秸秆青贮结束后开封取样测定TBN含量，结果如表4-4所示。TBN含量变化为0.601，0.498，0.281（%·FM），其中以添加玉米粉TE处理的TBN含量最低。TE较NE和OE能有效地降低青贮料中TBN含量，差异极显著（$P<0.01$）。添加玉米粉为糖源的处理中，不同排气处理间差异极显著（$P<0.01$）。

**表4-4　青贮45d后不同排气处理TBN含量及LSD值**　单位：%·FM

| 糖　源 | E.T | 平均值 | E.T | LSD① | 显著性Sig. |
| --- | --- | --- | --- | --- | --- |
| 玉米粉 | NE | 0.60±0.09 | OE | 0.1031 | 0.002 |
| | | | TE | 0.3194 | 0 |
| | OE | 0.50±0.09 | NE | −0.1031 | 0.002 |
| | | | TE | 0.2164 | 0 |
| | TE | 0.28±0.14 | NE | −0.3194 | 0 |
| | | | OE | −0.2164 | 0 |

① 代表显著水平为0.05（下同）。

③ 不同排气处理后的可溶性糖含量。青贮原料中的可溶性糖被乳酸菌利用，经同型发酵转化为以乳酸为主的有机酸，同时放出少量的热量。发酵完成后青贮饲料中可溶性糖的含量很低，一般低于 20g/kg・DM。可溶性糖含量在同一个时间段，三种排气处理间差异显著（$P<0.05$），NE 和 TE 间差异显著（$P<0.05$）。添加玉米粉后在发酵早期（第 8 天）三种排气处理的可溶性糖含量分别为 4.27、4.42、5.42（g/kg・DM）；45d 时的可溶性糖含量分别为 2.93、4.05、4.69（g/kg・DM）。可见，在青贮初期和青贮成熟期，青贮料中可溶性糖含量均表现为：TE>OE>NE，差异显著（$P<0.05$）。TE＋玉米粉处理能保持一个较高水平的可溶性糖含量，45d 时的含量为 4.69g/kg・DM。在青贮早期三种排气处理间的可溶性糖含量曲线较平稳，后期曲线上升趋势明显，说明青贮时间越长，三种排气处理的差异越明显。表明良好的密封条件可以增加原料中糖的有效性。

④ 不同排气处理后的 CP 含量。青贮料中 CP 含量与 pH 值高低密切相关。当 pH 值小于 4.6 时，蛋白质因植物细胞酶的作用，部分分解为氨基酸，较稳定，损失极少。试验时鲜稻草中 CP 含量为 6.64g/kg・DM。经 TE 处理后，在 8d、20d、45d 时的 CP 含量分别为 8.33、7.54、7.64（g/kg・DM），均高于鲜草和 NE、OE 处理组，差异显著（$P<0.05$）。

从图 4-8 可见，TE 的 CP 含量均较 OE、NE 处理高，OE 和 NE 处理的 CP 含量在趋势图上较接近。CP 含量从高到低排列为 TE>NE>OE。进行 TE 处理能为乳酸菌发酵提供一个厌氧环境，保证青贮成功率，降低 pH 值，以有效地保留青贮料中的 CP 含量；随着青贮时间的推移，添加 NE 和 OE 两个水平糖源的 CP 含量水平较一致。

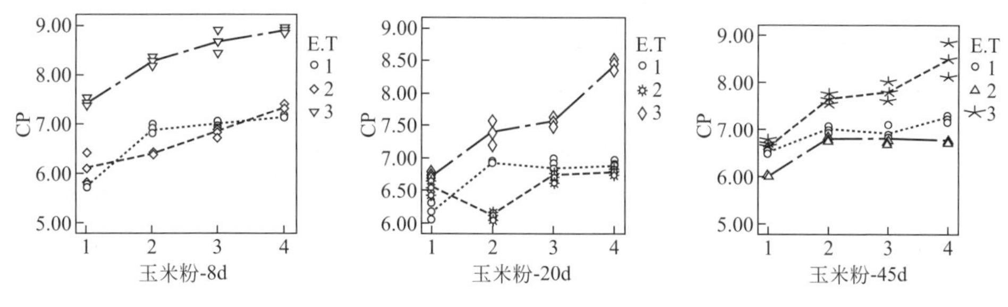


图 4-8　不同排气处理后 8d、20d、45d 青贮 CP 值变化趋势

⑤ 不同排气处理后的 NDF 含量。NDF 是目前反映青贮粗饲料纤维质量好坏的最有效的指标，其含量可以作为估测奶牛日粮精粗比是否合适的重要指标。在青贮早期（图 4-9），二次排气处理的 NDF 含量较一次排气和不排气处理高。青贮 20d 后，三种排气处理的 NDF 含量间差异不显著（$P>0.05$）；青贮 45d 后，添加玉米粉和蔗糖青贮的 NDF 含量最高的均为二次排气处理。

⑥ 不同排气处理后的 ADF 含量。青贮 8d、20d、45d 对不同处理青贮稻草

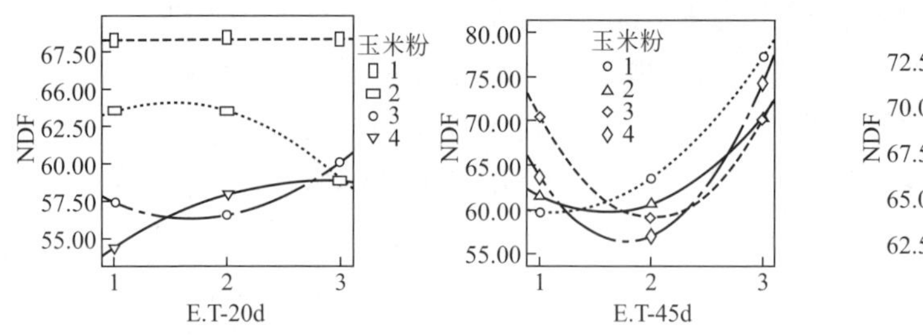


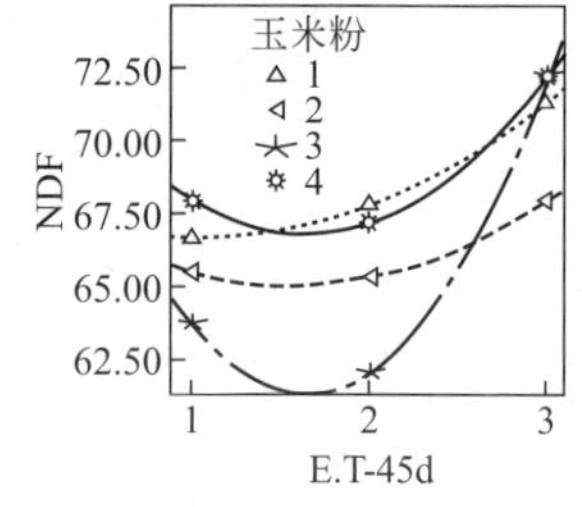


图 4-9　不同排气处理后 8d、20d、45d 青贮 NDF 含量变化趋势

ADF 含量进行测定，如表 4-5 所示。结果表明，青贮稻草的 ADF 值含量较高，二次排气处理 ADF 含量为 47.91%～49.21%，均高于不排气和一次排气处理。添加玉米粉能有效降低青贮料中 ADF 含量。在青贮早期，两种糖源的 ADF 含量变化趋势一致，但随着青贮时间延长，ADF 含量增大。添加高浓度糖源后青贮料 ADF 含量降低趋势明显，添加糖分进行青贮能有效降低青贮料中 ADF 含量。

**表 4-5　不同排气处理在不同时间段的 ADF 含量**　　单位：%

| 不同排气 E. T[1] | 添加玉米粉 | | |
|---|---|---|---|
| | 8d | 20d | 45d |
| NE | 41.332 | 40.014 | 43.555 |
| OE | 41.639 | 42.068 | 43.621 |
| TE | 47.91 | 49.763 | 49.208 |
| S. E. M. | 0.613 | 1.487 | 0.849 |
| NE×OE | NS | NS | NS |
| NE×TE | * | * | * |
| OE×TE | * | * | * |

**(3) 不同浓度糖源对稻草青贮料的影响**

① 不同浓度糖源稻草青贮料的 pH 值。从表 4-6 可见，添加高浓度糖源能有效降低青贮料 pH 值，不同添加浓度间差异显著（$P<0.05$）。添加高水平糖源进行青贮处理中，在青贮后期（45d）的 pH 值含量均小于 4.2。青贮 45d 后青贮料 pH 值同青贮 8d 的 pH 值差异显著（$P<0.05$），同 20d 的 pH 值差异不显著（$P>0.05$），青贮料的最高和最低值分别为 4.97、3.68。添加玉米粉为糖源处理中，最低值为 3.63，与青贮 8d、20d pH 值差异显著（$P<0.05$）。随着青贮时间延长，pH 值下降，由于玉米粉中的糖分经微生物作用后继续分解成糖分，为乳酸菌繁殖提供糖，玉米粉处理 pH 值下降趋势较蔗糖处理明显。随着糖分添加浓度的提高，pH 值下降趋势明显，TE＋高浓度糖处理能有效地降低青贮料 pH 值。

表 4-6　添加不同浓度糖源处理的 pH 值及显著性分析结果

| 糖源 | 时间 | 排气处理 | 糖源浓度水平 | | | |
|---|---|---|---|---|---|---|
| | | | A | B | C | D |
| 蔗糖 | 8d | 二次排气 | 4.71±0.13aA | 4.30±0.08bC | 3.99±0.17cB | 3.77±0.12dD |
| | 20d | 二次排气 | 4.59±0.15aA | 4.18±0.07bB | 3.87±0.17cB | 3.65±0.11dC |
| | 45d | 二次排气 | 4.57±0.11aA | 4.30±0.06bB | 4.14±0.06cC | 3.68±0.10dD |
| 玉米粉 | 8d | 二次排气 | 4.71±0.13aA | 4.51±0.03bAB | 4.15±0.14cB | 3.83±0.06dD |
| | 20d | 二次排气 | 4.59±0.15aA | 4.58±0.05aA | 4.48±0.08bBC | 3.37±0.06cC |
| | 45d | 二次排气 | 4.57±0.11aA | 4.15±0.11bB | 3.98±0.01bBC | 3.63±0.17cC |

② 不同浓度糖源稻草青贮料的可溶性糖含量。对青贮 8d、20d、45d 可溶性糖含量进行方差分析和多重比较，如表 4-7 所示。从表中可见，不同蔗糖浓度处理间存在差异，D 高于 A、B 处理（$P<0.05$）；不同浓度玉米粉处理间差异显著（$P<0.05$）。添加相同浓度梯度处理后，玉米粉处理可溶性糖含量高于蔗糖处理，且差异显著（$P<0.05$）。

表 4-7　添加不同浓度糖源处理后可溶性糖含量及显著性分析结果

单位：g/kg・DM

| 糖源 | 时间 | 排气处理 | 糖源浓度水平 | | | |
|---|---|---|---|---|---|---|
| | | | A | B | C | D |
| 蔗糖 | 8d | 二次排气 | 3.66±0.06cC | 4.21±0.02bB | 5.39±0.52aA | 5.8±0.16aA |
| | 20d | 二次排气 | 3.99±1.29aA | 3.13±0.18bAB | 2.85±0.33cBC | 1.93±0.1dD |
| | 45d | 二次排气 | 3.28±2.85dB | 3.98±0.46bAB | 3.68±0.08cB | 4.7±0.46aA |
| 玉米粉 | 8d | 二次排气 | 3.66±0.06dC | 6.74±0.57cB | 7.35±0.04aA | 7±0.74bAB |
| | 20d | 二次排气 | 3.99±1.29dC | 5.6±0.55cBC | 6.45±0.65bB | 9.45±0.55aA |
| | 45d | 二次排气 | 3.28±2.85cBC | 4.03±3.37bB | 6.73±0.49aA | 6.65±0.03aA |

8d 后青贮料可溶性糖含量测定结果表明，添加蔗糖为糖源进行 E.T 处理后，可溶性糖含量存在差异，最低可溶性糖含量为 2.43g/kg・DM，即不添加蔗糖 NE 处理。A、D 水平蔗糖 TE 处理的可溶性糖含量分别为 3.66g/kg・DM，5.8g/kg・DM，差异极显著（$P<0.01$）。可溶性糖含量最低值为 2.43g/kg・DM，最高值为 7.35g/kg・DM，即添加 C 浓度玉米粉 TE 处理。不添加和添加处理间差异显著（$P<0.05$），C、D 浓度间差异不显著（$P>0.05$）。

青贮 20d 后含量较青贮 8d 时低。C 浓度蔗糖处理后可溶性糖含量较其他水平处理高，差异显著（$P<0.05$）。添加玉米粉处理中，4 个浓度梯度处理的可溶性糖含量变化趋势为 D>C>B>A，差异显著（$P<0.05$）。

青贮 45d 后蔗糖处理可溶性糖含量高于 8d、20d 的含量，不同浓度处理间差异不显著（$P>0.05$）。青贮45d后添加玉米粉为糖源处理可溶性糖含量较青贮8d、20d时低，差异不显著（$P>0.05$）；不同蔗糖浓度处理的变化趋势为：D>C>B>A，D与B、A间差异显著或极显著（$P<0.05$，$P<0.01$）。

③ 添加不同浓度糖源青贮稻草CP含量。三个时间段青贮料中CP含量方差分析和多重比较结果如表4-8所示，玉米粉处理后CP含量较蔗糖处理高。A处理CP含量低于其他浓度处理，差异显著（$P<0.05$）；B、C、D蔗糖处理间差异不显著（$P>0.05$），B、C玉米粉处理间差异不显著（$P<0.05$）。

**表4-8 添加不同浓度糖源处理后CP含量及显著性分析结果**

单位：g/kg·DM

| 糖源 | 时间 | 排气处理 | 糖源浓度水平 | | | |
|---|---|---|---|---|---|---|
| | | | A | B | C | D |
| 蔗糖 | 8d | 二次排气 | 5.05±0.06dB | 6.42±0.33cAB | 6.78±0.06aA | 6.63±0.16bA |
| | 20d | 二次排气 | 5.32±0.07dC | 5.76±0.37cB | 5.84±0.25bB | 6.6±0.23aA |
| | 45d | 二次排气 | 5.11±0.07dD | 5.95±0.18cC | 6.2±0.08bB | 6.67±0.05aA |
| 玉米粉 | 8d | 二次排气 | 5.03±0.1dC | 6.37±0.1cAB | 6.54±0.17bAB | 6.93±0.14aA |
| | 20d | 二次排气 | 5.36±0.01dD | 5.91±0.66bB | 6.19±0.21aA | 6.95±0.19aA |
| | 45d | 二次排气 | 5.01±0.15cC | 5.99±0.18bB | 6±0.09bAB | 6.31±0.03aA |

青贮8d后，添加蔗糖为糖源处理中，CP最低值为4.92g/kg·DM，即不添加蔗糖处理；CP最高值为6.78g/kg·DM，即添加C浓度TE处理。添加玉米粉为糖源处理中，添加玉米粉与不添加处理间差异显著（$P<0.05$），B、C、D间差异不显著（$P>0.05$）；青贮20d后，不同浓度糖源处理间CP含量差异显著（$P<0.05$）。同一浓度水平下，玉米粉处理的CP含量高于蔗糖处理。青贮45d后，蔗糖和玉米粉为糖源处理中，不同浓度处理间CP含量差异极显著（$P>0.01$），添加高浓度蔗糖能有效改善青贮料中CP含量，C、D水平CP含量与较8天的含量低，但差异不显著（$P>0.05$）；添加蔗糖及玉米粉都能改善青贮料中CP含量，玉米粉与蔗糖处理青贮料的CP含量（6～6.67g/kg·DM）差异不显著（$P>0.05$）。

④ 添加不同浓度糖源青贮稻草NDF和ADF含量。青贮8d、20d、45d后青贮料NDF含量添加蔗糖处理中，不同浓度梯度间差异不显著，随添加浓度提高NDF含量减少，D水平处理NDF含量为62.71%，较A水平含量69.55%低。添加玉米粉处理中，NDF含量随添加浓度提高而降低，添加处理较不添加差异极显著。从不同时间段青贮料NDF含量变化趋势可见，蔗糖处理NDF含量高于玉米处理，变化趋势一致。在青贮后期，添加C、D浓度梯度蔗糖和玉米粉进行相同排气处理后，青贮料的NDF含量趋于接近。

添加蔗糖青贮处理ADF含量（43.05%～50.46%）较玉米粉处理（37.80%～

49.85%）高，不同蔗糖浓度处理间差异不显著（$P>0.05$），不同玉米粉浓度处理间差异显著（$P<0.05$）。

## 7. 绿汁发酵液青贮技术

绿汁发酵液青贮是近年来发展起来的一种青贮技术，正成为该领域的研究热点。绿汁发酵液（previosly fernmented juice，PFJ）是一种新型的生物性青贮添加剂，它可以经厌氧发酵后，使青贮原料的乳酸菌快速增殖，是近年来研制出的一种天然乳酸菌添加剂。通过绿汁发酵液处理过的青贮原料，能促使乳酸增殖，降低 pH 值和铵态氮含量，提高青贮发酵品质。绿汁发酵液具备的这些优点，具有很大的研发潜力。绿汁发酵液在青贮领域中的研究和运用时间较晚，技术还不成熟。相对于乳酸菌制剂、甲酸、纤维素酶等运用较为成熟的添加剂的研究还有待进一步提高。

**（1）绿汁发酵液的制作** 绿汁发酵液的制作以青贮原料为基础，而各种青贮原料的化学成分又有一定的差别，但是绿汁发酵液的具体制作方法差别并不显著。关于扁穗牛鞭草绿汁发酵液的制作，一些文献参照 Ohshima 的方法：以草地割取的扁穗牛鞭草为原料，将原料切成（2.5±0.5）cm 的长度；将切短后的原料加入 40mL 蒸馏水中，用捣碎机搅拌 1min；之后用 4 层纱布过滤，将滤液装入发酵罐内加入 2%的葡萄糖（浓度为 20～40g/L），把厌氧罐密封后在 30℃条件下培养 48h。陈功报道苜蓿绿汁发酵液的调试，是取新鲜的紫花苜蓿 200g，加 600mL 蒸馏水，用高速阻止捣碎机捣碎后静置 1h，经双层纱布过滤，取 500mL 滤液，加 20g 葡萄糖，30℃发酵 2d。所以，绿汁发酵液的制作就是加入适量的蒸馏水把原料捣碎后再过滤出液体，根据不同的原料在液体中加入一定量的葡糖糖发酵制成。但是，Ohshima 指出，关于发酵液调制条件的研究各国学者尚无定论，还有待于进一步探讨。

**（2）影响绿汁发酵液制作优良饲料的因素**

① 青贮原料中的乳酸含量。青贮过程中必须保证乳酸含量达到一定的值，抑制不良微生物，而原料本身有携带一定量的乳酸才能促使发酵成功。研究表明，乳酸菌在青贮中占据主导地位，牧草原料上乳酸菌数量应大于 $10^5$cfu/g 鲜草。但是，一般牧草及饲料作物上携带的乳酸菌的数量和优越性都不能达到理想状态，即乳酸菌数量不足且多为不良菌种，不适合直接青贮发酵，应经过一定的加工处理。每克苜蓿等牧草中乳酸菌的数量少于 $10^2$ 个，远远达不到 $10^5$cfu/g 的标准，所以必须借助青贮添加剂，绿汁发酵液可以使附着在绿汁发酵液表面的乳酸菌增殖，成为乳酸发酵的“启动因子”，添加绿汁发酵液后，青贮料中的乳酸含量迅速提高，促使 pH 降低，抑制了羧酸菌、酪酸菌等有害微生物的活性，降低了蛋白氮的分解率，使更多的营养物质得以保存。丁酸和铵态氮含量的高低

是衡量发酵品质的重要指标，而乳酸含量的增加也就意味着丁酸增殖的空间缩小，有利于发酵品质的提高，而绿汁发酵液恰好能达到这种效果。绿汁发酵液来源于青贮原料本身，种类多，对环境的适应能力强，可以产生明显的趋同效应，本身存在适合于青贮原料发酵所需的各种乳酸菌菌种，对不良环境的改善作用明显，显示了它在青贮过程中的有效性，所以，不失为一张优良的青贮添加剂。

② 青贮原料中的水分含量。水分含量是影响青贮发酵品质的一个不可忽略的因素，含水率对乳酸、乙酸、总酸、pH、干物质回收率和气体损失率有极显著影响（$P<0.01$）。庄益芬等报道添加紫花苜蓿绿汁发酵液和猫尾草绿汁发酵液对低含水率紫花苜蓿青贮和高、低含水率的猫尾草的发酵品质均有显著效果，而且两种牧草都是低含水率青贮的发酵品质优于高含水率的发酵品质。低含水率效果优于高含水率主要原因可能是高含水率青贮的细胞液中糖分过稀，不能满足乳酸菌发酵所需的糖分浓度，而利于丁酸菌发酵，使青贮品质变坏。降低原料的含水率能使原料的可溶性糖等养分浓缩，促进乳酸发酵，还能在一定程度上抑制不良发酵、酶的作用和植物细胞的呼吸活动，从而保存更多的营养物质。张涛等报道高含水率水平（72.72%）和中等含水率水平（47.30%）苜蓿青贮中，绿汁发酵液对苜蓿青贮效果显著，而低含水率（28.48%）苜蓿青贮时效果不显著，原因可能是绿汁发酵液在高含水率不利于抑制蛋白的水解和抗有氧青贮腐败，中等含水率水平有利于 pH 值迅速降低，水溶性碳水化合物等养分浓缩而促进乳酸发酵，而低含水率则使乳酸菌受到抑制而不利于发酵。庄益芬等报道象草含水率的适当降低有利于改善青贮效果，而在降低含水率的同时再添加绿汁发酵液就能获得优质青贮。董志国报道在半干条件下，经绿汁发酵液处理过的新引 1 号东方山羊豆能保存较好的营养品质。所以，水分含量的高低影响到绿汁发酵液发挥作用的程度，绿汁发酵液的主要作用方式是防止青贮料的流汁和营养物质的保存，进行凋萎青贮可减少渗出液而保存更多的营养，但是也有可能会抑制乳酸发酵而不利于达到最佳状态，因此，需要更多的研究来揭示这一问题。

③ 绿汁发酵液的稀释倍数。绿汁发酵液的稀释倍数差异，影响青贮饲料的体外粗蛋白质消化率，除此之外，非蛋白氮、水溶性碳水化合物、pH 值、有机酸、铵态氮、中性洗涤纤维等都与绿汁发酵液的稀释倍数呈一定相关性。许庆芳等报道，添加稀释 5 倍和 20 倍绿汁发酵液，贮藏 400d 的袋装苜蓿青贮的非蛋白氮和水溶性碳水化合物含量极显著减少（$P<0.05$），中性洗涤纤维显著增加；与贮藏 180d 相比，稀释 5 倍和稀释 20 倍绿汁发酵液处理中中性洗涤纤维分别增加 8%和 5%，中性洗涤纤维都有所增加，水溶性碳水化合物显著下降（$P<0.01$）；吴进东等报道 5 倍稀释和 20 倍稀释的乳酸占总酸比值分别比对照组增加 25.9%和 20.7%，乙酸含量分别降低 29.4%和 23.5%，粗蛋白含量分别高 11.2%和 10.9%，氨态氮与总氮之比分别低于对照组 61.5%和 56.6%；许庆方等报道，在添加稀释度为 20 倍的绿汁发酵液于拉伸裹包苜蓿青贮 300d 后，乳酸

含量提高6.26%，乙酸含量降低0.85%，没有丁酸生成。但是，目前对于绿汁发酵液的稀释程度主要集中在2倍、5倍、20倍这几个范畴，研究范围狭窄，研究文献也较少，而且青贮原料主要为苜蓿，所以，稀释倍数对常规营养物质的作用还有待进一步研究。

④ 贮藏期。在饲草发酵过程中，青贮饲料的营养在各时间段会发生不同的动态变化，同样，绿汁发酵液在这个动态变化过程中，对pH值、铵态氮，中性洗涤纤维等常规指标会也产生不同的变化幅度。许庆方等研究报道，在添加有绿汁发酵液的苜蓿青贮中，与贮藏180d相比，贮藏400d后pH值显著下降（$P<0.01$），有机酸含量显著增加（$P<0.01$），中性洗涤纤维和粗蛋白含量显著增加（$P<0.01$），干物质、中性洗涤纤维、酸性洗涤纤维、粗蛋白质消化率显著提高（$P<0.01$）。在这个动态变化中，添加剂起的作用无疑是关键的，青贮原料中的营养物质也起到相当大的作用，如青贮原料的水溶性碳水化合物的含量就与贮藏期存在相关性。Nicholson等报道青贮58d的发酵试验中，苜蓿水溶性碳水化合物含量不到5%，乳酸含量呈上涨趋势，pH值与之相反，呈下降趋势；Charmley等报道，苜蓿在青贮70d后，乳酸含量下降；Bureenok等报道大黍水溶性碳水化合物含量为3.24%，添加有绿汁发酵液的大黍在青贮49d后，乳酸减少，有时直接测不出来。但是也有研究证明绿汁发酵液对一些指标的影响不显著，如Nishino等报道，添加绿汁发酵液的苜蓿青贮90d后，与对照组相比，体外干物质消化率一致，都是65%。由此总结，贮藏时间的长短与绿汁发酵液的作用程度大小有一定的相关性，但是，也有的结果显示对某些营养物质的变化没有相关性，这些都有待进一步论证。

**(3) 应用前景** 青贮添加剂的研究正朝着广泛运用、针对具体牧草品种方向进行。尽管绿汁发酵液主要还处于试验阶段，在实践中使用较少，但可以肯定对其研究是具有重要意义的。牧草青贮的重要性，为该研究注入了动力。目前只有屈指可数的几种绿汁发酵液被运用到畜牧业中，多数绿汁发酵液还未得到普遍接受。未来发展应该针对不同牧草进行研究，制作出具有针对性的添加剂。

添加剂的运用逐渐从宏观到微观发展，涉及化学、生物、农业等诸多学科，绿汁发酵液在制作过程中，受各种因素的制约，如乳酸菌菌种、数量、时间、温度等方面的影响，还有待进一步研究。在试验中，有绿汁发酵液的作用不明显或效果不显的负面报道，单一添加绿汁发酵液青贮，可能对青贮品质的改善不显著，但是和其他添加剂混合使用，可以有效消除不利因素，使发酵效果更好。此外，绿汁发酵液使用有效期短，仅3～5d，而且不耐储运、不能商品化等弊端导致发酵液不能广泛利用。对绿汁发酵液的进一步研究和开发有着重要的意义，目前对异型乳酸菌抑制二次发酵的机理的研究还不够完整，绿汁发酵液中是否含有适合其原料牧草发酵的特种乳酸菌，有待于深入研究。所以，绿汁发酵液对青贮饲料品质变化的动态研究和复合菌种利用研究显得极为重要。

## 二、干草调制

青干草是将人工牧草、饲料作物及其他饲用植物刈割，经自然干燥或人工干燥，使它脱水，制成能够长期贮藏的干燥饲草。它由青绿植物干制而成，所以仍保留一定的青绿色，称为青干草。优质的青干草含有牲畜所必需的各种营养成分，合理调制的青干草，一般粗蛋白质含量比秸秆高 2 倍以上，矿物质等的含量较高，纤维素的含量比秸秆低一半左右，木质化程度较低，粗纤维的消化率较高。调制青干草是为了便于贮藏，尽可能地保存牧草原来的营养成分物质，特别是减少粗蛋白质、胡萝卜素及必需氨基酸的损失。青干草中这些营养物质的含量，与加工调制的技术关系很大。为了减少各种营养物质的损失，在牧草刈割之后，最重要的是迅速脱水。

### 1. 青干草的调制方法

青干草的调制方法通常分为自然干燥和人工干燥法，这两种方法又分为地面干燥法、风力干燥法、草架干燥法和高温干燥法等多种类型。为了使牧草加速干燥和干燥均匀，必须创造有利于牧草内水分迅速散失的条件。在生产中常用感官法估测牧草的水分含量：取一束草用力拧紧成绳状时，不能挤出水分，此时干草含水量为 40%左右；拿一束干草贴于脸颊上，如不觉得凉爽，也不觉湿润，同时将干草束轻轻抖动，可以听到清脆的沙沙声，揉卷折叠时不脆断，松手后能很快自动松散，此时青干草含水量为 15%～18%。如水分在 18%以上，则贴在脸颊上有凉感，抖动时无清脆的沙沙声，揉团后松散很慢，弹性小。

**（1）牧草的加速干燥** 为了使割下的牧草摊晒均匀，干燥速度一致，在割草的同时或割草以后进行翻草，当牧草有些干燥后进行第二次翻草，能使干燥的速度大大加快。翻草以两次为宜，次数过多，叶片损失增加。豆科牧草最后一次翻草要在含水量不少于 40%～45%时进行。

牧草干燥时间的长短取决于茎秆干燥时间的长短，如豆科牧草和一些杂类草的叶片干燥到含水量 15%～20%时，茎的含水量不少于 35%～40%。所以只有加快茎的干燥，才能缩短牧草的干燥时间。压裂茎秆可使牧草各部分的干燥速度趋于一致，从而缩短干燥时间。许多试验证明，茎秆压裂后，干燥时间可缩短 1/2～1/3。可采用下面两种方法：

机械压扁：国内外常用的茎秆压扁机有圆筒型和波齿型两种。圆筒型压扁机装有捡拾装置，压扁机将草茎纵向压裂。一般认为，用圆筒型压扁机压裂的牧草干燥速度快。

豆科牧草与秸秆分层压扁：将豆科牧草刈割后，把麦秸或稻草铺在场面上，厚约10cm，中间铺鲜草10cm，上面再加一层麦秸或稻草，然后用轻型拖拉机或其他镇压器进行碾压，到鲜草绝大部分水分被麦草或稻草吸收为止。最后晾晒风干、堆垛，垛顶抹泥防雨即可。

**(2) 地面干燥法** 采用地面干燥法随地区气候条件的不同，干燥过程及时间也不一样。在湿润地区，牧草刈割后就地干燥6～7h，到含水量为40%～50%开始用搂草机搂成松散的草垄，一般草垄间距25～30cm，第一搂草耙的干草10～20kg，草垄高30～35cm，宽40～45cm。晒制4～5h，当含水量到35%～40%，用集草器集成小堆，牧草在草堆中干燥1.5～2d就可制成干草（含水量15%～18%）。

在干旱地区，气温较高，空气干燥，降雨稀少，同时，牧草在开花期的含水量仅为50%～60%，这类地区牧草干燥要防止光照破坏胡萝卜素，避免机械作用引起的叶片、细嫩部分的损失。因此，在干旱地区牧草的刈割与搂成草垄两项作业可同时进行，干燥到牧草含水量35%～40%时，用集草器集成草堆干燥到含水量15%～18%时就调制成干草。

**(3) 草架干燥法** 在湿润地区常采用草架干燥法调制干草。方法是把割下来的草在地面干燥半天或一天，使其含水量降至45%～50%，再将草上架，自下而上逐层堆放，或打成直径15cm左右的小捆，草顶端朝里，最低层牧草应高出地面，以便于通风，地表接触吸湿。草架干燥法可大大提高牧草的干燥速度。可保证干草品质。减少各种营养物质的损失。

**(4) 常温鼓风干燥法** 常温鼓风干燥法是把割下来的牧草晾干到含水量为50%左右时，放在有通风道的草棚内，用鼓风机或电风扇进行常温吹风干燥。

**(5) 高温快速干燥法** 高温快速干燥法主要用作生产干草粉。是将切碎的青草（长约25mm）快速通过高温干燥机，再用粉碎机粉碎成粉状或直接调制成干草块。

## 2. 干草的堆垛与贮藏

调制加工成的干草、干草粉可采用以下贮存方法：

**(1) 堆藏法** 调制成的青干草常采用堆藏法，以便于长期贮藏，垛址应选择地势平坦、高燥、离畜舍较近、便于存取运输的地方。在垛的四周挖排水沟。草垛有长方形、圆形两种。潮湿度高的地区堆垛时垛底要用树枝、秸秆、老草垫起铺平，高出地面40～50cm。草垛中间要比四周高，中间要用力踩实，四周边缘要求整齐，草垛的收顶应从垛底到草垛全高的1/2（湿润地区）或2/3（干旱地区）处开始。从垛底到开始收顶处应逐渐加宽，约1m左右（每侧加宽半米）。堆完后用干燥的杂草或麦秸覆盖顶部，并逐层铺压。垛顶不能有凹陷或裂缝，顶脊用草绳或泥土封压坚固。有条件的地方，应建造简易的干草棚，以防雨雪、潮湿和阳光的直射。存放干草时，应使棚顶与青干草保持一定的距离，以便通风散热。

**（2）压捆法** 把青干草压缩，打成长方形的干草捆或圆形草捆进行贮藏。一般草捆密度为 80～130kg/m$^3$ 以上，而利用高压打捆机，草捆密度达到 200kg/m$^3$ 以上，能够减少干草与外界的接触面积，营养物质氧化缓慢，干草捆比散贮、散喂减少营养损失 30%～40%，同时便于运输与贮藏。无论采取什么方法贮藏干草，都必须经常注意干草垛的水分和温度变化。

**（3）干草粉贮藏** 干草粉贮藏可采用两种方法：一是干燥低温贮藏。干草粉安全贮藏的含水量和贮藏温度是含水量为 12%时，温度在 15℃以下；含水量在 13%以上时，温度在 5～10℃以下。二是密闭低温贮藏。可大大减少胡萝卜素、蛋白质的损失。在寒冷地区可利用自然降温，然后密闭。

### 3. 干草（粉）的利用

青干草在饲喂前应当切碎，最好利用机械加工成粒状、块状、饼状或片状等成型饲料。成型饲料能有效地避免牲畜挑食、择食，同时可配制精料、矿物质、维生素成为全价饲料，使饲料营养全面，有利于家畜的吸收和消化，更便于包装、运输和贮存。

# 第五章
# 羊场繁育

# 一、品种介绍

## 1. 贵州白山羊

贵州白山羊是一个优良的地方山羊品种，原产于黔东北乌江中下游的沿河、思南、务川等县，主要分布在黔东北的铜仁地区、遵义市及黔东南等40余县。羊肉膻味轻，品质好，板皮属川路皮。贵州白山羊的特征特性：头宽额平，公、母羊均有角，颌下有须；母羊颈下有对肉垂，公羊颈部有卷毛；胸深，背宽平；体躯呈圆桶状，四肢较矮；成年公羊体重32.8kg左右，成年母羊30.8kg左右；周岁羊屠宰率48%，成年公母羊屠宰率54%，净肉率37%，2年产3胎，年产羔率274%；毛被较短，以白色为主，其次为麻、黑、花色；少数羊鼻、脸、耳部皮肤上有灰褐色斑点。该羊具有产肉性能好、繁殖力强、板皮品质好等特性。

**（1）种公羊的饲养** 种公羊保持中、上等膘情，保证性欲旺盛、精液品质好（活力0.3以上）。种公羊配种前30d开始增加精料，逐步过渡到配种期日粮。配种期每只每日补饲精料0.8～1.2kg，并日喂胡萝卜0.5～1.0kg，添加适量青、干草，让其自由采食。合理控制采精或配种次数，每日可采精或配种1次。连续2～3次后原则上休息1d。种公羊应单圈饲养，并与母羊圈保持一定距离。平时要适当运动。

**（2）母羊的饲养**

① 空怀期。体况较差的空怀母羊应加强补饲，配种前2～3周，每只每日补给混合精料0.2kg，青、粗饲料自由采食，使母羊尽快恢复体况，以保持中上等膘情接受配种。

② 妊娠期。妊娠后2个月应注意饲喂优质牧草或青干草，体况好的母羊可少补或不补精料；妊娠后期，应加强补饲，每只每日补精料0.3kg。添加适量青、粗饲料让其自由采食，缺乏青草时，每只母羊日补喂胡萝卜0.5kg。

③ 哺乳期。哺乳前期每只每日应补给混合精料0.4～0.5kg和胡萝卜0.5kg，添加适量青、粗饲料自由采食；哺乳后期逐渐减少多汁饲料和精料喂量，以防发生乳房炎。

**（3）羔羊的饲养** 羔羊出生后，应尽早吃到初乳。羔羊出生10d后开始补喂青草，15d后逐渐训练采食精料。1～2月龄日喂2次，补精料100g；3～4月龄日喂3次，补精料150g。对缺奶羔和多胎羔羊应找保姆羊或人工奶粉哺乳。人工哺乳要做到定时、定量、定温（35～38℃）。哺乳用具每次用后要消毒，保持清洁卫生。羔羊2～3月龄断奶，断奶后的羔羊要加强补饲，防止掉奶膘。非种用公羊生后30d左右应去势。

**(4) 青年羊的饲养** 断奶后的羊只每天应喂精料粗饲料0.25kg。以优质干草和青贮料为宜，让其自由采食。5～6月龄后可根据青粗饲料质量及膘情，少喂或不喂精料。青年种公羊青粗饲料不可采食过多，以防形成草腹，影响配种能力。

## 2. 贵州黑山羊

贵州黑山羊主产于毕节地区、六盘水市、黔南州和黔西南州等地。周岁公羊体重16～30kg、母羊15～26kg，成年公羊体重29～44kg、母羊26～39kg。周岁羊屠宰率45%，净肉率32%；成年羊屠宰率47%。在黔西北地区，公、母羊八月龄配种，多秋配春产，年产一胎；少数两年三产，胎产羔率108～136%；在贵州黔中南地区，公、母羊6月龄配种，常年发情产羔，春秋产羔居多，两年三产，胎产羔率150%以上，年产羔率250%。羊肉膻味轻，品质好，板皮属川路皮。

以下重点介绍黑马头羊。贵州黑马羊是1983年毕节地区牧科所在品种资源调查中发现的（宋德荣，2007），1988年毕节地区牧科所在赫章县古达乡取种繁育，相继开展了《马头山羊繁育推广》（1988～1990）、《黑山羊本品种选育与应用研究》（1998～2001）、《贵州无角黑山羊选育与生态养殖示范》（2006～2009）、《贵州黑马羊选育及应用研究》（2007～2010），经提纯以后培育而成的黑山羊新品种，已在当地形成一定种群。黑马羊主要特点是：头无角，头型似马，少数颈部有一对肉垂，呈对称分布，全身被毛黑色，体型呈长方形，尾小上翘，毛色光滑，肉质细腻，老百姓称它为“黑马羊”或“马头羊”（宋德荣，2007）。据测定，黑马羊的屠宰率和净肉率分别为：周岁羯羊48.68%和37.75%，比有角羯羊分别高出4.74%和6.6%；成年羯羊分别为51.61%和38.84%，比有角羯羊分别高出6.28%和5.4%，说明黑马羊具有较好的产肉性能（李孟年等，1994）。

但由于农户散养，混群放牧，配种季节马羊无角，角斗不过有角公羊，配种机会极少；而且马羊生长快，出售快，不利于选种选配定向培育，发展速度较慢；同时，大量的外地商品用羊种的引入，严重影响了黑马羊种的纯度和种质特性。因此，鉴于国内外市场对山羊畜产品需求量日趋紧俏和对黑山羊的偏爱，为发展喀斯特山区畜牧业，贵州省毕节地区采取科研与扶贫相结合，从发展生产入手，在赫章县开展了对黑马羊的繁育研究，全面加强对黑马羊优良生产性能遗传资源的研究分析，通过分子标记技术加快品种的培育，是合理且有效保护和利用品种资源的有效方法。

黑马羊生长快，产肉多，易管理，适应性强，善于爬山攀岩，耐粗饲，生产性能大大越过了本地有角山羊。但当前繁育的黑马羊数量还少，而且饲养管理粗放，羔羊成活率不高。只要坚持繁育和扩大群面，进行系统选种选配，就可望在贵州黑山羊这个地方品种中选育出一个繁殖力强、生长快、产肉多的肉用型品系。

**（1）繁育方法** 在贵州黑山羊中黑马羊所占比例小，农户饲养零星的区域，首先应扶持农户适度规模养羊以扩大种群，在此基础上，选用无角公羊作种，与无角或有角母羊交配，后代中淘汰有角公羊，母羊作扩大基础母羊群。通过连续的选种选配，初步育成黑马羊品种群，逐步形成黑马羊繁育基地。

选择优良种公羊：选择优良无角黑色马头种公羊作种用，在繁育区域范围内淘汰有角公羊，解决马羊因无角争斗不过有角公羊，造成配种机会少的问题，保证马头公羊配种率（李孟年等，1994）。

扩大无角基础母羊群：除瘦弱、老龄等品质较差的母羊外，一律留作繁殖群，通过有息贷款，帮助农户从异地购进母羊，特别是无角公母羊，建立起繁育群体（李孟年等，1994），从而扩大基础母羊群，逐步提高无角母羊比例。

加强羔羊培育和管理：加强羔羊培养以及母羊妊娠和哺乳期的管理，特别是做好羔羊两月龄前的护理工作。定期进行羊群的驱虫灭疥和传染病的防治工作，确保羊群的健康发展。定期观察和测定有关马羊的繁育及生产性能，并逐年建立品种档案资料（李孟年等，1994）。

间性不育问题：黑马羊繁育中，出现数量极少的间性不育个体。间性羊外观像母羊，阴部有明显的菜花状阴蒂外翻突出，在乳房后部有两个隐睾等为特征。解剖可见到乳房后部有大小不一两只睾丸，输精管开口于宫体，或有一个睾丸代替一侧卵巢。间性羊到5～6月龄后，由于睾丸和卵巢的发育，分泌雄性和雌性激素，表现不安，追逐母羊，也接受公羊爬跨，生长缓慢，不孕。但施行阉割，可以正常生长（李孟年等，1994）。据分子标记，无角间性性状是基因组中1号染色体上两个等位基因PIS位点均缺失的结果。据统计，间性羊占无角群体的3%左右，一旦产生间性，就表现不育，但连锁机理还需进一步研究。

**（2）黑马羊饲养及肉品质调控技术** 黑马羊养殖技术：应分析当地饲料资源、营养成分；比较分析黑马羊的生长发育阶段，根据不同的发育阶段研制不同的饲料配方，进行对比研究确定最优配方。同时根据喀斯特山区的自然特点进行不同的饲养管理方式研究，最终确立最佳黑马羊养殖技术。在进行饲养管理技术研究的同时进行黑马羊疫病防治措施的研究，全面调查黑马羊主要疫病的基础上提出合理的防治措施。

富含CLA功能性羊肉开发：根据黑马羊消化特点及对相关资料分析，设计饲料配方；选择一定数量（120～160只）健康新培育的黑马羊与其他山羊为试验动物，体重（15±1）kg，其中公母羊各半（公羊进行阉割）；进行2～3周基础日粮饲喂适应后，对其进行分组。按照配对以及随机分组原则，将试验动物分为4组，即对照组、饲料1组、饲料2组、饲料3组（每组30～40只）。试验期2个月，给供试动物每日饲喂相应量的特殊处理饲料（对照组只供给基础日粮），自由采食草料，自由饮水。试验结束后，分别采集10kg左右的背最长肌和半腱肌，4℃保存24h，然后按照肉类食品加工方法去除肌间脂，搅拌均匀，用气相色谱-质谱联用法（GC-MS）分析羊肉CLA含量。选择确立具有调控羊肉中CLA含量的营养组方。

### 3. 黔北麻羊

黔北麻羊主要分布在黔北高原的习水、仁怀、赤水市、遵义县、金沙县、桐梓县部分地区以及四川的古蔺县、合江县等地，属成都麻羊系谱。目前，习水县是饲养黔北麻羊数量最多的县级地区，全县共饲养纯种黔北麻羊3万余只，主要分布于该县仙源、双龙、良村、东皇、土城等乡镇。2009年，习水县申报黔北麻羊遗传资源鉴定顺利通过国家畜禽遗传资源委员会专家组现场鉴定，标志着以该县为核心产区的黔北麻羊由省级品牌一跃上升为国家级品牌。

黔北麻羊在当地主要以农户饲养为主，专业养殖户不多。而农户又多以放牧饲养为主，这主要是受传统观念的影响和生产条件的制约，从而影响生长与产量。为解决这一矛盾，今后宜大力提倡和发展专业养殖。主产于习水、仁怀等地成年羯羊39kg，母羊32kg，成年羊屠宰率54%，净肉率37%，2年3产，胎产羔率196%，年产羔率280%。板皮属川路皮。

**(1) 黔北麻羊养殖的地域特征** 黔北麻羊主产于黔北高原的山或半高山地区，海拔高度在275～1879m，年平均气温在12.6～18.2℃，气候温和，雨量充沛，属于中山峡谷气候。主产区域境内80%左右的地区有四季常青的牧草饲料。高山或半高山地区，由于土多田少，加之退耕还林草，使得农民喜养黔北麻羊的良好习惯得到更加有利的发展，形成了黔北麻羊生产优势。

**(2) 黔北麻羊的生产性能** 黔北麻羊具有耐寒、耐粗饲、抗病能力强、肉质细嫩、生长快等优良特点。一般1～1.5岁的公羊体重在35kg左右，2岁可达40～45kg；母羊1～1.5岁体重在30kg左右，2岁可达35kg。

**(3) 配种期和生育期** 黔北麻羊的人工配种要求在适宜的温度条件下进行，以保证其成功率，如温度过高会影响受精和胚胎的发育。一般以8～12℃为宜，当温度＞22℃时，母羊的发情率受到抑制，受孕率低下（石方，2005）。

黔北麻羊的生育期一般以冬、秋两季为佳，这一方面是受周围环境影响，另一方面是考虑到在冬、秋季节母羊有充足的饲料，同时羔羊在断奶后能吃上青草。

**(4) 生长期** 研究表明，黔北麻羊在整个生长期所需的温度条件为－5～30℃，其中最适宜温度为8～22℃，这与黔北高原的高山和半高山地区（如习水县等地）年平均气温相适应。温度过高或过低都将对黔北麻羊的生长发育不利，对羔羊而言，当温度在15℃时生长最快（石方，2005）。

**(5) 育肥期** 黔北麻羊的育肥期温度以10～20℃为最适宜，在此温度内黔北麻羊的生理机能增加，采食量增大，有利于黔北麻羊的增膘和育肥（石方，2005）。

**（6）环境条件的影响** 黔北麻羊的生长发育要求比较干燥的气候条件。在阴雨天气多、湿度大、年平均湿度>80%的地区，不利于其外出采食，同时容易患肠胃疾病和腐蹄病。

天气多雾且阴雨连绵，日照少，年平均日照时数较少的年份和地区，对黔北麻羊的生长极为不利。一般而言，较长时间的光照条件将极大地刺激黔北麻羊的采食量，增加体内的维生素和微量元素含量，保证正常的生理机能，对维持机体的正常生长起着有利作用。观察表明，每日光照时数≥8h能极大地刺激麻羊的采食量，使黔北麻羊的生长加快和育肥显著。

黔北麻羊较为适应黔北高原当地的气候条件。如转移到不同的气候环境养殖，其生理机能将受到严重的不利影响，容易发生羔羊生长停滞的时间较长和肥羊掉膘等现象。

**（7）黔北麻羊的遗传多样性特性** 黔北麻羊品种内个体间的平均遗传相似性指数在0.7290～0.9377，平均值为0.8634；而且通过比较发现，黔北麻羊在贵州地方山羊品种中属于群体内发生遗传变异程度较高的品种，品种内具有较丰富的遗传结构。在贵州地方山羊品种中，黔北麻羊具有较丰富的遗传多样性，反映出黔北麻羊在选育和作为育种素材方面具有一定的潜力。同时，也反映出地方品种在遗传上存在的一些不足和问题。近年来由于出现了一些盲目进行杂交改良及引入外来品种代替地方品种发展养羊业的趋势，导致地方品种面临混杂、退化，甚至有被湮灭消失的危险。因此，地方品种的保种问题显得非常重要。当前，最重要的是制订一个科学的保种计划，建立保种场或划定保种区，在繁育方法上应避免由于盲目和被迫近交而导致的种群退化，每个世代尽量多留一些公羊，在品种内适当多建立一些支系，以丰富种群的遗传结构，在开发利用中，应有计划地开展杂种优势利用以提高其生产经济价值，充分发挥地方品种的优良性状，做到保种与开发同步进行。

**（8）波尔山羊与黔北麻羊的杂交改良** 以波尔山羊为父本、黔北麻羊为母本，通过颗粒冻精人工授精，进行杂交试验，对其杂交一代羊体尺、体重及屠宰性能进行了测定，并与黔北麻羊对照组比较，结果表明：杂交羊初生、2月龄、4月龄、6月龄、8月龄、10月龄、周岁平均体重比黔北麻羊各阶段体重分别提高35.12%、52.98%、57.76%、61.80%、64.13%、63.70%、60.97%；体长分别提高7.65%、25.75%、23.96%、26.42%、24.09%、23.73%、23.45%；体高分别提高13.14%、18.79%、20.75%、30.63%、29.93%、29.19%、27.34%；杂交羊宰前活重、胴体重、净肉重、骨重、屠宰率、净肉率、肉骨比分别比黔北麻羊提高47.76%、59.26%、62.19%、36%、7.78%、9.75%、19.2%；波杂羊初生至周岁日增重96.1g，比黔北麻羊提高62.88%；周岁体重平均每只比黔北麻羊重13.97kg。

由此说明波尔山羊与黔北麻羊的杂交种优势明显，杂交效果显著。杂交羊与本地羊比较，既缩短了育肥期，又增加了经济效益，是黔北地区发展肉山羊的有效杂交组合，对发展山区肉羊生产，提高山区养羊经济效益具有重要作用，值得推广应用。黔北喀斯特山区地处云贵高原的北坡，环境条件适宜发展养羊业，应不断加大波尔山羊的杂交改良工作，充分发挥山区的自然环境优势，大力发展肉羊生产。同时将品种改良、科学饲养、疫病防治等技术加以综合配套实施，可进一步提高山区养羊的经济效益，促进养羊业向优质化、商品化、产业化发展。

### 4. 贵州半细毛羊

贵州半细毛羊是贵州省引进新疆细毛羊与地方藏系粗毛羊杂交改良，羊毛被同质化后，再用考力代、罗姆尼等国外良种半细毛羊进行杂交改良，使羊毛纤维加粗加长和改善肉用性能，经过横交固定转入系统选育而成的一个体质结实，适应性强，增重快、产毛量高、羊毛品质良好的半细毛羊新品种，适应高寒山区自然条件养殖，产毛量和羊毛品质达到半细毛羊的育种标准。贵州半细毛羊是20世纪70年代初贵州省被国家列为西南半细毛羊改良区后开始培育的，贵州省畜牧兽医研究所、毕节地区畜牧兽医科学研究所先后主持培育工作，威宁种羊场、毕节马干山牧垦场、盘县坡上牧场及威宁、赫章、毕节、大方县畜牧局等参加育成，20世纪80年代取得了阶段成果，《培育中的贵州半细毛羊》（1978)、《贵州半细毛羊在毕节地区培育阶段成果》（1981)、《贵州半细毛羊阶段成果》（1982）相继获得了省科技进步奖。并将《贵州半细毛羊优良种群的选育》（贵州省畜牧所主持)、《贵州半细毛羊培育阶段成果推广》（毕节地区牧科所主持）列为全省“七五”期间重点项目，开展培育与推广工作。近年来绵羊养殖业发展较快，绵羊肉毛产品市场需求旺盛，发展绵羊养殖和产品加工潜力较大，市场前景广阔。贵州半细毛羊的培育工作主要集中在威宁种羊场、毕节马干山牧垦场和盘县坡上牧场等三家国营农牧场及在威宁、赫章、毕节、大方县等所建示范基地进行。主产于毕节、六盘水等地成年羯羊31kg，母羊28kg，成年羊屠宰率45%～50%，净肉率42%～45%，2年3产，胎产羔率150%，年产羔率250%。

① 体型外貌。公母羊均无角，皮肤无皱褶；胸宽深，背平直，四肢稍长，体躯长而丰满。全身白色，被毛闭合良好，密度适中，匀度较好，有光泽，呈波浪弯曲；被毛着生头部至两眼连线，前肢至腕关节，后肢至飞节。

② 生长发育。初生重、断奶重、日增重，据威宁种羊场“七五”期间单羔资料并经回归法校正至120d标准断奶日龄结果：公羔（$n=399$）分别为3.85kg、21.99kg和151.19g；母羔（$n=419$）相应为3.66kg、21.36kg和147.53g（蔡烈麟等，1992）。

③ 生产性能和羊毛品质。周岁公母羊体重平均达到45.6kg、35.7kg，成年

公母羊体重平均达到 82.5kg、55kg；成年羊毛量，公母羊分别为 6.8kg 和 4.25kg，羊毛长度分别为 14.6cm、13.1cm，主体细度 56～58 支纱，净毛率达 60%，公母羊平均纤维直径分别为 29.79μm 和 28.41μm，净毛含脂率公母样分别为 13.18%、9.45%。

④ 繁殖性能。据统计，贵州半细毛羊产羔率达 110%～120%；哺乳期羔羊成活率 97.62%，年繁殖成活率 91.11%。

⑤ 血缘成分含量。据分析，贵州细毛羊羊群中含考力代血约 69.3%，长毛种罗姆尼血 5.55%，林肯血 7.85%。不同父本对贵州半细毛羊基因库的贡献各有所长。考血对适应性、耐粗抗逆能力、体型外貌及基本生产力水平；罗血对早期生长发育和产毛水平；林血对毛长、细度和光泽等羊毛品质以及在较高条件时对体重、体格等分别具有较突出的改善提高作用。

## 5. 波尔山羊

目前世界上最优良的肉用山羊品种为南非在 20 世纪由农场主选育而成的现代改良型波尔山羊。波尔山羊是杂交改良我国本地山羊的优秀父本，该品种具有以下优良特性：

肉用体型明显。背宽而平直，腿短而粗壮，肋骨开张良好，主要部位肌肉丰满，整个体躯呈圆桶状。成年公羊平均体重 100kg，高的达 160kg；成年母羊体重 65～75kg。

羔羊生长快。初生均重 4.15kg，100 日龄羔羊体重可达 25kg 以上，平均日增重超过 200g，为普通土种山羊的 4.1 倍。据新西兰报道，育种群羔羊在高水平饲养条件下，74 日龄体重高达 31.6kg，日增重达 370g。

屠宰率高、肉质佳。波尔山羊的屠宰率高于本地山羊，8～10 月龄时为 48%，2、4、6 个永久齿时分别为 50%、52%和 54%，满口时高达 56%～60%。其胴体瘦肉多而不干、厚而不肥、色泽纯正、鲜嫩多汁且膻味较淡，受到广大消费者的好评。

适应性广、抗病力强。波尔山羊被引入我国的北方和南方等地饲养，均能很好地生长繁殖，表明该品种适应性强。

杂交效果显著。据各地试验结果，以波尔山羊作父本与当地母羊杂交，其杂交一代羔羊（含波血 50%）各月龄体重比当地羊提高 50%以上，级进杂交二代（含波血 75%）羔羊体重可比当地羊提高 100%。

## 6. 南江黄羊

南江黄羊主产于四川省南江县等地，南江黄羊成年公羊体重 50～70kg，母羊 34～50kg。公、母羔平均初生重为 2.28kg，2 月龄体重公羔为 9～13.5kg，母羔为 8～11.5kg。

南江黄羊初生至 2 月龄日增重公羔为 120～180g，母羔为 100～150g；至 6 月龄日增重公羔为 85～150g，母羔为 60～110g；至周岁日增重公羔为 35～80g，母羔为 21～36g。南江黄羊 8 月龄羯羊平均胴体重为 10.78kg，周岁羯羊平均胴体重 15kg，屠宰率为 49%，净肉率 38%。

南江黄羊性成熟早，3～5 月龄初次发情，母羊 6～8 月龄体重达 25kg 开始配种，公羊 12～18 月龄体重达 35kg 参加配种。成年母羊四季发情，发情周期平均为 19.5d，妊娠期 148d，产羔率 200%左右。

### 7. 萨能奶山羊

萨能奶山羊产于瑞士，是世界上最优秀的奶山羊品种之一，是奶山羊的代表型。现有的奶山羊品种几乎半数以上都程度不同地含有萨能奶山羊的血缘。具有典型的乳用家畜体型特征，后躯发达。被毛白色，偶有毛尖呈淡黄色，有四长的外形特点，即头长、颈长、躯干长、四肢长。公、母羊均有须，大多无角。

萨能奶山羊公羊体高 85cm 左右，体长 95～114cm；母年体高 76cm，体长 82cm 左右。成年公羊体重 75～100kg，最高 120kg，母羊 50～65kg，最高 90kg。母羊泌乳性能良好，泌乳期 8～10 个月，可产奶 600～1200kg，各国条件不同其产奶量差异较大。最高个体产奶记录 3430kg。母羊产羔率一般 170%～180%，高者可达 200%～220%。

### 8. 川中黑山羊

川中黑山羊，原产地四川省金堂县、简阳市、乐至县一带，具有个体大、生长快、肉质鲜美、繁殖率高、适应性强、耐粗饲等优点

川中黑山羊初生重公羔（2.73±0.46)kg，母羔（2.41±0.38)kg，二月龄体重公羊 14.33kg，母羊 12.11kg；公羊日增重 191g，母羊日增重 162g。六月龄体重公羊（28.23±3.40)kg，母羊（23.33±2.90)kg；周岁公羊体重（42.23±4.24)kg，母羊（34.51±6.69)kg。成年体重公羊（71.24±6.34)kg，母羊(48.41±4.22)kg。

川中黑山羊性成熟早，母羔初情期为 3～4 月龄，公羔在 2～3 月龄即有性欲表现。母羊初配年龄为 5～6 月龄，公羊初次利用年龄为 8～10 月龄，母羊平均发情周期为 20.3d，发情持续期为 48.6h，妊娠期为 150.1d，产后第一次发情 26.35d，产羔间隔为 212d。母羊常年产羔，但多集中在 4～6 月份和 9～11 月份产羔，年均产 1.72 胎。产羔率初产母羊为 205.95%，经产母羊为 252.00%，产

羔率随胎次的增加而上升，第 2～4 胎分别为 238.13%、251.90%、272.48%。公羊 6、12、18 月龄和成年胴体重分别为 15.65kg、21.88kg、26.84kg、33.13kg，屠宰率分别为 50.42%、50.84%、48.51%、48.28%，净肉率分别为 36.95%、38.96%、37.48%、37.29%，母羊胴体重分别为 13.13kg、17.66kg、21.84kg、26.48kg，屠宰率分别为 48.25%、47.36%、46.14%、45.95%，净肉率分别为 36.42%、35.43%、36.68%、36.25%。

### 9. 努比亚羊

努比亚羊起源于埃及尼罗河一带，成年公羊一般体重可达 100kg 以上，成年母羊可达 70kg 以上。努比亚公羊初配种时间 6～9 月龄，母羊配种时间 5～7 月龄，发情周期 20d，发情持续时间 1～2d，怀孕时间 146～152d，发情间隔时间 70～80d，羔羊初生重一般在 3.6kg 以上，哺乳期 70d，羔羊成活率为 96～98%，产羔数为 2.65 只，年产胎次 2 次。努比亚羊年均产羔 2 胎，初产母羊产羔率为 163.54%，经产母羊产羔率为 270.5%。努比亚成年公羊、母羊屠宰率分别是 51.98%、49.20%，净肉率分别为 40.14%和 37.93%。

## 二、繁育

### 1. 同期发情

山羊同期发情技术可分为“公羊效应”和“药物发情”两种，就是通过人为干预控制，调整一群母羊发情周期的进程，使之在预定的时间内集中发情，以便有计划地合理组织配种。

**(1) 公羊效应** 所谓公羊效应，就是将公羊突然放入与公羊长期隔离的母羊群中（接近休情期末期月份），可以使母羊提前发情的一种效应。公羊效应实质是公羊分泌的外激素，对母羊感觉器官（包括嗅觉，视觉，听觉和触觉）产生刺激，经神经系统作用于下丘脑—垂体—性腺轴，激发促黄体生成素（LH）释放，引起排卵。研究发现，将公羊放入季节性和哺乳性乏情的母羊以及性成熟前的青年母羊群后，几分钟内母羊的 LH 脉冲频率明显增加，表明公羊效应是直接增加 LH 分泌而起作用。公羊效应不仅能诱导母羊发情排卵，而且可以引起母羊的超数排卵，增加产羔数。

使用方法：①公母羊的隔离。采用公羊效应诱导母羊发情排卵，必须事先将公羊和母羊完全隔离一段时间，然后将公羊引到母羊群中，才能发挥公羊效应。

②将公羊放入母羊圈过道内，不能与母羊直接接触，或将挤有试情袋的公羊放入母羊群。如果公母羊长期混群，则不能产生公羊效应。隔离的时间初步界定为绵羊至少 4 周，山羊至少 3 周。

**（2）药物辅助发情**

① 常用同期发情药物。用于羊的同期发情药物一般有两类，一类是抑制发情的制剂，属孕激素类物质，如孕酮、甲孕酮、甲地孕酮、炔诺酮、氯地孕酮、氟孕酮、18-甲基炔诺酮等，它们在血液中保持一定水平，都能抑制卵泡的生长发育。另一类是在应用上述药物基础上配合使用促性腺激素，如促卵泡素、促黄体素、孕马血清促性腺激素（PMSG）和人绒毛膜促性腺激素（HCG），以及具有促进内源促性腺激素释放作用的促性腺激素释放激素（GNRH）。使用这些激素是为了促进卵泡的生长成熟和排卵，使发情排卵的同期化达到较高程度，提高受胎率。

② 同期发情的处理方法。最常用的是阴道栓塞法。取一块泡沫塑料，拴上细线，线的另一端引到肛门之外，便于结束时拉出。将泡沫塑料浸以孕激素制剂溶液（与植物油相混），用长柄钳塞至子宫颈外口处，放置 14～16d 取出。当天肌注 PMSG 400～700 国际单位，2～3d 后被处理的母羊多数表现发情，发情当天和次日各授精一次。

③ 药物种类及参考用量。甲孕酮 40～60mg、甲地孕酮 40～50mg、18-甲基炔诺酮 30～40mg、氯地孕酮 20～30mg、氯孕酮 30～60mg、孕酮 150～300mg。

## 2. 人工授精

羊人工授精是人为地利用器械采取公羊的精液，经过品质检查和一系列处理，再通过器械将精液输入发情母羊生殖道内，达到母羊受胎的配种方式。人工授精可以提高种公羊的利用率，既加速了羊群的改良进程，防止疾病的传播，又节约了饲养大量种公羊的费用。

人工授精技术包括器械的消毒、采精、精液品质检查、精液的稀释、保存和运输、母羊发情鉴定和输精等主要技术环节。

**（1）消毒技术**

① 器械的消毒。采精、输精及与精液接触的所有器械都要消毒，并保持清洁、干燥，存放在清洁的柜内或烘干箱中备用。假阴道要用 2%的碳酸氢钠溶液清洗，再用清水冲洗数次，然后用 75%的酒精消毒，使用前用生理盐水冲洗。集精瓶、输精器、玻璃棒和存放稀释液及生理盐水的玻璃器皿洗净后要经过 30min 的蒸汽消毒，使用前用生理盐水冲洗数次。金属制品如开膣器、镊子、盘子等，用 2%的碳酸氢钠溶液清洗，再用清水冲洗数次，擦干后用 75%的酒精或进行酒精灯火焰消毒。

② 场地的消毒。准备一间向阳、干净的配种无菌室，要求地面平整，光线充足，面积为 10～12$m^2$，室温为 18～25℃。也可选择宽敞、平坦、清洁、安静的室外场所。日常消毒用 1%新洁尔灭或 1%高锰酸钾溶液进行喷洒消毒，每日于采精前和采精后各进行 1 次。每星期对采精室进行 1 次熏蒸消毒，所用药品是 40%的甲醛溶液 500mL，高锰酸钾 250g。

③ 羊体的消毒。公羊实施配种前和情期母羊实施配种前，用 1%新洁尔灭溶液对羊体进行反复消毒。

④ 消毒应注意的问题。严格遵守消毒时间和消毒药品的配量要求；熏蒸消毒时，应关闭门窗，第 2 天应提前 1h 到岗，敞开门窗；注意安全，防止物品损坏，每次消毒完毕，应及时关掉电源。

**(2) 采精技术**

① 采精前的准备。

a. 器械的准备。所有的器械都要提前清洗、干燥、消毒，存放于消毒柜内备用。

b. 公羊的准备。种公羊第一次采精时的年龄应在 1.5 岁左右，不宜过肥，也不宜过瘦，初次参加采精的公羊，应先进行采精训练，方法是让其“观摩”其他公羊配种；或用发情母羊的尿液或分泌物涂抹在公羊鼻尖上，刺激性欲。采精调教训练成功后，才能进行正式操作。

c. 假阴道的安装。安装假阴道时，先将内胎装入假阴道外壳，再装上集精瓶，注意内胎平整，不要出现皱褶。为保证假阴道有一定的润滑度，用清洁玻璃棒蘸少许灭菌凡士林，均匀涂抹在假阴道内胎和前 1/3 处。为使假阴道温度接近母羊温度，从假阴道注水孔注入少量温水，使水约占内外胎空间的 70%，假阴道温度在采精时应保持在 40～42℃。注水后，再通过气体活塞吹入气体，使假阴道保持一定弹性，吹入气体的量一般以内胎表面呈三角形合拢而不向外鼓出为适宜。

② 采精。采精前用温水洗种公羊阴茎的包皮，并擦干净。将发情母羊保定后，引公羊到发情羊处，采精时采精员站立在公羊的右侧，当种公羊爬跨时，迅速上前，右手持假阴道靠在母羊臀部，其角度与母羊的阴道的位置相一致（与地面成 35°～45°角），用左手轻托阴茎包皮，迅速将阴茎导入假阴道中。羊的射精速度很快，当发现公羊有向前冲的动作时即已射精，要迅速把装有集精瓶的一端向下倾斜，并竖起集精瓶，送精液到处理室，放气后取下集精瓶，盖好盖，并记录公羊号，放于操作台上进行精液品质检查。

③ 采精频率。成年种公羊每日采精 1～2 次，连采 3d 休息 1 次，初采羊可酌减。

④ 采精注意事项。严格遵守消毒技术要求，所有采精物品未经消毒不得应用。采精训练是一项细致的工作，必须由采精熟练人员负责进行。所用采精器的

环境条件必须严格把握，温度要控制在40～42℃。

⑤ 精液品质检查。精液品质检查的目的是为了评定精液品质的优劣，以便决定它能不能用于输精配种，同时，也为确定精液的稀释倍数提供科学依据。

a. 外观检查。

颜色：正常的精液为浓厚的乳白色，肉眼可看到乳白色云雾状。

气味：正常精液无味或略带腥味。

精液量：公羊一次采精的精液量一般为0.5～2.0mL，山羊平均为0.8～1.0mL，绵羊平均为1.0～1.2mL。

经外观检查，凡带有腐败臭味，出现红色、褐色、绿色的精液判为劣质精液，应弃掉不用，一般情况下不再做显微镜检查。

b. 显微镜检查。

精子活率：精子的活率是指在38℃的室温下直线前进的精子占总精子数的百分率。检查时以灭菌玻璃棒蘸取1滴精液，放在载玻片上加盖玻片，在400～600倍显微镜下观察。全部精子都做直线运动评为1级，90%的精子做直线前进运动为0.9级，以下以此类推。

精子的密度：是指每毫升精液中所含的精子数。取1滴新鲜精液在显微镜下观察，根据视野内精子多少分为密、中、稀三级。“密”是指在视野中精子的数量多，精子之间的距离小于1个精子的长度；“中”是指精子之间的距离大约等于1个精子的长度；“稀”为精子之间的距离大于1个精子的长度。为了精确计算精子的密度，可用血球计数器在显微镜下进行测定和计算，每毫升精液中含精子25亿以上者为密，20亿～25亿个为中，20亿以下为稀。

c. 精子质量的评定标准。精液为乳白色，无味或略带腥味，精子活力在0.6以上，密度在中等以上（每毫升精液的精子数在20亿以上），畸性精子率不超过20%，该羊精液判为优质精液。以上几项质量标准任何一项达不到要求，均被定为劣质精液。

d. 精液检查时应注意的问题。做显微镜检查时，温检箱内温度控制在38℃左右。精液品质检查要求迅速准确，室内要清洁，室温保持在18～25℃。精子的形态检查，一般1周内对同1头公羊精液做1次染色检查，其他时间可根据经验做直观估测。

**(3) 精液的稀释、分装、运输和保存**

① 精液的稀释。精液稀释的目的是扩大精液量，增加每次采精的可配母羊数，提高种公羊的利用率，还可供给精子营养，增强精子活力，有利于精液的保存、运输和输精。

a. 稀释液的配制。稀释液的配方选择易于抑制精子活动，减少能量消耗，延长精子寿命的弱酸性稀释液。

配方一：生理盐水稀释液。是用注射用生理盐水或经过过滤消毒的0.9%氯化钠溶液作稀释液。此种稀释液简单易行，稀释后的精液应在短时间内使用，是目前生产实践中最为常用的稀释液。但用这种稀释液稀释时，稀释的倍数不宜太高，一般以 2 倍以下为宜。

配方二：奶汁稀释液。奶汁先用 7 层纱布过滤后，再煮沸消毒 10～15min，降至室温，去掉表面脂肪即可。这种稀释液稀释效果好，但稀释倍数不能太高，以 3 倍以下为宜。

配方三：葡萄糖卵黄稀释液。在 100mL 蒸馏水中加葡萄糖 3g、柠檬酸钠 1.4g，溶解后过滤 3～4 次，蒸煮 30min 后灭菌，降至室温，加新鲜卵黄（不要混入蛋白）20mL，再加青霉素 10 万单位振荡溶解。这种稀释液有增加营养的作用，可作 7 倍以下的稀释。

b. 精液的稀释倍数。要根据精子密度、活力而定稀释比例，稀释后的精液，每毫升有效精子数不少于 7 亿个。

c. 精液稀释的操作步骤。根据镜检得出精子密度确定稀释倍数，根据稀释倍数计算出应加入的稀释液的量，用量杯量取应加的稀释液量。稀释前将两种液体置于同一温水中，然后将稀释液沿着精液瓶缓缓倒入，为使混合均匀可稍加摇动或反复倒动 1～2 次，稀释完毕后，立即进行活力镜检，并将镜检结果填入采精登记表。

d. 精液稀释应注意的事项。稀释液温度与精液温度保持一致，在 20～25℃ 室温和无菌条件下操作，精液稀释的倍数应根据精子密度而定，一般为 1～3 倍，稀释后每毫升有效精子数不能低于 7 亿个。

② 精液的分装。将稀释好的精液根据各输精点的需要量分别装于 2～5mL 小试管中，精液面距试管口不少于 0.5～1.0mL，然后用玻璃纸和胶圈将试管口扎好，在室温下自然降温。分装后贴上标签，标签上注明精液采出的日期、时间、活力、密度、公羊的品种。

③ 精液的运输。在近距离运送精液时，不必进行降温，将装有精液的集精瓶或小试管口封严，用棉花包好放入保温瓶中即可。远距离运输时，可用直接降温法降温。运输精液时要防止剧烈震动，降温或升温都要缓慢进行，每次输送的精液都要注明公羊号、采精时间、精液量和精液品质。

④ 精液的保存。

a. 常温保存。精液稀释后，保存在 20℃ 以下的室温环境中。在这种条件下，精子运动明显减弱，可在一定限度内延长精子存活时间。常温保存只能保存 1d。

b. 低温保存。在常温保存的基础上，温度进一步缓慢降至 0～5℃。可用直接降温法，将精液装入小试管内，外面包以棉花，再装入塑料袋内，直接放入装有冰块的广口保温瓶或保温箱中，使温度逐渐降至 2～4℃。低温下保存的有效时间为 2～3d。

c. 冷冻保存。精液的冷冻保存要求的技术、环境和设备条件较严格，操作过程也比较复杂，这里不加详述。

**（4）发情鉴定** 适时配种是提高羊人工授精受胎率的关键措施之一，母羊发情的主要表现：食欲减退、兴奋不安、嘶鸣、爬跨其他羊或接受其他羊爬跨而静立不动；阴门红肿，频频排尿而流出透明的黏液；用试情公羊与母羊接触（隔着试情架），母羊表现温驯，并将后躯转向公羊，阴门肿胀；用阴道开膣器插入阴道，使之开张，发情盛期的母羊阴道潮红、润滑，子宫颈口开张，分泌的黏液呈豆花样。

**（5）输精**

① 输精前的准备

a. 人员的准备。输精人员应穿工作服，用肥皂水洗手擦干，用75%酒精消毒后，再用生理盐水冲洗。

b. 输精器械的准备。把洗涤好的开膣器、输精枪、镊子用纱布包好，一起用高压锅蒸汽消毒。

c. 母羊的准备。对发情母羊进行鉴定及健康检查后，才能输精，母羊输精前，应对外阴部进行清洗，以1/3000新洁尔灭溶液或酒精棉球进行擦拭消毒，待干燥后再用生理盐水棉球擦拭。

d. 精液的准备。将精液置于35℃的温水中升温5～10min后，轻轻摇匀，做显微镜检查，达不到输精要求的不能用于配种。

② 输精方法。将用生理盐水湿润后的开膣器插入阴道深部触及子宫颈后，稍向后拉，以使子宫颈处于正常位置之后轻轻转动开膣器90°，打开开膣器，开张度在不影响观察子宫的情况下开张得愈小愈好（2cm），否则易引起母羊努责，不仅不易找到子宫颈，而且不利于深部输精。输精枪应慢慢插入到子宫颈内0.5～1.0cm处，插入到位后应缩小开膣器开张度，并向外拉出1/3，然后将精液缓缓注入。输精完毕后，让羊保持原姿势片刻，拍打两下羊尾部，放开母羊。

③ 输精次数和输精量

a. 输精次数。母羊1个情期应输精2次，发现发情时输精1次，间隔8～10h应进行第2次输精。

b. 输精量。每头份的输精量，原精液为0.05～0.10mL，稀释后精液应为0.1～0.2mL。

④ 输精时应注意的问题。输精人员要严格遵守操作规程，输精员输精时应切记做到深部、慢插、轻注、稍停。对个别阴道狭窄的青年母羊，开膣器无法充分打开，很难找到子宫颈口，可采用阴道内输精，但输精量需增加1倍。输精后立即做好母羊配种记录。每输完一只羊要对输精器、开膣器及时清洗消毒后才能重复使用，有条件的建议用一次性器具。

# 第六章

# 羊的饲养管理

# 一、羊的生物学特性

## 1. 生活习性与行为特点

**（1）合群性** 羊的合群性较强，这是在长期的进化过程中，为适应生存和繁衍而形成的特性。放牧时，羊主要通过看、听、嗅、触等感官活动，来彼此传递信息、保持联系、协调行为、逃避敌害。绵羊的合群性比山羊强。

在自然群体中，头羊一般由年龄较大、子女较多的牧羊来担任。在羊群中经常掉队的往往是老弱或者生病的羊，对于这类羊应给予特别的照料。绵羊和山羊可以混合组群、和平共处，但在牧食时往往分成不同的小群，很少均匀地混群采食。

绵羊中粗毛品种合群性较强，细毛羊次之，长毛品种及短毛肉用品种合群性较差。山羊的合群性因类型、品种及饲养方式的不同而有较大差异。毛用和容用山羊的合群性比乳用和肉用山羊强。

羊的合群性为放牧和饲养管理提供了方便，可以解决大量的人力、物力，但有时也会给管理带来一定的困难，甚至发生意外事故。如头羊不慎跌入悬崖，其他羊只也只会随着往下跳。因此，在放牧是要加强对头羊的引导和管理。

**（2）放牧习性** 羊是反刍家畜，有很强的放牧采食能力。通过放牧不仅可以充分利用牧草、灌木、作物秸秆等粗饲料资源，而且还能锻炼羊的体质，增强抗病力。

在放牧时，绵羊喜欢大群一起采食，在大群中再分成若干小群，但彼此之间保持较近的距离和密切的联系。山羊则习惯于较分散地采食。山羊比较机警、灵敏、活泼好动、喜欢登攀。山羊可在大于60°的坡地直上直下或在陡峭的悬崖边采食，并可两后肢直立攀附在岩壁或树干上采食较高处的灌木或树枝、叶；绵羊只适宜在较缓的坡地上放牧。

山羊喜欢角斗，有一定的自卫能力；绵羊的角斗主要表现在繁殖季节，雄性个体为争夺发情母羊展开争斗，遇有敌害时往往四散逃避，不会联合抵抗。

羊每日放牧游走的距离有很大差异，山羊比绵羊游走距离大、时间长。不同品种的羊游走也有差异，例如，在山地放牧时，雪维特羊每日游走距离为8000m，二罗姆尼羊为5100m；而在平地放牧时，二者的游走距离分别为9800m和8100m。随着草场面积增加，羊的游走距离增加。此外，在繁殖季节羊的游走距离大于非繁殖季节。

放牧时，羊的采食有一定的间隙性，总体表现为：采食—休息—反刍或游走一采食。日出前后和日落前是羊的采食高峰时间，而且早晨采食的时间最长。

**(3) 采食习性** 羊可采食多种植物，试验证明绵羊可采食占给饲植物种类80%的植物，山羊为88%，马为64%，牛为73%；在半荒漠草场上，羊可利用的植物种类达62%，而牛只为34%。山羊的食性广，不仅可以利用低矮的牧草，还喜食灌丛和低矮树木的枝、叶，对某些有毒有害植物的耐受力比绵羊强。据观察，山羊在混生植被的草场放牧时，采食灌木枝叶的时间约占总采食时间的60%～70%。山羊采食时，对植物种类及可食部位具有很强的选择性，且随季节有所变化。单一植被的人工草场，对山羊的放牧不利。

羊最喜食柔嫩、多汁、略带咸味或苦味的植物（如禾本科草及杂草），但凡被践踏、躺卧或粪尿污染的牧草，羊一般都不采食。

**(4) 喜高燥，厌潮湿** 绵羊和山羊适宜在干燥、凉爽的环境中生活，羊的放牧地和圈舍都以高燥为宜。长期在低洼、潮湿的草场放牧，容易使羊感染寄生虫病和传染病，羊毛品质下降，腐蹄病增多，影响羊的生长发育。在我国南方地区，高温高湿是影响养羊生产发展的一个重要原因。在南方省（自治区）养羊，除应羊舍尽可能建在地势高燥、通风良好，排水顺畅的坡地上外，还应在羊圈内建羊床或将羊舍建成带漏缝地面的楼圈。

**(5) 抗病力强** 绵羊和山羊的抗病力较强，只要搞好定期的防疫注射和驱虫，给足草料和饮水，满足其营养需要，羊是很少生病的。体况良好的羊只对疾病的耐受能力较强，病情较轻时一般不表现症状，有的甚至临死前还勉强跟群吃草。如果等到羊已停止采食或反刍时再进行治疗，由于病情较重，疗效往往不佳，会给生产带来很大损失。一般来说，粗毛羊的抗病力比细毛羊和肉用品种羊要强。

山羊的抗病力比绵羊强，患内寄生虫病和腐蹄病的也较少。当草场和圈舍潮湿时，山羊的外寄生虫病较多。

**(6) 适应性广** 适应性的含义较广泛，通常指羊的耐粗、耐渴、耐热、耐寒和抗灾度荒等方面的特征。羊的适应性，是生物进化的结果，同时也受选种目标、生产方式和饲养条件的影响。

① 耐粗性。羊在极端恶劣的自然环境中，有很强的生存能力，可仅靠粗劣的干草、秸秆、树木枝叶和树皮等维持生命。

② 耐热性。羊有一定的耐热能力。山羊的耐热性较好，在气温高达37.8℃时，仍能继续采食。绵羊的汗腺不发达，背毛厚密，耐热性远不如山羊，当气温较高时往往表现停止采食、站立喘息，甚至彼此紧靠一起，将头埋入其他羊只的腹下，俗称“扎窝子”。在不同的绵羊品种中，粗毛羊的耐热性比细毛羊好，据观察一般在气温达28℃时才开始出现“扎窝子”，而细毛羊在22℃时即可表现。环境湿度较大时，绵羊的耐热性更差。

③ 耐寒性。绵羊的耐寒性优于山羊，特别是粗毛羊因其皮板厚实、皮下脂肪丰富，有很强的耐寒能力。我国著名的地方优良，如蒙古羊、哈萨克羊、西藏羊都具有惊人的耐寒性能，当草料充足时，即使在－30℃以下的环境中仍能放牧和生存。

④ 抗灾度荒能力。指羊对恶劣环境条件和饲料条件的耐受力，其强弱除与羊的放牧采食能力有关外，还与羊的脂肪沉积能力和代谢强度有关。相对而言，选育程度较低的地方品种抗灾度荒能力较强，山羊比绵羊强。培育品种因具有较高的生产能力（产毛、产肉、产奶），自身代谢强度高，其抗灾度荒能力较弱。因此，在品种改良的同时，必须重视改善羊的饲料和饲养管理条件，以取得预期的改良效果和显著的经济效益。

**(7) 母性强** 羊的母性较强，分娩后母羊会舔干羔羊体表的羊水，并熟悉羔羊的气味，母子关系一经建立就比较牢固。绵羊羔出生后随时跟随在母羊身边，即使短暂分开也会鸣叫不止；山羊羔通常是需哺乳时才主动寻找母羊，平时则自由玩耍。母羊主要依靠嗅觉来辨别自己的羔羊，并通过叫声来保持母子之间的联系。母羊对偷吃的羔羊表现攻击或躲避行为。

## 2. 消化器官的结构与功能

**(1) 消化器官的结构** 羊的消化器官由口腔、食管、胃（包括瘤胃、网胃、瓣胃和真胃，前三个胃合称前胃）、小肠、大肠等组成。

① 口腔和食管。羊嘴尖唇薄，上唇中央有一条纵沟，下颚有四对门齿（俗称切齿）。羊利用嘴唇控制牧草，经下颚门齿与上齿龈的联合作用将牧草啃短，经臼齿稍事咀嚼后经食管送入瘤胃。羊的门齿向外有一定的倾斜度，有利于啃食低矮的牧草和灌木枝叶，并能捡拾散落在地面的作物籽实和枯枝败叶。羊对植物籽实的咀嚼充分，有利于控制杂草的蔓延。

② 前胃。由瘤胃、网胃、瓣胃三部分组成。其共同特点是胃黏膜上没有腺体，不能分泌酸和酶类，对饲料主要起发酵和机械性消化作用，是反刍动物消化器官的特殊构造。

a. 瘤胃。即第一胃，为椭圆形，位于腹腔左侧。胃黏膜为棕黑色，表面分布有密集的乳头，是微生物发酵的主要场所。

b. 网胃。即第二胃，又称蜂巢胃，为球形，胃内壁有许多呈蜂巢状的网络。

c. 瓣胃。即第三胃，其内壁有许多纵列的肌肉褶皱，主要对食糜进行压榨过滤，流体部分输送到真胃进行消化，粗硬的残渣再送回网胃和瘤胃进行发酵。

③ 真胃。即第四胃，亦称为皱胃，为圆锥形。同其他单胃动物一样，羊的真胃有分泌盐酸和胃蛋白酶的功能，食物在胃液的作用下，进行化学性消化。

④ 小肠。是羊消化和吸收的重要器官，长度为17～34m（平均25m），细长

而曲折。小肠黏膜中分布有大量的腺体，可以分泌多种酶（如蛋白酶、脂肪酶和转糖酶等）。当胃内容物（包括菌体蛋白）进入小肠后，在各种酶的作用下进行消化，分解为一些简单的营养物质经绒毛膜上皮吸收；尚未完全消化的食物残渣与大量水分一道，随肠蠕动而被推进到大肠。

⑤ 大肠。长度为 4～13m（平均约 7m），主要功能是吸收水分和形成粪便。凡是小肠内未完全消化的食物残渣，在大肠内微生物及食糜中的酶的作用下可继续消化和吸收，但作用十分有限。吸收水分后的残渣形成粪便，排出体外。

山羊的瘤胃比绵羊小，食物在体内停留的时间也较短，但山羊小肠的长度比绵羊稍长。

**(2) 消化器官的机能**

① 反刍。是羊的正常消化生理机能。羊在短时间内能采食大量的草料，经瘤胃浸软、混合和发酵，随即出现反刍。反刍时，羊先将食团逆呕到口腔内，反复咀嚼 70～80 次后再咽入腹中，如此逐一进行。羊每天反刍持续 40～60min，有时可达 1.5～2h。反刍次数及持续时间与草料的种类、品质、调制方法及羊的体况有关，当羊过度疲劳、患病或受到外界的强烈刺激时，会造成反刍紊乱或停止，对羊的健康不利。

② 瘤胃的消化机能。瘤胃是反刍动物（牛、绵羊、山羊等）所特有的消化器官，容积大，共生有大量的嫌气性微生物（细菌和原虫），是一个高效且连续接种的活体发酵罐。在 1g 瘤胃内容物中有细菌 500 亿～1000 亿个；在 1mL 瘤胃液中有原虫 20 万～400 万个。在瘤胃发酵中，细菌起主要作用。以饲喂干草为主时，在瘤胃中消化的干物质占总量的 60%～63%，其余的由后段胃、肠完成。

瘤胃微生物对羊的特殊营养作用，可概括为以下三个方面：

a. 分解粗纤维。羊对粗纤维的消化率为 50%～80%（平均为 65%），远高于单胃的猪和马，也高于牛（猪为 10%～30%、马为 30%～50%、牛为 45%～70%）。羊对粗纤维的消化，主要依靠瘤胃微生物将粗纤维分解为低分子脂肪酸（如乙酸、丙酸和丁酸等），并经瘤胃壁吸收后进入肝脏，用于合成糖原，提供能量；部分脂肪酸被微生物利用来合成氨基酸和蛋白质。羊一昼夜分解粗纤维等生成的粗脂肪可达 500g，可满足羊对能量需要的 40%，其中主要是乙酸。

b. 合成菌体蛋白，改善日粮品质。日粮中的含氮化合物（蛋白质和非蛋白氮）在瘤胃微生物的作用下，降解为肽、氨基酸和氨，是合成菌体蛋白的原料；一部分氨为瘤胃壁吸收后在肝脏合成尿素，大部分尿素可随唾液再进入瘤胃，被微生物再次降解和利用（即尿素循环）。在瘤胃中未被分解的蛋白质（包括菌体蛋白）进入真胃和小肠后，在胃、肠蛋白酶的作用下，被吸收和消化。瘤胃发酵不仅改善了日粮的蛋白质品质，也使羊能有效地利用非蛋白氮（NPN）。

c. 合成维生素。瘤胃微生物在发酵过程中可合成维生素 $B_1$、维生素 $B_2$、维生素 $B_{12}$ 和微生物 K。陈年羊一般不会缺乏这几种维生素。

瘤胃微生物在正常情况下保持较为稳定的区系活性，同时也受饲料种类和品质的影响。突然变换饲料或采食过多精料会破坏微生物的区系活性，引起羊只患病。在以粗饲料为主的日粮中添加尿素等喂羊时，必须保证一定的能量水平，才能有效地利用日粮中的非蛋白氮。

**(3) 羔羊的消化特点** 羔羊出生后4周以内，对营养物质的需要主要依赖母乳。羔羊的消化特点与单胃动物相似，消化主要由真胃和小肠完成；前胃的容积小，微生物区系不健全，缺乏对粗纤维的消化利用能力。随着日龄增加，前胃逐渐发育。羔羊大约在20日龄出现反刍，对草料的消化利用也明显增加。

为了促进羔羊前胃机能的发育，从7～10日龄起，可以用炒熟的豆科籽实或优质青干草进行诱食和训练，以减少由于断奶给羔羊生长发育造成的影响。

## 二、羊的营养需要

羊从草料中获得的营养物质，包括碳水化合物、蛋白质、脂肪、矿物质、微生物和水。碳水化合物和脂肪主要为羊提供生存和生产所必需的能量；蛋白质是羊体生长和组织修复的主要原料，也提供部分能量；矿物质、维生素和水，在调节羊的生理机能、保障营养物质和代谢产物的输送方面，具有重要作用，其中钙、磷是组成牙齿和骨骼的主要成分。

### 1. 维持的营养需要

维持需要是指在仅满足羊的基本生命活动（呼吸、消化、液体循环、体温调节等）的情况下，羊对各种营养物质的需要。羊的维持需要得不到满足，就会动用体内贮存养分来弥补亏损，导致体重下降和体质衰弱等不良后果。只有当日粮中的能量和蛋白质等营养物质超出羊的维持需要时，羊才能维持一定水平的生产能力。

干乳空怀的母羊和非配种季节的成年公羊，大都处于维持饲养状态，对营养水平要求不高。山羊的维持需要，与同体重的绵羊相似或略低。

**(1) 碳水化合物** 碳水化合物是一类结构复杂的有机物，包括淀粉、糖类、半纤维素、纤维素和木质素等。碳水化合物是组成羊日粮的主体。

依靠瘤胃微生物的发酵，将碳水化合物转化为挥发性脂肪酸，以满足羊对能量的需要，是羊对碳水化合物消化利用的特点。据报道，瘤胃中水分解的淀粉和糖类可占总量的95%，只有少量的可溶性碳水化合物进入后段消化道中。在高粗料日粮条件下，所产生的挥发性脂肪酸主要是乙酸；改喂高能低蛋白日粮时，乳酸的比例上升；而改喂高能高蛋白日粮时，丁酸的比例增加。后两种情况对羊都有不利的影响。

**(2) 蛋白质** 蛋白质是由氨基酸组成的含氮化合物，是羊体组织生长和修复的重要原料。同时，羊体内的各种酶、内分泌物、色素和抗体等也大多是氨基酸的衍生物。离开了蛋白质，生命就无法维持。在维持饲养条件下，蛋白质的需要主要是满足组织新陈代谢和维持正常生理机能的需要。

**(3) 矿物质** 羊即使处于完全饥饿状态下，为维持正常的代谢活动，仍需要一定的矿物质。所以，在维持饲养时，必须保证一定水平的矿物质量。羊最易缺乏的矿物质是钙、磷和食盐。此外，还应补充必要的矿物质微量元素。

**(4) 维生素** 羊在维持饲养时也要消耗一定的维生素，必须有饲料中补充，特别是维生素 A 和维生素 D。在羊的冬季日粮中搭配一些胡萝卜或青贮饲料，能保证羊的维生素需要。

**(5) 水** 水对人、畜都是不可缺少的重要营养物质。为羊提供充足、卫生的饮水，是羊只保健的重要环节。

### 2. 生长和肥育的营养需要

从性状度量的角度来讲，羊的生长和肥育都表现为增重和产肉量增加。但在羊的不同生理阶段，增重对营养物质的需要有很大的差异。

**(1) 生长的营养需要** 羊从出生到 1.5 岁，肌肉、骨骼和各器官组织的发育较快，需要沉积大量的蛋白质和矿物质，尤其是初生至 8 月龄，是羊生后期生长发育最快的阶段，对营养的需要量较高。

羔羊在哺乳期（0～8 周龄）主要依靠母乳来满足其营养需要，而后期（9～16 周龄），必须给羔羊单独补饲。哺乳期羔羊的生长发育非常快，每千克增重仅需母乳 5kg。

羔羊断奶后，日增重略低一些，在一定的补饲条件下，羔羊 8 月龄前的日增重可保持在 100～200g。绵羊的日增重高于山羊。

羊增重的可食成分主要是蛋白质（肌肉）和脂肪。在羊的不同生理阶段，蛋白质和脂肪的沉积量是不一样的，例如，体重为 10kg 时，蛋白质的沉积量可占增重的 35%；体重在 50～60kg 时，此比例下降为 10%左右，脂肪沉积的比例明显上升。在羔羊的育成前期，增重速度快，每千克增重的饲料报酬高，成本低。

育成后期（8 月龄以后）羊的生长发育仍未结束，对营养水平要求较高，日粮的粗蛋白水平应保持在 14%～16%（日采食可消化蛋白质 135～160g）。

育成期以后（1.5 岁）羊体重的变化幅度不大，随季节、草料、妊娠和产羔等不同情况按一定对策增减，并主要表现为体脂肪的沉积或消耗。

**(2) 肥育的营养需要** 肥育的目的就是要增加羊肉和脂肪等可食部分，改善羊肉品质。羔羊的肥育以增加肌肉为主，而对成年羊主要是增加脂肪。因此，成年羊的肥育，对日粮蛋白质水平要求不高，只要能提供充足的能量饲料，就能取得较好的肥育效果。如我国北方牧区在羊只屠宰前（1.5～2个月）采用短期放牧肥育，既可提高产肉量，又可改善羊肉品质，增加养羊收入。

### 3. 繁殖的营养需要

羊的体况好坏与繁殖能力有密切关系，而营养水平又是影响羊体况的重要因素。

**（1）种公羊的营养需要** 一年中，种公羊处于两个不同的生理阶段，即配种期和非配种期。

在配种期间，要根据种公羊的配种强度或采精次数，合理调整日粮的能量和蛋白质水平，并保证日粮中真蛋白质占有较大的比例。公羊的射精量日均为1mL（0.72），每毫升精液所消耗的营养物质约相当于50g可消化蛋白质。

配种结束后，种公羊随即进入非配种期。在此阶段，种公羊的营养水平可相对较低。通常，日粮的营养水平比维持高10%～20%，已能满足需要；日粮的粗料比例也可较高。值得注意的是：

a. 配种结束后的最初1～2个月时种公羊体况恢复的时期，配种任务重或采精多的公羊由于体况下降明显，在恢复期内应继续饲喂配种期的日粮，同时提供充足的青绿、多汁饲料，待公羊的体况基本恢复后再逐渐改喂非配种期日粮。

b. 种公羊的日粮不能全部采用干草或秸秆，必须保持一定比例的混合精料，以免造成公羊腹围过大而影响配种。在生产中，公羊在非配种期的混合精料补喂量一般为0.5～1.0kg，同时应尽可能保证一定量的青绿、多汁饲料。

**（2）繁殖母羊的营养需要** 母羊配种受胎后即进入妊娠阶段，这时除满足母羊自身的营养需要外，还必须为胎儿提供生长发育所需的养分。

a. 妊娠前期（前三个月）。这是胎儿生长发育最强烈的时期，胎儿各器官、组织的分化和形成大多在这一时期内完成，但胎儿的增重较小。在这一阶段，对日粮的营养水平要求不高，但必须提供一定数量的优质蛋白质、矿物质和维生素，以满足胎儿生长发育的营养需要。在放牧条件较差的地区，母羊要补喂一定量的混合精料或干草。

b. 妊娠后期（后2个月）。到妊娠后期，胎儿和母羊自身的增重加快，母羊增重的60%和胎儿贮积纯蛋白质的80%均在这一时期内完成。随着胎儿的生长发育，母羊腹腔容积减小，采食量受限，草料容积过大或水分含量过高，均不能满足母羊对干物质的要求，应给母羊补饲一定的混合精料或优质青干草。

妊娠后期母羊的热能代谢比空怀期高15%～20%，对蛋白质、矿物质和维生素的需要量明显增加，50kg体重的成年母羊，日需可消化蛋白质90～120g、钙8.8g、磷4g，钙、磷比率为（2～2.5）∶1。

**(3) 泌乳期** 母羊分娩后母乳期的长短和泌乳量的高低，对羔羊的生长发育和健康有重要影响。母羊产后4～6周泌乳量达到高峰，维持一段时间后母羊的泌乳量开始下降。一般而言，山羊的泌乳期较长，尤其是乳用山羊品种。母羊泌乳前期的营养需要高于后期。

综上所述，为了使公母羊保持良好的体况和高的繁殖力，应根据羊不同的营养需要合理配置和调整日粮，满足其对各种营养物质的需求；饲料种类要多样化，日粮的浓度和体积要符合羊的生理特点，并注意维生素A、维生素D及矿物质微量元素铁、锌、锰、钴和硒的补充，使羊保持正常的繁殖机能，减少流产和空怀。

## 4. 矿物质及微量元素的需要

矿物质是羊的骨骼、牙齿及组织中灰分的主要成分。根据各种矿物元素在体内的含量，通常分为常量元素和微量元素两大类。矿物质必须由饲料或饮水中提供。

组成羊体组织的元素有20种以上，其中碳（C）、氢（H）、氧（O）、氮（N）含量最多，可由日粮中的碳水化合物和蛋白质满足；钙（Ca）、磷（P）、钠（Na）、氯（Cl）的需要量较大，可由无机钙、磷、骨粉、食盐等补充；其余的元素含量甚微，但对羊的生长发育和生理机能有重要影响。有关反刍家畜的主要矿物质及微量元素含量见表6-1。

**表6-1 反刍家畜的矿物质元素及微量元素含量①**

| 主要矿物质元素/% | | 主要微量元素/(mg/kg) | |
|---|---|---|---|
| 钙(Ca) | 1.50 | 铁(Fe) | 20～80 |
| 磷(P) | 1.00 | 锌(Zn) | 10～50 |
| 钾(K) | 0.20 | 硒(Se) | 1.7 |
| 钠(Na) | 0.16 | 铜(Cu) | 1～5 |
| 硫(S) | 0.15 | 钼(Mo) | 1～4 |
| 镁(Mg) | 0.04 | 锰(Mn) | 0.2～0.5 |
| 氯(Cl) | 0.0015 | 钴(Co) | 0.02～1 |
| | | 碘(I) | 0.3～0.6 |
| | | 氟(F) | 0.01以下 |

①资料引自P. N. 威尔逊等著《牛羊饲养新技术》，方国玺等译。

本书着重讨论几种重要的，或日常饲养中易被忽略，或用常规草料时易缺乏的矿物质及微量元素。

**(1) 容易缺乏的矿物质元素**

① 钙和磷。是羊体内含量最多的矿物质元素，占矿物质元素总量的70%～

75%。主要以磷酸钙的形式存在于羊的骨骼和牙齿中（占钙、磷总量的99%和85%）。磷还是维持机体代谢的重要物质。

钙、磷对羊骨骼的生长发育有重要作用。生长期钙、磷不足，会使羔羊患佝偻病。成年羊长期饲喂钙、磷低的日粮，会破坏机体的钙、磷平衡，造成羊的骨质疏松，甚至瘫痪，这在高产奶山羊的饲养中易发生。给妊娠后期和哺乳期母羊补喂钙、磷，对胎儿和羔羊的生长发育有利。

值得一提的是，幼龄羊对磷的利用率比成年羊高。据国外资料介绍，羔羊对磷酸钙中的磷的利用率为90%，而成年羊仅为55%。配制妊娠后期和哺乳期母羊日粮时，应适当考虑这一因素。

② 镁。是体内许多酶系统的重要组成部分，参与蛋白质的分解和合成，是一种重要的活化剂。镁与肌肉和神经组织的正常活动有非常密切的关系。

③ 硫。是构成含硫氨基酸（蛋氨酸、胱氨酸等）和蛋白质的重要元素之一。对羊毛的产量和品质有直接的影响。

在生产中，硫的缺乏较少发生。但是，当以氨化秸秆等含有大量非蛋白氮（NPN）的日粮为主喂羊时，必须补充一定的硫，才能满足瘤胃微生物合成菌体蛋白的需要。

**（2）容易缺乏的微量元素**

① 铁。在饲草中含量丰富，一般不会缺乏。铁在体内主要存在于血细胞内，也是几种酶的成分。动物缺铁会造成贫血和生长受阻。

铁对哺乳期羔羊的营养非常重要，母乳中铁的含量很少，一般不能满足羔羊生长发育的需要。在母羊的日粮中加铁，不会使乳中的含铁量增加，对羔羊早期补饲或补铁，能有效地预防贫血症的发生。

② 锌。广泛地分布于羊体内，是多种酶系统的重要成分；对皮肤及上皮细胞的正常发育有重要作用。缺锌时，羊皮肤变厚，出现角质化症，背毛粗糙、散乱。严重缺锌时，会造成种公羊繁殖机能下降，甚至不育，仅用维生素E治疗不能完全消除缺锌的影响。

锌与许多矿物质元素有拮抗作用，高钙日粮会造成锌缺乏；锌过量时，会降低羊对铜和铁的吸收、利用。

③ 铜。是血浆蛋白和一些酶的重要成分。羊对铜的吸收主要在大肠内完成（其他动物多在小肠上段吸收），由肝脏贮存。羊对铜的需要量主要受两个方面因素的影响：首先是肝脏中铜的贮存量对铜的需要量有很强的调节作用；其次是铜的可利用性，受铜的化学形式、饲料及羊的年龄等因素的影响。羔羊对铜利用率是成年羊的4～7倍，而成年羊对铜的利用率低于10%，长期缺铜会影响对铁的利用，造成贫血。

羊对铜的耐受力很低。每千克饲料干物质中含10mg铜已能满足羊的各种需要，当其超过20mg时羊就可能发生中毒。当羊长期放牧在含铜较高的草场时，可发生累积性铜中毒。

铜的利用与草料中钼的含量有关，当其含量过高时，会降低对铜的利用而造成铜缺乏。当草场严重缺铜或含钼过高时，应考虑补充铜。

④ 锰。对羊的骨骼、肌肉的发育具有重要作用。骨骼中锰的含量占总量的1/4，锰在其他组织器官中也有广泛分布。缺锰会造成羊的腿和膝关节变形，并影响羊的繁殖机能。母羊缺锰时，发育推迟、受胎困难或出现流产；公羊缺锰时，发生睾丸退化，甚至不育。

日粮中钙、磷比率失调或含量过高时，会降低对锰的利用。长期、大量饲喂青贮饲料或某些含锰过低的单一植物时，易发生锰缺失。据美国国家科研协会（NRC，1975）报道，用每千克干物质含锰分别为6mg和100mg的日粮饲喂山羊时，低锰组羊的体重下降20%，母羊受胎率低，并有23%的母羊发生流产。对锰的生理机制，目前尚未完全弄清楚，但缺锰的危害是肯定的。

⑤ 钼。对钼的营养研究侧重于钼与铜、硫等元素的相互作用，以及影响铜的吸收和利用等方面。草料含钼过高，会造成缺铜症，通过在日粮中加锰，可以使症状得到缓解。每千克干物质中钼的含量达5～20mg时，对羊的健康有害。

⑥ 钴。是瘤胃微生物合成维生素$B_{12}$的原料。缺钴时会造成羊的食欲减退、贫血、消瘦，产奶量和产毛量下降，抗病力和繁殖力降低，甚至引起死亡。但是，日粮中钴含量过高时，可降低羊对铜、铁、锰和碘等微量元素的利用，造成与缺钴相似的症状。

每千克日粮干物质含钴0.11mg可满足羊的需要，低于0.08mg会表现缺钴，而超过3mg会造成钴中毒（牛为1mg/kg）。生长期羊对钴的需要量略高于成年羊。

⑦ 硒。对所有家畜都是必需的，但家畜对硒的耐受力都很低，补饲不当易造成中毒。

硒有很强的抗氧化作用，严重缺硒会引起肌肉萎缩，表现为白肌病。我国许多省、自治区的天然草场严重缺硒，羔羊白肌病的发生率和死亡率都比较高。在生产中常采用治疗性补硒或为牛、羊提供含硒的盐砖，具有一定效果。在缺硒的草场上施用硒肥，可以起到长期、安全补硒的作用。

⑧ 氟。对羊而言，氟主要是过量问题。当草料和饮水中氟含量较高时，可造成羊的氟中毒，表现为骨质疏松、增厚，牙齿缺损、脱落及皮毛粗糙等。羔羊对氟的耐受力高于母羊。

⑨ 碘。碘是甲状腺素的重要组成部分，必须由草料提供。碘缺乏会影响动物的生长发育、繁殖及产毛量。碘缺乏呈典型的地方性发病，同一地区的人类也可表现碘缺乏症。

碘的吸收与日粮中钴的含量有关，缺钴会影响对碘的吸收。某些草料（白三叶、甘蓝、油菜籽等）中含有促甲状腺肿素，对碘的吸收有拮抗作用，用来喂羊时应注意补碘。加碘盐砖对预防碘有明显效果。

## 5. 维生素的需要

维生素是一类与体内代谢关系密切的有机物质，通常可分为水溶性维生素和脂溶性维生素两大类。前者包括维生素 $B_1$、维生素 $B_2$、维生素 $B_{12}$ 和烟酸等，可在成年羊瘤胃中合成；后者包括维生素 A、维生素 D 和维生素 E 等，必须由草料提供。哺乳期羔羊对维生素的需要与单胃动物相似。

**(1) 维生素 A** 反刍动物维生素 A 的主要来源是草料中的胡萝卜素，在青绿牧草的茎、叶中含量丰富，通常以叶绿素或 $\beta$-胡萝卜素的形式存在，而在作物籽实中的含量很低。

维生素 A 易受氧化，当牧草枯黄或调制干草时，维生素 A 大部分被破坏。维生素 A 主要贮存于动物的肝脏，对维护生长家畜上皮细胞的正常功能和骨骼的发育具有重要作用。

**(2) 维生素 D** 与羊的钙、磷代谢有关，维生素 D 缺乏可间接导致幼畜的佝偻病，或造成成年羊骨质疏松和骨折。放牧家畜很少发生维生素 D 缺乏，但对舍饲的奶山羊和羔羊，应考虑补充维生素 D。

**(3) 维生素 E** 对羊营养作用与硒相似，缺乏时会使羊的繁殖能力下降，甚至不育；幼龄羊会发生白肌病。对放牧家畜，维生素 E 较少缺乏。在缺硒地区，维生素 E 对防治白肌病有一定效果，且安全性较高。

## 6. 羊的饲养标准

### (1) 饲养标准中常用的能量、蛋白质体系

① 能量体系。用于指定绵羊、山羊营养需要的能量体系很多，在资料中常见的有：消化能（DE）、代谢能（ME）、可消化总养分（TDN）、净能（NE）体系的淀粉价（SE）和饲料单位，以及斯堪的纳维亚饲料单位（SFU）。目前应用较多的是消化能和代谢能体系、淀粉价已很少使用。

前苏联在指定羊的能量需要时，除保留原有的“饲料单位”外，新增一项“能量饲料单位”，1 个饲料单位代表 1.414kcal（5.916kJ）净能，而 1 个能量饲料单位代表 2500kcal（10.46MJ）代谢能。

美国国家科研协会（NRC）指定的羊的饲养标准，规定有可消化总养分（TDN，单位 kg）、消化能和代谢能（单位 Mcal 或 MJ）。

② 蛋白质体系。羊日粮蛋白质体系以往常用粗蛋白（CP，%）和可消化粗蛋白（DCP，%）表示。

粗蛋白指草料中所有的含氮物质［如蛋白质、氨基酸和非蛋白氮（NPN）］，

而对蛋白质的品质及生物学效价不能做出令人满意的描述；可消化蛋白这一指标对单胃动物是重要的，而应用到牛、羊等则会产生较大的误差。因为：①在一定的能量水平下，瘤胃微生物可利用氨、尿素等非蛋白氮合成菌体蛋白，从而改善日粮蛋白质的品质（菌体蛋白的消化率为90%～100%，生物学效价达80%），蛋白质的量也明显增加。②粪中的蛋白质不能准确反映羊对日粮蛋白质的利用，因为它既有日粮中未被消化的蛋白质，又包含了由肠细胞脱落形成的内源氮，且和大量肠道微生物水平关系密切。能量水平较高时，瘤胃微生物对蛋白质的分解、合成均增强，粗蛋白利用率提高；反之，对粗蛋白的利用率降低。

目前欧美的一些学者提出了新的反刍动物蛋白质体系，把食入的蛋白质分为两部分——可降解蛋白质（RDP）和非降解蛋白（UDP），同时推算出在一定能量水平下，菌体蛋白对羊组织蛋白（TMP）的供应量。这三者与能量的关系是：

$$\text{RDP(g/d)} = 7.8 \times \text{代谢能(ME)}$$

$$\text{UDP(g/d)} = 1.91\text{TP} - 6.25 \times \text{代谢能}$$

$$\text{TMP(g/d)} = 3.3 \times \text{代谢能}$$

式中　TP——羊组织蛋白的需要量，g/d，即羊的维持＋生产的需要量。

**（2）绵羊、山羊的饲养标准**　饲养标准是对不同类型、性别、年龄、体重、生产目的和生产水平的羊每只每天需要的各种营养物质的数量规定，这种规定是以一定条件下的营养试验的结果为依据，结合生产实践而总结出来的。

我国对绵羊、山羊的营养研究与国外先进水平相比还有很大差距，缺乏应有的全面性和系统性。在养羊生产中，大多参照和借鉴国外研究成果。限于篇幅，这里仅以山羊的饲养标准为例，介绍一些较新的资料，供生产实践中参考。

① 不同地区山羊的饲养标准。生产在热带地区与寒冷地区的山羊，对营养物质的需要有较大的差异，见表6-2和表6-3。

**表6-2　热带地区山羊的营养需要**

| 营养物质 | | 需要量 |
|---|---|---|
| 干物质 | | 肉用山羊为体重的2.5%～3.0 %，奶用羊可达8 % |
| 能量 | 1.维持 | 725.8g淀粉价(SE)/100kg体重·日 |
| | 2.增重 | 3.0g淀粉价/每克增重 |
| | 3.产奶 | 300g淀粉价/kg奶 |
| 蛋白质 | 1.维持 | 45～64g可消化蛋白质(DCP)/100kg体重 |
| | 2.产奶 | 70g可消化蛋白质/kg奶 |
| 水 | | 18～20kg体重山羊450～680g/d |
| 食入干物质与总水量之比 | | 1∶4 |
| 矿物质 | 1.维持 | 钙147mg/kg增重，磷72mg/kg体重 |
| | 2.产奶 | 在维持的基础上，每千克奶增加钙2.2mg，磷1.6mg |

**表 6-3　寒冷地区山羊的营养需要**

| 体重/kg | 可消化蛋白质/(g/d) | 不同活动量的淀粉价(SE)/(kg/d) | | |
|---|---|---|---|---|
| | | 圈养 | 中等 | 活动量大 |
| 20 | 52.0 | 0.23 | 0.30 | 0.32 |
| 25 | 61.2 | 0.27 | 0.36 | 0.38 |
| 30 | 70.0 | 0.30 | 0.41 | 0.44 |
| 35 | 78.3 | 0.34 | 0.45 | 0.49 |
| 40 | 86.3 | 0.37 | 0.50 | 0.54 |
| 45 | 94.0 | 0.41 | 0.55 | 0.59 |
| 50 | 101.6 | 0.44 | 0.59 | 0.63 |
| 55 | 108.9 | 0.47 | 0.63 | 0.68 |
| 60 | 116.0 | 0.50 | 0.67 | 0.72 |

注：资料引自《山羊及其产品加工》，魏怀芳等译，1990 年。

② 不同体重及生理阶段山羊的饲养标准。本饲养标准（表 6-4 至表 6-5）以不同体重山羊的维持需要为基础，较全面地反映了山羊对各种营养物质的需要量。

**表 6-4　山羊的营养需要**（舍饲饲养，轻微运动，妊娠早期）

| 体重/kg | 日粮能量 | | | | 蛋白质 | | 钙/g | 磷/g | 维生素A1000(国际单位) | 维生素D(国际单位) | 干物质需要量 | | | |
|---|---|---|---|---|---|---|---|---|---|---|---|---|---|---|
| | TDN/g | 消化能/MJ | 代谢能/MJ | 净能/MJ | 粗蛋白/g | 可消化蛋白/g | | | | | 1kg 含 8.4MJ 代谢能 | | 1kg 含 10.0MJ 代谢能 | |
| | | | | | | | | | | | 需要量 | %(每千克体重) | 需要量 | %(每千克体重) |
| 10 | 159 | 2.93 | 2.38 | 1.34 | 22 | 15 | 1 | 0.7 | 0.4 | 84 | 0.28 | 2.8 | 0.24 | 2.4 |
| 20 | 267 | 4.94 | 4.02 | 2.26 | 38 | 26 | 1 | 0.7 | 0.7 | 144 | 0.48 | 2.4 | 0.40 | 2.0 |
| 30 | 362 | 6.65 | 5.44 | 3.05 | 51 | 35 | 2 | 1.4 | 0.9 | 195 | 0.65 | 2.2 | 0.54 | 1.8 |
| 40 | 448 | 8.28 | 6.74 | 3.81 | 63 | 43 | 2 | 1.4 | 1.2 | 243 | 0.81 | 2 | 0.67 | 1.7 |
| 50 | 530 | 9.79 | 7.99 | 4.51 | 75 | 51 | 3 | 2.1 | 1.4 | 285 | 0.95 | 1.9 | 0.79 | 1.6 |
| 60 | 608 | 11.21 | 9.16 | 5.15 | 86 | 59 | 3 | 2.1 | 1.6 | 327 | 1.09 | 1.8 | 0.91 | 1.5 |
| 70 | 682 | 12.59 | 10.25 | 5.77 | 96 | 66 | 4 | 2.8 | 1.8 | 369 | 1.23 | 1.8 | 1.02 | 1.5 |
| 80 | 754 | 13.89 | 11.34 | 6.40 | 106 | 73 | 4 | 2.8 | 2.0 | 408 | 1.36 | 1.7 | 1.13 | 1.4 |
| 90 | 824 | 15.19 | 12.38 | 6.99 | 116 | 80 | 4 | 2.8 | 2.2 | 444 | 1.48 | 1.6 | 1.23 | 1.4 |
| 100 | 891 | 16.44 | 13.43 | 7.57 | 126 | 86 | 5 | 3.5 | 2.4 | 480 | 1.6 | 1.6 | 1.34 | 1.3 |

注：TDN 为可消化总养分。

表 6-5 山羊维持+轻度运动的营养需要（增加 25 %，工厂化生产，热带地区，妊娠早期）

| 体重/kg | 日粮能量 | | | | 蛋白质 | | 钙/g | 磷/g | 维生素A1000（国际单位） | 维生素D（国际单位） | 干物质需要量 | | | |
|---|---|---|---|---|---|---|---|---|---|---|---|---|---|---|
| | | | | | | | | | | | 1kg 含 8.4MJ 代谢能 | | 1kg 含 10.0MJ 代谢能 | |
| | TDN/g | 消化能/MJ | 代谢能/MJ | 净能/MJ | 粗蛋白/g | 可消化蛋白/g | | | | | 需要量 | %（每千克体重） | 需要量 | %（每千克体重） |
| 10 | 199 | 3.64 | 2.97 | 1.67 | 27 | 19 | 1 | 0.7 | 0.5 | 108 | 0.36 | 3.6 | 0.30 | 3.0 |
| 20 | 334 | 6.15 | 5.02 | 2.85 | 46 | 32 | 2 | 1.4 | 0.9 | 180 | 0.6 | 3.0 | 0.50 | 2.5 |
| 30 | 452 | 8.33 | 6.78 | 3.85 | 62 | 43 | 2 | 1.4 | 1.2 | 243 | 0.81 | 2.7 | 0.67 | 2.2 |
| 40 | 560 | 10.33 | 8.45 | 4.77 | 77 | 54 | 3 | 2.1 | 1.5 | 303 | 1.01 | 2.5 | 0.84 | 2.1 |
| 50 | 662 | 12.22 | 9.96 | 5.61 | 91 | 63 | 4 | 2.8 | 1.8 | 357 | 1.19 | 2.4 | 0.99 | 2.0 |
| 60 | 760 | 14.01 | 11.42 | 6.44 | 105 | 73 | 4 | 2.8 | 2.0 | 408 | 1.36 | 2.3 | 1.14 | 1.9 |
| 70 | 852 | 15.73 | 12.84 | 7.24 | 118 | 82 | 5 | 3.5 | 2.3 | 462 | 1.54 | 2.2 | 1.23 | 1.8 |
| 80 | 942 | 17.40 | 14.18 | 7.99 | 130 | 90 | 5 | 3.5 | 2.6 | 510 | 1.70 | 2.1 | 1.41 | 1.8 |
| 90 | 1030 | 19.00 | 15.48 | 8.74 | 142 | 99 | 6 | 4.2 | 2.8 | 555 | 1.85 | 2.1 | 1.54 | 1.7 |
| 100 | 1114 | 20.54 | 16.78 | 9.46 | 153 | 107 | 6 | 4.2 | 3.0 | 600 | 2.00 | 2.0 | 1.67 | 1.7 |

## 7. 种公羊的饲养管理

种公羊在配种期内要消耗大量的养分和体力，因配种任务或采精次数不同，个体之间对营养的需要量相差很大。一般对于体重在 80～90kg 的种公羊每日饲料定额如下：混合精料 1.2～1.4kg，苜蓿干草或野干草 2kg，胡萝卜 0.5～1.5kg，食盐 15～20g，骨粉 5～10g，鱼粉或血粉 5g。分 2～3 次给草料，饮水 3～4 次。每日放牧或运动时间约 6h。对于配种任务繁重的优秀种公羊，每天应补饲 1.5～2.0kg 的混合精料，并在日粮中增加部分动物性蛋白质饲料（如蚕蛹粉、鱼粉、血粉、肉骨粉、鸡蛋等），以保持其良好的精液品质。配种期种公羊的饲养管理要做到认真、细致，要经常观察羊的采食、饮水、运动及粪、尿排泄等情况；保持饲料、饮水的清洁卫生。如有剩料应及时清除，减少饲料的污染和浪费，青草或干草要放入草架饲喂。

## 8. 母羊的饲养管理

母羊是羊群发展的基础。母羊数量多，个体差异大。为保证母羊正常发情、受胎，实现多胎、多产，羔羊全活、全壮，母羊的饲养不仅要从群体营养状况来合理调整日粮，对少数体况较差的母羊，应单独组群饲养。对妊娠母羊和带仔母羊，要着重搞好妊娠后期和哺乳前期的饲养和管理。舍饲母羊饲粮中饲草和精料比以 7∶3 为宜，以防止过肥。体况好的母羊，在空怀期，只给一般质量的青干草，保持体况，钙的摄食量应适当限制，不宜采食钙含量过高的饲料，以免诱发产褥热。如以青贮玉米作为基础日粮，则 60kg 体重的母羊给以 3～4kg 青贮玉米，采食过多会造成母羊过肥。妊娠前期可在空怀期的基础上增加少量的精料，每只每天的精料喂量为 0.4kg；妊娠后期至泌乳期每只每天的精料喂量约为 0.6kg，精料中的蛋白质水平一般为 15%～18%。

**(1) 怀孕期母羊的饲养管理要点**

① 怀孕前期。母羊在怀孕期的前 3 个月内胎儿发育较慢，所需养分不太多，对放牧羊群，除放牧外，视牧场情况而做少量补饲。要求母羊保持良好的膘度。管理上要避免吃霜草或霉烂饲料；不使羊受惊猛跑；不饮冰茬水。

② 怀孕后期。母羊在怀孕后期的两个月中，胎儿生长很快。羔羊 90%的初生重在此期间完成。因此，如母羊在此期间养分供应不足，就会产生一系列不良后果，仅靠放牧一般难以满足母羊的营养需要。在母羊怀孕后期必须加强补饲，将优质干草和精料放在此时补饲，要注意蛋白质、钙、磷的补充。能量水平不宜过高，不要把母羊养得过肥，以免对胎儿造成不良影响。要注意保胎，出牧、归牧、饮水、补饲都要慢而稳，防止拥挤、滑跌，严防跳崖、跑沟，最好在较平坦的牧场上放牧，羊舍要保持温暖、干燥、通风良好。

③ 产前、产后母羊的饲养管理要点。产前、产后是母羊生产的关键时期，应给予优质干草舍饲；多喂些优质、易消化的多汁饲料；保持充足饮水。产前 3～5d，对接羔棚舍、运动场、饲草架、饲槽、分娩栏要及时修理和清扫，并进行消毒。母羊进入产房后，圈舍要保持干燥，光线充足，能挡风御寒。母羊在产后 1～7d 应加强管理，一般应舍饲或在较近的优质草场上放牧。一周内，母子合群饲养，保证羔羊吃到充足初乳。产后母羊应注意保暖，防潮，预防感冒。产后 1h 左右应给母羊饮温水，第一次饮水不宜过多，切忌让产后母羊喝冷水。

**(2) 泌乳母羊的饲养管理** 母羊在产后的泌乳量逐渐增加，在产后 4～6 周达到高峰，14～16 周又开始下降。在泌乳前期，母羊通过迅速利用体贮来维持产乳，对能量和蛋白质的需要很高。此时是羔羊生长最快的时期，在饲养管理上要设法提高产乳量。母羊在产后 4～6 周应增加精料补饲量，多喂多汁饲料。放牧时间由短到长，距离由近到远，经常保持圈舍清洁、干燥。

在泌乳后期的两个月中，母羊的泌乳能力逐渐下降。即使增加补饲量也难以达到泌乳前期的产乳量。羔羊在此时已开始采食青草和饲料，对母乳的依赖程度减小。从 3 月龄起，母乳只能满足羔羊营养的 5%～10%。此时，对母羊可取消补饲，转为完全放牧吃青。在羔羊断奶的前一周，要减少母羊的多汁料、青贮料和精料喂量，以防发生乳房炎。

## 9. 九羔羊培育

**（1）羔羊的护理** 羔羊因体质较弱，抵抗力差、易发病。所以，搞好羔羊的护理工作是提高羔羊成活率的关键。具体应注意以下几点：

① 尽早吃好、吃饱初乳。母羊产后3～5d内分泌的乳，奶质黏稠、营养丰富，称为初乳。初乳容易被羔羊消化吸收，是任何食物或人工乳不能代替的食料。同时初乳含镁盐较多，镁离子有轻泻作用，能促进胎粪排出，防止便秘；初乳还含较多的抗体和溶菌酶，含有一种叫K抗原凝集素的物质，几乎能抵抗各品系大肠杆菌的侵袭。初生羔羊在生后半小时以前应该保证吃到初乳。吃不到自己母羊初乳的羔羊，最好能吃上其他母羊的初乳，否则较难成活。初生羔羊，健壮者能自己吸吮乳，用不着人工辅助，弱羔或初产母羊、保姆性不强的母羊，需要人工辅助，即把母羊保定住，把羔羊推到乳房跟前，羔羊就会吸乳。辅助几次，它就会自己找母羊吃奶了。对于缺奶羔羊，最好为其找保姆羊，就是把羔羊寄托给羔羊夭折的母羊或奶特别好的单羔母羊喂养。初期人要帮助羔羊吃奶，先把奶母的奶汁或尿液抹在羔羊的头部和后躯，以混淆奶母羊的嗅觉，直到奶母认自己奶羔为止。

② 安排好吃奶时间。分娩后3～7d的母羊可以外出放牧，羔羊留家。如果母羊早晨出牧，傍晚时归牧，会使羔羊严重饥饿。母归时羔羊往往狂奔迎风吃热奶，饥饱不匀，羔羊易发病。哺乳期可做这样的安排：母仔舍饲15～20d，然后白天羔羊在羊舍饲养，母羊出去放牧，中午回来奶一次。这样加上出牧前和收牧后的奶羔，等于一天奶3次羔。

③ 加强对缺奶羔羊的补饲。多羔母羊或泌乳量少的母羊，其乳汁不能满足羊羔的需要，应适当补饲。一般宜用牛奶或人工奶，在补饲时应严格掌握温度、喂量、次数、时间及卫生消毒。

④ 搞好圈舍卫生。应严格执行消毒隔离制度。羔羊出生7～10d后，羔羊痢疾增多，主要原因是圈舍肮脏，潮湿拥挤，污染严重。这一时期要深入检查，包括检查食欲、精神状态及粪便，做到有病及时治疗。对羊舍及周围环境要严格消毒，对病羔隔离，对死羔及其污染物及时处理掉，控制传染源。

⑤ 加强运动。运动能增加羔羊食欲，增强体质，促进生长和减少疾病，从而为提高其肉用性能奠定基础。随着羔羊日龄的增长，应将其赶到运动场附近的牧地上放牧，加强羔羊运动。

**（2）羔羊的培育措施** 羔羊的培育是指羔羊断奶前的饲养管理。要提高羔羊的成活率，培育出体型良好的肉用羔羊，必须掌握以下三个关键：第一，加强泌乳母羊的饲养，促进泌乳量。第二，及时做好羔羊的补饲。第三，对母仔要精心细致地照顾管理。我国广大养羊地区，对羔羊的培育非常重视，并总结很多经验。例如，“一专”到底（固定专人管理羔羊），保证“四足”（奶、草、水、料），做到“两早”（补料、运动），加强“三关”（哺乳期、离乳期及第一个越冬期）的饲养管理，是行之有效的技术措施。

**（3）羔羊育肥的关键技术**

① 推行杂交羊育肥。我国各地都有适合本地自然条件、抗逆性强、耐粗饲的优良地方品种。这些品种往往同时存在生长速度慢、生产性能低的缺点。推行杂交羊，利用地方良种和引入良种杂交生产肥羔，当年出栏，既利用了杂种优势，也保存了当地品种的优良特性。小尾寒羊可引入萨福克肉羊或陶塞特肉羊进行改良，杂种羊进行育肥。

② 合理搭配饲料。按照羊育肥期营养需要标准配合日粮，日粮中的精料或粗料应多样化，增加适口性。任何一种饲料都不能满足羊只生产的需要，特别是肉羊育肥的饲料营养要求更高，多种饲料合理搭配，各种营养成分相互调剂，才能配制出全价日粮，提高饲料转化率和增重速度。现在养羊方式正从放牧走向舍饲，人们往往认为舍饲养羊就是利用农作物秸秆，其实，农作物秸秆营养价格很低，且吸收利用率差，只靠秸秆养羊是不行的，必须与其他饲草和精料结合利用，单纯利用秸秆只能使羊度命，不能把羊养好、养壮。

育肥日粮配制技术如下：

a. 合理利用农作物秸秆。由于农作物秸秆营养价值低、吸收利用差，秸秆必须与其他饲草和精料结合利用，可充分利用红薯秧、花生蔓和树叶等，一般秸秆饲料可以达到粗饲料的50%左右。

b. 采用多种农副产品科学配制混合精料。一般玉米、高粱等占50%～70%，糠麸占15%～30%，饼粕占10%～20%。

c. 精粗饲料合理搭配。羊育肥日粮中一般粗、精饲料的比例为（50～60）/（40～50）。只要粗饲料品质好，可降低精料比例。

d. 矿物质、微量元素的补充。矿物质元素一般须添加钙、磷、钠、氯等。微量元素的补充多以预混料的形式按说明添加于精料中。

## 10. 育成羊的饲养管理

**（1）育成羊的生长发育特点**

① 生长发育速度快。育成羊全身各系统均处于旺盛生长发育阶段，与骨骼生长发育密切的部位仍然继续增长，如体高、体长、胸宽、胸深增长迅速，头、腿、骨骼、肌肉发育也很快，体型发生明显的变化。

② 瘤胃的发育更为迅速。6月龄的育成羊，瘤胃迅速发育，容积增大，占胃总容积的75%以上，接近成年羊的容积比。

③ 生殖器官的变化。一般育成母羊6月龄以后即可表现正常的发情，卵巢上

出现成熟卵泡，达到性成熟。育成公羊具有产生正常精子的能力。8月龄左右时接近体成熟，可以配种。育成羊开始配种的体重应达到成年母羊体重的65%～70%。

**（2）育成羊的饲养要点** 育成羊的饲养是否合理，对体型结构和生长发育速度等起着决定性作用。饲养不当，可造成羊体过肥、过瘦或某一阶段生长发育受阻，出现腿长、体躯短、垂腹等不良体型。为了培育好育成羊，应注意以下几点：

① 适当的精料营养水平。育成羊阶段仍需注意精料量，有优良豆科干草时，日粮中精料的粗蛋白质含量提高到15%或16%，混合精料中的能量水平占总日粮能量的70%左右为宜。每天喂混合精料以0.4kg为好，同时还需要注意矿物质如钙、磷和食盐的补给。育成公羊生长发育比育成母羊快，所以精料需要量多于育成母羊。

② 合理的饲喂方法和饲养方式。饲料类型对育成羊的体型和生长发育影响很大，优良的干草、充足的运动是培育育成羊的关键。给育成羊饲喂大量优质的干草，不仅有利于促进消化器官的充分发育，而且培育的羊体格高大，乳房发育明显，产奶多。充足的阳光照射和得到充分的运动可使其体壮胸宽，心肺发达，食欲旺盛，采食多。只要有优质饲料，可以少给或不给精料，精料过多而运动不足，容易肥胖，早熟早衰，利用年限短。

③ 适时配种。一般育成母羊在满8～10月龄，体重达到40kg或达到成年体重的65%以上时配种。育成母羊不如成年母羊发情明显和规律，所以要加强发情鉴定，以免漏配。8月龄前的公羊一般不要采精或配种，须在12月龄以后，体重达60kg以上时再参加配种。

## 11. 四季疾病防治要点

**（1）春季**

① 春季气候变化无常，羊群易患感冒而引发肺炎，处理不当，会造成较大损失，因此羊场应该重点防范。措施是密封窗应根据天气情况关闭，对感冒引起的发热应及时治疗。

② 山区放牧要防止柞树叶中毒，柞树为山区生长的一种小灌木，3月份开始萌发幼芽，毒性比较大，羊非常喜食其幼嫩叶，育成羊及空怀羊食后不表现临床症状，孕羊主要表现为减产、早产，影响生产繁育。对策是避开有柞树的地方放牧，或推迟时间等柞树叶铺开再放牧。

③ 春季为舍饲与放牧的过渡期，由于饲草向青草过渡易引起消化机能失衡，羊只易患肠胃疾病，尤其是肠梗阻，前胃迟缓。防范是采取逐步放牧，避免草、牧变换过快，要勤观察，早发现，早治疗，减少不应有的损失。

④ 要定期进行羊舍消毒，做好羊四联苗、羊痘、传染性胸膜肺炎疫苗等预防接种工作。

（2）夏季

① 以脑脊髓丝虫病为主的线虫病在夏季危害比较大。夏季为集中放牧季节，牛、羊混牧，很易发生羊的脑脊髓丝虫病，应定期进行驱虫。原则上 6～9 月份要做 2 次驱虫，药物可选用伊维菌素等比较先进的驱虫药物。

② 定期控制羊蜱。放牧的羊群，羊只很容易爬上羊蜱，不但影响羊只发育，而且很易得焦虫病，因此要定期治蜱。可采取药浴、药洗的办法，减少羊蜱的寄生。

③ 羊传染性脓疱。夏季不注意防治，很容易引起流行，该病主要表现口腔溃疡、糜烂，以 1～3 月龄羊发病率较高。目前还没有有效的治疗药物，疫苗防疫效果亦不佳，防范应加强羊的饲养管理，勤消毒，早发现，早隔离治疗。

④ 防止羊只闷圈。闷圈为一种在高热高湿条件的羊易患的一种综合病症。患羊主要表现阵阵湿咳、间歇性、顽性痢疾，羊只逐步瘦弱死亡。一般治疗的效果不佳.主要靠预防，措施是搞好防暑降温，注意羊舍的通风，闷热条件下防止羊只淋湿被毛，淋湿被毛的羊只舍内休息避免过分拥挤等。

（3）秋季

① 阴雨连绵的天气，注意羊只患腐蹄病，即群众所说的漏蹄。措施是羊舍运动场保持干燥，地面最好用砖铺上，不要长期到低洼的泥地上去放牧，发病后及时去除蹄内异物和脓汁，促其早日康复。

② 及早控制疥螨病。秋季阳光照射时间较短，天气渐冷，控制疥癣需要及早防治。方法是用阿维菌素连续 2 次皮下注射、杀螨灵或 2%敌百虫每 10d 进行一次羊舍和运动场喷洒，这些都是治螨的有效措施。

③ 做到秋季的防疫工作，在做好羊四联疫苗、羊痘疫苗等常规疫苗防疫的同时，重点作好口蹄疫的免疫接种，强调 20d 间隔后加强免疫 1 次。

（4）冬季

① 羊传染性结膜炎。冬季羊舍为了保温，羊舍的门窗封闭得很严实，必然导致舍内氨气浓度的提高，容易发生羊传染性结膜炎。为防止该病的发主，首先羊舍要勤扫，晴天让羊只多晒太阳，舍内要安装抽风机，定期抽出舍内氨气，促进空气流通，发病后及时治疗，防止疾病蔓延。

② 勤观察防止羊只瘤胃臌气。冬季的霜草、冻草吃得过多，很易引发瘤胃臌气，可采取以下措施进行预防：防止羊只吃上冻草、霜草；二是羊只先喂一些干青草再进行放牧；三是放牧黑麦草等青草要在下午进行，并且放牧时间不要超过 1h。发生臌气可采用投服鱼石脂进行治疗，臌气严重的可用胃导管导气或套管针头放气，但要注意放气方法。

③ 预防羊只消化不良。放牧麦苗过嫩、暴饮冷水、过食精料都易引起消化不良，为冬季的多发病、常发病，尤其刚断奶的羔羊，要注意预防。主要预防措施为粗饲料干湿搭配，饮水要加温后饮用，精料定量。

# 第七章

# 草地放牧管理技术

中国南方喀斯特地区的自然地理特征造就了其独特的生境，其出露或埋藏的基岩主要为可溶性岩（碳酸盐岩、硫酸盐岩、卤岩等），在水的化学溶蚀作用下，地表渗漏严重，地表水匮乏。且成土速率慢，土层较薄，保水能力较差，地表土壤多为中性至弱碱性。这对牧草和家畜生产都提出了相应的要求。家畜自由采食新鲜牧草，能适当运动，受到日光浴和各种气候锻炼，家畜的内外器官均衡发展，增强对疾病的抵抗力，有利于家畜的发育和健康。为了更好地开展家庭牧场生产，对草地放牧利用策略、放牧时期、放牧留茬高度、放牧次数和放牧利用方法等做一介绍。

## 一、相关定义

喀斯特草地：指在喀斯特地区自然生长或种植建设的草地。喀斯特地区出露或埋藏的基岩主要为可溶性岩（碳酸盐岩、硫酸盐岩、卤岩等），在水的化学溶蚀作用下，地表渗漏严重，地表水匮乏，且成土速率慢，土层较薄，保水能力较差，地表土壤多为中性至弱碱性。

非喀斯特草地：在非喀斯特地区自然生长或种植建设的草地。非喀斯特地区基岩为相对不透水层，地表水富足，通常不发生由于水的溶蚀和大量渗漏所造成的工程性缺水。成土速率快，土层较厚，土壤一般为酸性。

草地载畜量：一定的草地面积，在一定的利用时间内，所承载饲养家畜的头数和时间。可区分为合理载畜量和现存载畜量。

牧草利用率：维护草地良性生态循环，在既充分合理利用又不发生草地退化的放牧（或割草）强度下，可供利用的草地牧草产量占草地牧草年产量的百分比。

$$\text{草地利用率}=\frac{\text{应该采食的牧草重量}}{\text{牧草总产量}}\times 100\%$$

草地放牧适宜度：最大经济收益下，维系草地持续生产的最大放牧利用强度。

放牧率：是特定时期内一定草地面积上实际放牧的家畜数量。

无控制放牧（也称自由放牧）：自由放牧，也可称其为无系统或无计划放牧，放牧畜群可在较大范围内连续不断地或无一定次序地随意采食，无任何限制，这是一种原始的草地利用方式，也是畜牧业发展史上的一个初期阶段。

**（1）放牧是草地利用与家畜饲养较为经济的一种方式** 据国内外大量资料报道，其利用成本，一般只有干草、谷物饲料和多汁饲料的20%～70%。如羊群，喂干草的成本比放牧高3.2倍，喂谷物饲料的成本比放牧高5倍左右，喂多汁饲料成本比放牧高7倍左右。再以奶牛为例，喂干草成本比放牧高2.5倍左右，喂谷物成本比放牧高3.5倍左右，喂多汁饲料成本比放牧高5倍左右。

**(2) 放牧能有效地利用牧草营养** 因为青草比调制的干草含有更多更全的营养物质，如优良“禾本科-豆科”放牧草，青草每100kg干物质中含60～80个饲料单位，而良好的干草则为50～60个饲料单位，青草的消化率一般比干草高15%～20%。

**(3) 放牧可为家畜提供良好的生活环境** 家畜自由采食新鲜牧草，能适当运动，受到日光浴和各种气候锻炼，家畜的内外器官均衡发展，增强对疾病的抵抗力，有利于家畜的发育和健康。

**(4) 放牧施肥，归还草地养分** 英国有人测算，在草地总氮中来自土壤的占42.2%，靠施无机氮补给占33.3%，由放牧家畜粪便供给的占15.2%。可见放牧是归还草地养分的一个重要方面。放牧牛每天排粪35～40kg，尿25～30kg，其中含N 0.18～0.22kg、$P_2O_5$ 10～0.12kg、$K_2O$ 28～0.33kg。如放牧100头牛，每天放牧12h，5个月内可给草地施用约300t的厩肥。采取围栏放牧、合理轮牧，不但能有效地利用草地，对改良草地也能起到良好的作用。

放牧对草地和家畜的影响是多方面的，既有好的一面，也有不利的一面，在一定条件下，有利和不利可以互相转化。主要是通过家畜的采食、践踏和排粪便作用于草地，而草地对放牧也有它的反应性，主要表现在草地的耐牧性，即牧草的再生能力和生草土的弹性结构。

然而放牧也有缺点，主要表现在：首先，放牧不当，会降低牧草产量，使植被成分变坏。其次，在水分过多的草地上，由于家畜的践踏，形成草丘或蹄坑，有时会形成水坑，成为家畜寄生虫病传播的来源。第三，早春刚刚解冻，土壤水分过多，家畜易得腐蹄病等病害。

## 二、草地合理放牧的基本要求

### 1. 放牧适宜开始和结束的时期

放牧适宜开始的时期和结束时期与草地植被、产量及土壤状况都有很大关系。早春，牧草刚刚萌发，不能进行光合作用，一般当牧草再生后，经10～15d之后才能重新开始积累营养物质。因此，放牧过早，特别是融雪后马上开始放牧，会严重破坏植物体内贮藏营养物质正常的积累与消耗过程。放牧过迟，会造成草地资源的浪费。

**(1) 放牧适宜开始的时期** 开始放牧的适宜时期，一般而言应在牧草开始返青经15～20d，即大多数牧草分蘖一分枝之后。以禾草为主的放牧地在禾草开始抽茎，以豆科和杂类草为主的草地在腋芽（侧枝）发生，以莎草科为主的草地在分蘖停止或叶片长到成熟大小时，便是放牧适宜开始的时期。

**（2）放牧结束时期** 放牧结束时期也不应该过早或过迟。如果停止放牧过早，将造成草地资源的浪费；如果停止放牧过迟，多年生牧草没有足够的时间贮藏养料，因而会严重影响第二年的产草量。适宜结束放牧的时期一般应在入冬前植物停止生长的25～40d之前，以便植物有足够的时间积累供越冬和翌年春天萌发所必需的营养物质。

## 2. 放牧后牧草的剩余高度

放牧后牧草留茬高度对于草地利用具有重要影响。放牧留茬过低（2～3cm），会影响以后产量，不利于牧草再生，甚至使根量减少，引起草地过早退化，但留茬过高（10～15cm），又使草地利用不足，牧草大量荒弃，造成浪费。研究表明，留茬4～5cm时，采食率占总产90%～98%（高产草地）或50%～70%（低产草地），留茬7～8cm时分别降低到85%～95%和40%～65%。一般较适宜的高度为：

森林和森林草原区　　不低于4～5cm；
荒漠及高山草原　　不低于3～4cm；
播种的多年生牧草　　以5～6cm为宜。

## 3. 适宜的放牧次数

放牧次数过多会使牧草来不及生长或无法贮存营养物质，而造成产量下降或草地迅速退化。放牧次数太少，又会使牧草粗老，形成大量枯枝落叶，影响采食，降低利用率。一般草地适宜的放牧次数是：

森林带　　3～4次；　　水泛草地　　4～5次；
森林草原　　3次；　　草原　　2～3次；
半荒漠与荒漠　　1～2次；　　山地草地（因气候变化较大）2～4次；
栽培的放牧地　　5～6次。

牧草经过多次放牧后，形成了一定的宜牧性和耐牧性。适当的放牧，可以刺激再生草的再生性，有助于产草量的提高，而放牧不当，如不放牧或放牧强度过大，产草量降低，可食牧草成分下降，严重时可造成草地退化。

## 4. 草地利用率

草地利用率是指适宜放牧量所代表的放牧强度。在利用率合理的情况下，一方面能维持家畜的正常生产和生活，另一方面草地既不表现放牧过重，也不表现放牧过轻，草地能维持正常的生长发育。

$$草地利用率=\frac{应该采食的牧草重量}{牧草总产量}\times 100\%$$

草地利用率主要受下列因素影响：

**（1）牧草耐牧性** 牧草耐牧性高时，利用率可以稍高；牧草耐牧性较低时，利用率应稍低。受牧草种类、生长发育阶段、草地利用史的影响。

**（2）土壤冲刷程度** 土壤侵蚀严重时，利用率应较低。为此，不同坡度，草地利用率也应不同，坡度大利用率小，如果坡度在0°～10°的草地利用率作为100，建议坡度每增加10°，草地资源利用率相应降低10%，坡度大于60°草地，为防止造成土壤侵蚀，最好不要放牧。

正常放牧时期内，利用率过去在国内一般划区轮牧应为85%，自由放牧是65%～70%。但近年来国内外一般公认为较合适的草地牧草利用率为50%左右。这样既有利于草地，也有利于家畜。

## 三、草地放牧利用方法

根据放牧对家畜有无控制或用何种方式控制，可归属为表7-1所列各种方法。

**表7-1 放牧方式及放牧方法**

| 放牧方式 | 放牧方法 |
|---|---|
| 无控制放牧 | 自由采食(自由放牧) |
| 有控制放牧 | 一条鞭式放牧 |
| | 跟群放牧 |
| | 满天星式放牧 |
| | 羁绊放牧 |
| | 系留放牧 |
| | 固定围栏放牧 |
| | 围栏放牧 |
| | 活动围栏放牧 |
| | 零牧 |

### 1. 无控制放牧

无控制放牧，也可称其为自由、无系统或无计划放牧，放牧畜群可在较大范围内连续不断地或无一定次序地随意采食，无任何限制，这是一种原始的草地利用方式，也是畜牧业发展史上的一个初期阶段。

自由放牧的主要缺点在于：对于草地牧草利用十分粗放，无一定系统和计划，利用程度很不平衡，有的地方可能大量荒弃，有的地方却往往利用过度；非生长季或放牧后期常常饲草不足，使草畜供求的季节不平衡加剧；由于接连不断地放牧，牧草没有休养生息的机会，特别是优良牧草由于反复被采食而生机衰退，有毒有害植物却大量增加，当载牧量过大时会使草地迅速退化，产草量明显下降；对于家畜，因奔走频繁，采食与休息时间减少，体力消耗过多，而使其生产能力下降；同时，因连续放牧，往往还会造成家畜寄生性蠕虫病的传染。

自由放牧也有它的优点，主要是：管理简单，不需花很多的劳力与成本，家畜也可任意选择最喜食的牧草。

在生产实践中常有所谓季节轮牧的说法，就是根据放牧地的气候、地形、植被、水源等条件或历史的利用习惯，将其划分为冷季、暖季或四季（春、夏、秋、冬）牧场，这里虽然也有放牧地轮换的含义，但如果在各季节牧场内无进一步的小区划分，而是连续或不加轮换地放牧，这种方式严格说仍属于自由放牧，或者说只是自由放牧向划区轮牧过渡的一种形式。

自由放牧在放牧地上不做划区轮牧的规划，可以随意驱赶畜群，在较大范围内任意放牧。这种放牧制度有不同的放牧方式。

**(1) 连续放牧** 在整个放牧季节内，有时甚至是全年在一个草地上连续地放牧。这种放牧方式往往使草地遭受严重的破坏。

**(2) 季节轮牧** 家畜在某个季节内在一个地带内放牧较长时间，到一定时期，再转移到新的牧地。牧区多分为冷季和暖季两个季带，或冬、夏、春秋三个季带，也有个别地方，划分为春、夏、秋、冬四季。在一个季节内，大面积的草地并没有有计划地利用，不能认为是划区轮牧，仍然是自由放牧的基本形式，但比连续放牧已有了进步。

**(3) 抓膘放牧** 在夏末秋初，较多进行抓膘放牧。就是携带饮具卧具，赶着畜群，天天拣最好的草地和最优良的牧草放牧，使家畜短期内肥硕健壮，准备淘汰或抵抗冬春季节的艰苦条件。这种放牧方式对牧草的浪费太大，而且破坏草地。

**(4) 就地宿营放牧** 在自由放牧中，是较为先进的一种，放牧地虽无严格的次序，但放牧到哪里就住到哪里，并不返回宿圈休息。本质上，是连续放牧的一种改进。

以上各种放牧方式都是比较原始的、不完善的。其对草地的影响是荒弃率很高（最少30%～50%），过牧地段植被易被耗竭，产量降低。对家畜的影响是消耗体力，易感蠕虫病。

虽然如此，西南许多喀斯特地区，特别是山区和少数民族居住区，至今多采用自由放牧形式。为了合理利用草地，自由放牧方式应被有控制放牧取代。

### 2. 有控制放牧

**（1）跟群放牧**　大群家畜在草地上人工控制放牧时，通常采用两种形式：一是“一条鞭式”放牧，使家畜排成一字形横队，牧工在畜群前 8～10m 远处，用“领牧”的办法，或在畜群后面用“赶牧”的方式控制家畜，缓慢前进，使整个畜群都能得到均匀的饲草；二是“满天星”式放牧，让家畜均匀散布在一定范围内，令其自由采食，可以在较大空间内同时得到较多的饲料，整个畜群的移动很慢。

**（2）羁绊放牧**　一般是用绳子或链子，采用两脚绊或三脚绊将牲畜羁绊，有时也将 2～3 头牲畜用缰绳互相牵连，使它们不便远走，但仍可在放牧地上缓慢行进，自由觅食，这种方法多用于少量的役畜、种公畜或病畜。

**（3）系留放牧**　系留放牧是用绳索将家畜系留在一个固定的地方，使它只能在以绳长为半径的圆内采食，当该处牧草利用后，再挪动地方，可按一定的次序进行放牧。这种方法对家畜控制严格，能充分利用牧草，适用于在高产的草地上放牧较贵重的种畜、高产奶牛或患病不能随群放牧的家畜，也可放牧役畜、育肥畜或初产的母畜等。

**（4）围栏放牧**（也称日粮放牧）　围栏放牧主要有两种形式：①靠固定的永久式围栏控制家畜放牧；②采用可移动的活动式围栏控制放牧。

日粮放牧或分条（分份）放牧属后一种形式，就是利用容易移动的电围栏或其他活动围栏，把家畜控制在一个较小范围内，使它们集中利用牧草，经几个小时或一昼夜，当草地牧草充分利用后，再转入下一条内，这是一种集约化程度很高的草地利用方式，围栏不仅是草地保护、划界的设施，更是日粮分配的一个有效根据。

**（5）混合放牧**　在家畜放牧时，不是采用单一的一种家畜组群，而是把两种或两种以上的家畜混在一起放牧，对草地的利用具有与更替放牧类似的特点，只是管理上有所不便，生产中多不采用。

**（6）更替放牧**　在划区轮牧中，往往采取不同种类的畜群，按先后次序利用，例如某一牧地在划区轮牧时，牛群放牧以后仍有剩余牧草，羊还可以利用，或者不同的家畜有不同的选食习性，不同家畜交替放牧，可以更充分地利用各种牧草，提高草地的利用率。

### 3. 零牧

零牧也叫刈青饲养或机械的放牧，就是将新鲜牧草或饲料作物用机械刈割之后，就地饲喂牲畜，以代替放牧采食。这种放牧制度的特点是家畜易于控制，可避免大面积践踏与损坏土壤。特别是牧草能作到适时收获，剩余草还可以用于调制干草或青贮，有利于牧草的充分利用。这是一种比较集约的草地利用方式，因而能有效提高单位面积草地的生产能力。这一利用制度在欧美和澳大利亚等国已被推广，效果较轮牧为好。故有人认为饲养效果零牧优于分条放牧，分条放牧优于一般轮牧。

此利用制度的缺点是，花费人力、物力、财力较多，成本较大，家畜对割倒牧草的喜食性下降。

## 四、天然草地放牧管理

放牧对草地植物群落组成、结构、特征、生产力及其动态规律的影响一直是研究的重要内容，而且放牧制度、放牧强度及家畜的采食习性是主要的影响因素。天然草地放牧利用会引起草地物理环境变化，草地植物生长发育受到干扰，群落多样性由此变化。群落植物多样性是群落结构复杂性和稳定性的条件之一。放牧对草地群落的影响取决于放牧强度和放牧制度，其中放牧强度对群落的影响远比放牧制度快速明显，但在放牧管理中放牧制度是改良草地、提高草地生产力的重要措施。

放牧制度可分为两大类：间断放牧和连续放牧。间断放牧即划区轮牧，连续放牧即自由放牧。

间断放牧或称有计划放牧，是指让家畜将一定区域内的草迅速吃完，然后转移到一个新的区域。在间断放牧管理下，家畜按照规定的顺序和规律在一系列放牧地或围栏中采食、休息，严格控制家畜的采食时间和采食范围，按计划轮换放牧地，也可称为轮牧。轮牧的主要放牧方式有：一般的划区轮牧、更替放牧、暖季宿营放牧、分段放牧、一昼夜放牧、日粮放牧。间断放牧的目的是使草地和家畜都获得较大的利益。间断放牧投资较大，成本收回时间也较长，但对草地植物多样性和稳定性维持有利。

连续放牧是指家畜在某一草地上连续采食一段时间或整个集结在同一块草地上放牧，连续放牧的主要放牧方式有：自由放牧；抓膘放牧；季节营地放牧；就地宿营放牧。

### 1. 放牧管理策略

**（1）草地载畜量** 1979 年 Caughley 得出的不同放牧密度下植物和草食动物

的关系图（1985年经Bell修改）表明：当植物的生长量和动物的采食量相等时，受食物供应量的限制，动物种群的数量不再增加（动物的出生率等于死亡率），此时植物和草食动物的关系处于平衡状态，草地的承载力最大（即种群生态学中的“K”值），达到了生态载畜量（任继周，1985）（点D）。从生产角度讲，放牧系统达生态载畜量时，草地承载的草食动物数量最多，但其体况并非最好、生产力并非最高；同时与未放牧系统相比，草地植物的群落组成发生了较大变化。为此，Caughley（1979）和Bell（1985）在关系图中引入了草食动物出栏率的变化，他们强调指出：草食动物的数量应以动物健康状况和草地稳定程度而定，当草地载畜密度达生态载畜量的1/2或2/3时，草食动物的可持续出栏率最大、生产力最高（点F），此时的载畜量为草地经济载畜量（点E）。当草地经济载畜量向生态载畜量增加（草地放牧率增大）时，草地资源的退化趋势也会随之增加（Bell，1985）。

从生态载畜量和经济载畜量的概念可以看出，一般所述的生态载畜量的估算方法为：根据草地产草量和家畜采食量，求算一定时期内单位草地面积能够承载的家畜数量。这种方法只考虑满足家畜短期生产的草（原）地承载力，并未考虑长远利益下的草地退化问题。因此从严格意义上讲，它只是“短期草畜供求关系”（Bartels等，1993）。在“供求关系”中，草地产草量为校正后的产草量，即每年单位草地面积的可食牧草产草量（$t/hm^2$）与“合理利用”系数30%～45%（被家畜安全采食而不引起草地退化）的乘积。校正后的草地产草量除以单个家畜的采食量（干草），即为草地载畜量（Behnke等，1993）。

适宜的载畜量，有时也称为载畜量或放牧压，其与牧草利用率有关，当确定了不同草地的适宜利用率之后，就可计算某一草地应负担的载牧量，即：

$$载畜量=\frac{面积\times牧草产量\times利用率}{家畜日食量\times放牧天数}$$

其中家畜日食量可按下述标准计算：

乳牛因产奶量不同，日食鲜草40～75kg；

1岁以上青年牛，30～40kg；1岁前犊牛，15～25kg；

马，30～40kg；绵羊，4～7kg；羔羊，2～3kg。

如果以家畜活重来计算，大家畜日需干草大致为其活重的3%左右，而绵羊和山羊为其活重的4%，放牧家畜比舍饲家畜干草的采食量一般高0.5%～1%。

假设某草地A的产草量为每公顷2900kg干草，其中可食牧草产量为每公顷2300kg干草，则校正后的产草量为每公顷1035kg干草（“合理利用”系数按45%计）。该草地为牛的冬季牧场（放牧时间180d），放牧牛的牧草采食量平均约为每天5kg干草，则该草地冬季的载畜量为每公顷112头牛。

超载程度判定“供求关系”估算方法虽能在一定程度上反映草地的载畜能力，但其精确度较差。主要在于（董世魁等，2002）：①产草量不能反映牧草的品质（营养物质含量），无法根据营养物质的供求关系切实求算草地载畜量；②"合理利用"系数对载畜量估测值影响较大，45%比30%求得的载畜量估测值高1/2（Bartels等，1993）；③降雨量对草地产草量的影响较大，忽略水分效应会造成估测结果的偏差；④放牧是一个动态过程（如家畜游走、饮水和休憩等），通常无法明确划定放牧草地的面积大小；⑤家畜对牧草具有选食性，对某一草地的采食量估测值并不一定准确。

由"供求关系"估算的生态载畜量无法准确反映草地的载畜能力，且不能明确判定草地的超载程度，缺乏直接、广泛的生产实用性。因此，在进行草地基况或草地健康评价时，必须估测草地的放牧率（实际载畜量）。根据放牧率与载畜量的平衡关系，结合草地植被、土壤和动物的表观特征说明草地的放牧利用程度。

放牧草地的土壤状况、植被组成和动物产量的变化与草地的放牧率密切相关，草地超载与否取决于放牧率与载畜量的平衡关系。载畜量可以理解为最适放牧压力下的放牧率，或者为不破坏植被和相关资源条件下的最大放牧率，或者为不破坏植被土壤和相关资源且不影响家畜生产条件下的最大放牧率（Vallentine，1990）。

从放牧率与载畜量的关系可看出，载畜量是放牧率的额定标准。当放牧率高于载畜量时，放牧压力和植物再生能力之间的平衡关系被破坏，草地基况变差，这就是所谓的草地超载过牧（Behnke等，1993）。高强度、长时间的超载过牧最终导致放牧草地的退化演替。

超载程度的表观判定可以通过草地土壤、植被和动物等指标的变化来实现。草地土壤、植被和动物等资源的退化程度越严重，草地的超载程度也越严重。超载程度的实际判定必须通过放牧率和载畜量的相对大小来反映。如前例中，草地A的冬季载畜量为每公顷112头牛，而草地的实际放牧率为每公顷215头牛，则该草地的超载量为每公顷113头牛，超载率为108%。

**（2）放牧适宜度**　一般而言，在草地超载程度的判定指标中，土壤和植被变化较为明显，而动物生产不如前二者直观。有些情况下，放牧可以完全改变草地的植被组成，但对动物生产却没有影响；甚至有些情况下植被组成变化反而有利于动物生产力的提高。可见，放牧状态下，动物生产是植物变化和土壤变化综合作用的结果，评价草地放牧适宜度时，须以动物生产为标准。

根据生态最佳放牧率和经济最佳放牧率的概念，可以将生态最佳放牧率理解为接近生态载畜量的草地放牧率，可以将经济最佳放牧率理解为接近经济载畜量的草地放牧率。生态最佳放牧率和经济最佳放牧率是草地放牧利用适宜度的参照标准，此标准适用于任何一个草地放牧系统。但对不同的行为主体其意义不尽相同。对一个草地生态学家而言，其目标在于草地放牧系统的稳定性，因此生态最佳放牧率是他所强调的对象；但对一个草地经营者而言，其利益在于草地放牧系统的经济收入，因此经济最佳放牧率是他所追求的目标。

对于生态功能和经济功能并重的草地资源，生态-生产稳定性是其合理利用的基础。当放牧利用率达经济最佳放牧率时，草地放牧系统的经济收益最高且其生态稳定性不受影响，可以较好地维持草地资源的持续发展和高效生产。因此，草地放牧适宜度可以理解为：最大经济收益下，维系草地持续生产的最大放牧利用强度（董世魁等，2002）。

**(3) 牧场管理策略** 放牧适宜度理论是牧场合理利用和高效管理的基本原则。放牧率过高，草地没有特殊情况下的应变能力，出现退化现象；放牧率过低，草地收益不抵成本，导致经营者破产。

长期以来，我国的牧场管理策略严重违背了放牧适宜度理论。解放初期，在“以粮为纲”的方针政策误导下，北方大部分地区的放牧草地被大面积开垦，造成了家畜数量较多、放牧草场面积较小的草畜“供需矛盾”，引发了草地植被的退化演替。改革开放后，随着家畜和草场的承包到户，“头数观念”驱动牧区群众盲目扩大畜群数量，从而进一步加深了“草畜矛盾”、加速了放牧草地的退化进程。退化草地的经济载畜量和最佳放牧率降低，草地的经济收益并未随放牧家畜数量的增加而增加，反而随草地生产力的下降而下降。

因此，我国草地管理者和经营者应根据放牧适宜度理论对当前的牧场管理策略进行调整，实现放牧草地的最大经济收益和生态功能的发挥。具体途径为：系统分析当地自然条件、草地生产力、牧业生产措施和市场价格动态，统筹计算草地的经济最佳放牧率，结合优化的放牧管理措施，维系放牧草地的持续发展。

载畜量和放牧率是两个截然不同的概念。载畜量是特定时期内一定面积的草地能够放牧的家畜数量的理论值，而放牧率则是特定时期内一定草地面积上实际放牧的家畜数量。载畜量可以理解为放牧率的额定标准（上限）。当放牧率超过载畜量时，放牧系统的草畜“供求平衡”关系被破坏，草地土壤、植被和动物等资源出现退化现象，这就是超载过牧导致的严重后果。草地的放牧适宜度取决于草地的最佳放牧率。当草地放牧率达经济最佳放牧率、低于生态最佳放牧率时，才能维持放牧系统的生态-生产稳定性，实现草地资源的永续利用。

在天然草原放牧生态系统中，不同的放牧管理方式对草原植物群落的组成、结构和生产力及物质循环等方面都有极大的影响。各种放牧制度的应用在不同地区有差别，这可能与各地的气候、植被和其他草地资源条件及所采用的放牧技术和方法有关，不加任何条件地过分强调轮牧优于自由放牧或自由放牧优于轮牧的观点都是片面的，即使是相同的轮牧方式，在不同的地域环境及管理条件下所得的结果也不尽相同。在大多数情况下连续放牧和间断放牧应被看作是互补的放牧措施，而不应当看作是相互替代的非此即彼的措施，将二者结合使用可更有效地利用草地资源。适度的放牧可合理利用草地资源，维持植物群落的稳定。通过各种放牧试验，可以找出某地的适宜放牧率，既能充分利用草地，又能维持家畜的正常体况，达到草畜平衡。合理的放牧利于牧草的生长发育，促进牧草不断更新，同时也是草原生态系统持续管理的基础，促进畜牧业发展的基础。

认真落实以保护和合理利用为基础的以草定畜的原则，控制载畜量，实现草畜平衡，减轻草地压力。在草地生产力还没有提高的情况下，禁止盲目发展牲畜数量，严禁超载过牧和乱牧，实行科学养畜。全面实行种草与圈养相结合，大力推广种草圈畜的成功经验，制定以草定畜规划，进行封山育草和轮牧。合理安排冬春和夏季草地的轮牧、休牧、禁牧比例，使退化草地尽快恢复生产力。实行有计划的围栏放牧，建立草库储存夏秋多余的牧草为冬春饲养利用。加强草地的保护、建设、管理和合理利用，严禁乱垦、滥牧、滥挖、乱牧等破坏草地的行为。完善草地承包责任制，调动广大农牧民建设、管理和合理利用草地的积极性，有计划有规模地保护、灌溉和改良天然草地，做到资源永续利用。

## 2. 划区轮牧

**（1）划区轮牧的特点** 划区轮牧就是根据草地状况与畜群的需要，把放牧地划分成若干轮牧分区，按区根据一定次序有计划地轮流放牧。划区轮牧是有控制放牧中的一种主要形式，或者说有控制放牧的各种方式都可以在划区轮牧中应用。实行划区轮牧是合理利用放牧地的基本要求。

划区轮牧作为一种有计划有系统的放牧体系，它的主要优点在于：

① 有利于草地的合理利用与管理，能够均匀地、有计划地利用牧草，减少牧草消费。因此，可比自由放牧提高载畜量25%～30%。轮牧时，牧草有了轮休、恢复生长和结种的机会，有利于牧草的再生、复壮与更新，从而保护或改善草地植被，提高草地产量。如自由放牧时每头奶牛需草地1.3$hm^2$以上，划区轮牧时为1.1$hm^2$以上。在实现划区轮牧时，也有利于草地的管护、培育和建设。

② 有利于家畜健康和畜产品产量的提高。在轮牧分区中放牧时，由于家畜被控制在较小的范围之内，游走与奔跑时间减少，采食与休息时间增加，运动消耗减少，有利于家畜健康与畜产品产量增加。例如，据俄罗斯有关资料报道，在围栏中实行轮牧时，奶牛产奶量比自由放牧提高15%～25%；犊牛的活重增加25%～30%；在美国，围栏放牧的绵羊产毛量增加6%～8%。

③ 有利于防止家畜寄生蠕虫病的传染。家畜寄生蠕虫病是一种内寄生虫病，在家畜粪便中常常含有寄生虫卵。随粪便排出的虫卵经过约6d之后，即可成为可感染幼虫，在自由放牧时，家畜在草地上移动无一定次序，停留时间过长的地方，极易在采食牧草时食入可感染幼虫，因而得以传播。而轮牧时，可经适当安排，使同一地段放牧不超过6d，就可防止或减少寄生虫病的传染。

划区轮牧时需要花费较大的人力、物力，尤其在分区面积较小时，往往需要大量的围栏设备与器材，这是它的缺点。

**(2) 划区轮牧实施**　概括来讲，划区轮牧的实施过程是：首先要根据气候、地形、植被或水源等条件，将放牧地划分为季节牧场；进而按放牧地的面积、产量及畜群大小、放牧时间长短，把季节牧场再划分为轮牧分区（或称小区）；然后，按照一定的次序和要求轮流放牧，合理利用。

① 划分季节牧场。我国放牧利用的草地，目前多根据季节分为季节牧场，有的也称之为季节营地或季带。也即，不同的季节，利用不同的放牧地，这是实施划区轮牧的第一步。其划分原则主要应考虑：

a. 地形和地势。地形和地势是影响放牧地水热条件的主要因素，也是划分季节牧场的主要依据。

山地草地地形条件变化很大，地势、海拔不同，气候差异较大，植被的垂直分布也十分明显。在这种地方季节牧场基本上是按海拔高度划分的。每年从春节开始，随气温上升逐渐由平地向高山转移，到秋季又随气温下降由高山转向山麓和平滩。也可以按坡向划分，在冷季（冬春）利用阳坡，暖季（夏秋）利用阴坡。生产中常有“天暖无风放平滩，天冷风大放山湾”的说法。

在比较平坦的地区，小地形对水热条件影响较大，夏秋牧场可划分在凉爽的岗地、台地，冬春牧场安排在温暖、避风的洼地、谷地和低地。

b. 植被特点。放牧地的植被成分在季节牧场划分上有重要意义，牧谚有“四季气候四季草”的说法，即在不同季节植被有一定的适宜利用时期。例如，芨芨草在夏季家畜几乎不采食，适口性非常低，蒿类或其他一些生长季有特殊气味的植物，往往不为家畜所采食，但秋天经霜之后，适口性明显提高，以这类植物为主的草地尽可划为深秋利用。针茅在盛花期及结实期，由于颖果上具有坚硬的长芒，牲畜多不采食，甚至常常刺伤家畜，这类草地尽可在此之前利用。在荒漠、半荒漠地区，有些短命与类短命植物，在春季萌发较早，并在很短时间内完成其生命周期，以这类植物为主的牧场早春利用是最合适的。一些早熟的小禾草，如硬质早熟禾、冰草等，以及一些无茎豆科牧草，如乳白黄芪、米口袋等，春季萌发较早，而且在初夏即完成其生命周期，这类牧草也只适合于春季和夏初利用。

c. 水源条件。为使家畜正常生长发育，必须满足其饮水需要，放牧场的适宜利用期与其水源条件有密切关系。不同季节，因气候条件不同，牲畜生理需要有差异，其饮水次数、饮水量也不一样。暖季气温高，牲畜饮水较多，故要求水源充足，距离较近。冷季牲畜饮水量和次数较少，可以利用水源较差或离水源较远的牧场。有些草原夏季无水，冬天有雪时，可在冬季靠雪解决饮水问题，以利用缺水草原。

根据上述一些基本原则，可以将放牧地首先划分成两季（冷季、暖季）、三季（夏场、春秋场、冬场等）或四季牧场，然后在季节牧场内再划分轮牧分区。

② 划分轮牧分区。

a. 确定轮牧分区的数目。轮牧分区（小区）数目与轮牧周期（即在同一小区两次利用之间的间隔）、放牧频率（放牧次数）、放牧季的长短及每小区中放牧的天数等有关。而放牧周期长短与牧草再生速度，即与牧草种类、水热条件等都有直接关系。而且在同一放牧单元内，各放牧周期的长短也不一样。据研究，一般第二次放牧可在第一次之后 20～25d 开始，而以后各次可在前次之后 30～40d 之后开始。根据以上各种因素适当确定第一个放牧周期之后，就可以确定小区数目：

小区数＝轮牧周期/每小区内放牧天数

小区内放牧天数，根据防止蠕虫病感染与草类再生的速度，一般不应超过 6d；在非生长季可不受 6d 的限制。另外，在第一个轮牧周期中，各小区产量不等，春天最早开始放牧的一两个小区往往不能满足 6d 的放牧，其产量一般可按以后各区的 25％～40％计。

在生产实践中，考虑到气候条件等的变化对牧草产量的影响，并留有充分的余地，实际划分的小区数目，应比计算的数目要适当有所增加，以备调节、补充之用。

b. 轮牧分区的布局、形状及面积。

ⅰ. 轮牧分区的布局。在规划布局轮牧分区时主要应考虑以下因素：

从各小区到饮水点和畜圈，不应超过一定的距离，大体的标准列于表 7-2。

**表 7-2　轮牧小区到饮水点和畜圈的距离**

| 畜类 | | 小区到饮水点和畜圈的距离/km |
|---|---|---|
| 牛 | 奶牛及怀孕后期母牛 | 1.0～1.5 |
| | 犊　牛 | 0.5～1.0 |
| | 其他牛 | 2.0～2.5 |
| 绵羊及山羊 | | 2.5～3.0 |
| 马　群 | | 5.0～6.0 |

如以河流作为饮水水源，可将放牧地沿河流划分为小区，利用时可自下游依次上溯，以防止先放牧上游而使下游污染。

各轮牧分区间要留有适当的牧道。牧道长度应缩减到最小限度，但宽度必须足够，避免拥挤。如以 100 头的牛群计，适宜宽度为 20～25m；600～700 只的羊群 30～35m；100 匹的马群 20m，家畜由一个围栏向另一围栏转移的牧道可适当窄一些，但应不少于 15m。

ⅱ. 轮牧分区的形状。以长方形为最好，长宽比可为 2∶1 或 3∶1，这既适于家畜放牧，也有利于放牧地的机械作业与管理。如果有林带、壕沟、渠道、河流、湖泊或山岭等自然界限时，可充分利用，以节省围栏花费，不一定强求形状统一。如分区面积较大，为减少围栏材料，也可设置为正方形。

ⅲ. 轮牧分区的大小。与草地产量、畜群的头数和牧草再生的快慢等都有关系。对天然草地分区面积一般较栽培的人工放牧地更大一些。根据放牧地的不同类型，分区面积的大小可参照表7-3。也可根据每头家畜的日食青草量、放牧持续时间及草地的产量加以计算。

**表7-3 不同类型放牧地上适宜的分区面积**

| 放牧地类型 | 分区面积/$hm^2$ |
| --- | --- |
| 非黑土带干谷地牧场 | 12～20 |
| 高产水泛地 | 6～8 |
| 低产水泛地 | 8～15 |
| 低地 | 8～12 |
| 林地 | 15～25 |
| 沼泽地 | 10～25 |
| 播种的多年生草地 | 4～6 |

当放牧地按照一定的要求划成轮牧分区之后，就可按轮牧顺序利用，并采用相应的牧场轮换及其他培育管理等措施，这样就能保持草地长期高产稳定。

**(3) 放牧地的轮牧** 放牧地轮牧指每一放牧单元中的各轮牧分区，每年的利用时间、利用方式按一定规律顺序变动，周期轮换。这样可防止每年在同一时间以同一方式利用同一草地，以避免草层过早退化，使其能保持长期高产稳产。因为当每年同一时期利用同一块草地时，会使有价值牧草正常的营养物质积累与消耗过程被破坏，种子不能形成，使其产量下降，并从草层中衰退，而非理想植物与毒草却不断增加，所以不合理利用是造成草地迅速退化的一个重要原因。据测定，当连续四年不合理放牧时，草地上家畜不食的植物可增加20%～30%，而饲用植物的产量下降40%～50%。为了防止这种情况，必须要有正确的放牧系统，实行放牧地轮牧。

① 放牧地轮牧的主要环节

a. 更换利用次序。放牧小区的利用次序每年更换，如今年从第一小区开始放牧，明年从第二小区开始，后年从第三小区开始等，依次类推。

b. 较迟放牧。等牧草充分生长后再行放牧，以避开在春季忌牧时期的利用。

c. 延迟放牧。使主要的优良牧草结种之后再放牧，为种子成熟与更新创造一定的条件，或避开秋季忌牧时期。

d. 刈牧交替。退化比较严重的草地，在生长季内完全不加利用，使其充分休闲，或使割草与放牧交替，以恢复生机。

② 放牧地轮换方案。在牧场轮换中，轮换周期的长短，可因放牧地的类型等具体情况而定，可3～5年轮一次，亦可时间更长。表7-4和表7-5是放牧地轮换的两个例子，可供参考。

表 7-4　两年两季四区放牧地轮换方案

| 年份 | 冷季 | | 暖季 | |
|---|---|---|---|---|
| | 1 区 | 2 区 | 3 区 | 4 区 |
| 第一年 | 春 | 冬 | 夏 | 秋 |
| 第二年 | 冬 | 春 | 秋 | 夏 |

表 7-5　干旱草原放牧地轮换设计

| 利用年份 | 轮牧分区与利用次序 | | | | | | | |
|---|---|---|---|---|---|---|---|---|
| | 一 | 二 | 三 | 四 | 五 | 六 | 七 | 八 |
| 第一年 | 1 | 2 | 3 | 4 | 5 | 6 | △ | × |
| 第二年 | 2 | 3 | 4 | 5 | 6 | △ | × | 1 |
| 第三年 | 3 | 4 | 5 | 6 | △ | × | 1 | 2 |
| 第四年 | 4 | 5 | 6 | △ | × | 1 | 2 | 3 |
| 第五年 | 5 | 6 | △ | × | 1 | 2 | 3 | 4 |

注：1、2……为放牧季开始后的利用顺序；△休闲；×延迟放牧。

## 五、草地围栏

### 1. 草地围栏建设的必要性

自 15 世纪始，在英国随着毛纺织业的逐步发展，开始把土地圈起来，逐步变为牧场。18 世纪中叶开始的工业革命更加速了纺织业的发展，在英国历史上出现了著名的“圈地运动”。当时用篱笆、木杆等围起来的草地，从客观上起到了固定草地使用权，保护和提高草地利用效果的作用，这便是大范围草地围栏的开始。

现在，草地围栏在畜牧业发达国家已成为一种经典的、普遍的草地利用保护措施。在英国、美国、新西兰、阿根廷、澳大利亚等国家已实现了草地围栏化，而且许多牧场向着更多集约化经营、日粮式放牧、电围栏方向发展。草地围栏已不仅是划界和保护的措施，更是合理分配放牧日粮、科学利用草地的重要手段。

我国到 2000 年有各种围栏草地 1000 万公顷，但相对 6 亿公顷草原而言，仅占 2.5%。而随着人口增加，对畜产品日益增长的需要，家畜头数的不断增加，草地过牧、退化现象日趋严重。为了有效地保护、管理和合理利用草地资源，建设草地围栏已显得十分必要。

## 2. 草地围栏的规划与布局

为使围栏能充分发挥作用，并尽可能有效利用资金和材料，围栏之前进行全面规划、合理布局是十分必要的。这主要应根据当地的自然、地形条件，放牧地、割草地、人工饲料地、居民点、牧道、饮水点、交通及其他有关设施等，选择地形地貌单元较为完整、植被土壤条件较好、便于放牧或适于割草、便于管理和利用的地段，进行围建。

围栏面积的大小，应当充分考虑地形、使用需要和经济力量，一般以容纳一个畜群放牧需要为宜。太大，管理不便，起不到围栏作用；太小，则成本过高、放牧密度过大，对草地和家畜都不利。为了做到科学合理围栏，需根据牧草产量、放牧家畜数量、放牧时间长短等进行计算。

## 3. 草地围栏种类和建设

围栏可用多种材料或设施，可因时因地因需而宜。

① 网围栏。目前国内外使用较普遍，主要材料是厂家生产的钢丝及固定桩（多为角铁、水泥桩或木桩），围建比较方便，占地少、易搬迁，但成本较高。

② 刺铁丝围栏。国内多数地方用这种围栏。刺丝、支撑桩有市售的，也可自行加工。刺铁丝的主线一般用 12＃（线径 2.64cm）铁丝，刺用 14＃（线径 2.02mm）铁丝拧制。两根 12＃丝合在一起，外边每隔 10cm 左右拧上刺，多数情况下需拉 4～5 根刺丝线。支撑桩可用多种材料，如木桩（直径 100～150mm，长 2m 左右）、角铁（3mm×40mm、长 1.8m）、钢筋（直径 20～25mm，长 1.8m）、钢筋混凝土桩（120×120mm，长 2m）。

安装时，线的走向尽可能要直，拐弯处要加内斜撑或外埋地锚拉线，以便加固。支撑桩必须栽直、填实，埋在土中的深度在 50cm 以下。上面的刺丝线要拉紧并固定结实。围栏修成后要认真管护、随时维修，使其真正起到围栏的作用。此种围栏成本较高，但使用年限较长，因其上有刺，对家畜的阻拦效果好。

③ 草垡墙。在草皮、草根絮结的草地上，可就地挖生草块垒墙，墙底宽 100cm、顶宽 50cm、高 150～160cm。这种方法可就地取材、成本较低，但对草地破坏较大，在潮湿多雨地区使用年限很短。

④ 石头墙。利用就地石板、石条、石块垒砌成墙，规格与草垡墙相当。如材料方便，垒好了可使用多年。

⑤ 土墙。气候较干燥、土壤黏结性较好的地方，可打土墙作围栏，土墙底宽 50～80cm，顶宽 30～40cm，高 100～150cm。

⑥ 开沟。在山脊分水岭或其他不易造成冲蚀的地方，可开挖壕沟对草地起

围栏作用。沟深150～200cm，为防止倒塌，沟的上面应比底部宽些。

⑦ 生物围栏。在需要围圈的地方栽植带刺或生长致密的灌木或乔灌结合，待充分生长后就会形成“生物墙”或“活围栏”，在风沙地区它还可作防风固沙的屏障，枝叶也可作饲料。在宜林地区建造这种围栏是很有前途的。

⑧ 电围栏。这是近年来国内外提倡并推广应用的一种新型围栏，电源有的用发电厂的交流电，有的用风力或太阳能发电，也有用干电池的。电围栏栏桩多用木桩，一方面绝缘性能好，同时也便于安装绝缘子。围栏线用光铁丝或刺铁丝均可，移动式围栏最好用光铁丝，便于搬移。

# 第八章

# 羊群卫生保健和常见疾病

# 一、羊的正常生理值

当羊患病时，正常生理值将发生某些变化，通常称之为病理症状。根据这些症状，可诊断出羊的疾病和制定出合理的治疗方案。因此，知道羊的正常生理值对于防治疾病极为重要。羊的正常生理值见表8-1。

表8-1 山羊和绵羊的正常生理值

| 项目 | 山羊 | 绵羊 |
|---|---|---|
| 体温/℃ | 38.0～40.0 | 38.0～40.0 |
| 脉搏/(次/分钟) | 70～80 | 70～80 |
| 呼吸频率/(次/分钟) | 10～20 | 12～24 |
| 瘤胃蠕动/(次/分钟) | 1～1.5 | 1～1.5 |
| 母羊初情期/月龄 | 7～12 | 7～12 |
| 发情持续期/h | 12～48 | 30～36 |
| 发情周期/d | 17～23 | 14～19 |
| 妊娠期/d | 148～156 | 114～151 |

对羊群的放牧采食、饮水及行走等情况，每天都要作细致的观察。如发现异常表现，如体温升高、掉队缓行、食欲不佳、腹泻、跛行、呼吸困难或哀鸣、磨牙等，应及时进行确诊和治疗处理。

# 二、羊群的防疫措施和卫生保健

## 1. 羊群的防疫措施

**(1) 羊舍的清洁卫生** 羊舍应建在地势干燥、通风向阳、光线充足、水源丰富的地方。南方地区气候炎热，多雨潮湿，宜采用楼式羊舍建筑，以保持羊舍内干燥卫生。应经常打扫羊舍内外的环境卫生，保持羊舍用具清洁，严禁在羊舍内和运动场蓄积粪料、污水和赃物等。羊粪及褥草应经7～15d堆积发酵处理，以杀死粪便中病原微生物和寄生虫，提高肥效。每年定期对羊舍及其用具消毒2～4次。对经常放牧的羊群的羊舍，可在春、秋季节消毒2次。对舍饲羊群羊舍，特别是奶山羊羊舍，应在每季度初进行消毒。常用的消毒药品有40%克辽林、10%石灰乳、2%烧碱水、30%草木灰水和3%来苏儿溶液等。

**(2) 实行科学养羊，改善饲养管理** “羊以瘦为病”，“病由膘瘦起，体弱百病生”，这几句谚语说明了疾病发生与羊的营养的关系。在生产实际中，应根据不同生理阶段的营养需要和饲养制度，严格进行饲养管理，保证羊的正常生长发育和生产需要，增强抗病力。

**(3) 预防注射** 定期预防注射是有效地控制传染病发生和传播的重要措施，尤其是随着集约化养羊业的发展，“预防为主”的方针更是极为重要。在生产中，应根据当地羊群的流行病学特点进行预防注射。一般是在春季或秋季注射羊快疫、猝疽、肠毒血症三联菌苗和炭疽、布氏杆菌病、大肠杆菌病菌苗等。在缺硒地区，应在羔羊出生后6月左右注射亚硒酸钠预防白肌病。对受传染病威胁的羔羊只，应进行相应的预防接种。

**(4) 定期驱虫** 羊的寄生虫病是养羊生产中极为常见和危害特别严重的疾病之一。患羊轻者体弱消瘦，生长发育受阻，繁殖力和生产性能下降，重者可造成大批死亡。因此，应加强羊群检查，定期进行驱虫处理。常用驱虫方法有口服抗寄生虫药物疗法、药浴法和喷雾法。前者用于驱除内寄生虫，后者主要用于驱除外寄生虫等。

**(5) 其他预防措施**

① 饲养场应设立围墙或防护沟，门口设置消毒坑，严禁非生产人员、车辆入内。

② 新引进的羊只应隔离观察15d左右，确定无发病症状方可引入生产区。

③ 经常检查羊群疫情，发现病羊或可疑羊只应及时进行确诊治疗。对病羊采取有效的隔离措施或淘汰，并对圈舍及用具彻底进行清洗消毒。

④ 定期捕杀鼠类、蝇类，防止疾病传播。

⑤ 发现传染病患畜，应立即隔离进行处理，对未表现出症状的羊只，应采取紧急预防措施。同时，划定和封锁疫区，防止疾病扩散。

⑥ 对饲养员定期进行特定的人畜共患病检查，以保证饲养人员身体健康，防止疾病扩散。

## 2. 不同季节羊群的卫生保健

**(1) 春季**

① 用抗蠕虫药给全部羊只驱内生虫，用灭虱剂等驱出外寄生虫。

② 在球虫病多发地区，应给2月龄以上羔羊驱虫。

③ 保持羊舍干净卫生、通风、干燥。母羊产后应挤去前几把奶后才让羔羊吮食。奶山羊产后1～2周内，每次挤奶后应将乳头在浸液中浸泡，防止发生乳房炎。

④ 去角、修蹄。

⑤ 应逐渐改变饲料种类（如以喂干草为主转变为喂青草为主），防止发生腹泻。

⑥ 检查、修理圈舍和运动场围栏，保证母羊和羔羊有充足的运动。

**（2）夏季**

① 用抗蠕虫药驱内寄生虫。

② 检查、修蹄。

③ 预防中暑。

**（3）秋季**

① 用抗蠕虫药驱内寄生虫（秋初）。

② 及时清理和淘汰老、弱、病残羊只。

③ 对圈舍进行彻底清洁和消毒。

④ 加强饲养管理，使羊只保持适度膘情，以利配种和受胎。

**（4）冬季**

① 检查圈舍和通风设备，用秸秆或竹笆围圈保暖，保持垫床（圈底）干燥，无贼风侵袭。

② 寒冷天气应坚持喂温热水。

③ 检查和修蹄。

④ 妊娠母羊应加强运动，适当的日光浴有利于健康，减少难产，提高羔羊成活率。

## 三、羊寄生虫病防治

### 1. 血液寄生虫病

主要为边虫病（微粒孢子虫病）。

① 病原及症状。山羊和绵羊边虫病的病原虫是绵羊立克次体，属血孢子虫。本病的主要症状为贫血，某些病例还出现黄疸。贫血患羊外观表现病态，产奶量和繁殖性能下降。本病通常由蜱和吸血蝇传播，污染的针头和外科器械也能传播。

② 防治

a. 用0.5%～1.0%敌百虫液喷洒羊舍灭蝇和壁虱。注意器械消毒和环境卫生。

b. 用四环素类药物进行预防和治疗。可用每毫升200mg土霉素，每千克体重4mg，每30d肌肉注射一次。

## 2. 内寄生虫病

**（1）肝片吸虫** 又称肝蛭病，是由肝片吸虫寄生于肝脏胆管内引起的慢性或急性肝炎和胆管炎，同时伴有全身性中毒现象和隐性症状时，可导致消瘦，体重下降。

① 病因。肝片吸虫外观呈扁平叶状，体长 20～35 mm。该病症状表现因感染强度、机体抵抗力、年龄、饲养管理条件等不同而异，一般羊只约有 50 条虫就会出现明显症状；幼羊轻度感染即表现症状。多发生于潮湿、多水地区。急性型多发生于夏末秋初；慢性型多在冬、春季节发生。

② 症状。

a. 急性型。常因在短时间内遭受严重感染所致。病羊初期发热，衰弱，易疲劳，精神沉郁，食欲减少或消失，体温升高；很快出现贫血、黄疸和肝脏肿大等。重者多在数天内死亡。

b. 慢性型。多见于耐过急性型期或轻度感染所致。主要表现为贫血，黏膜苍白，眼睑及体躯下垂部位（如下颌间隙、胸下、腹下等）发生水肿，被毛粗乱，易断；食欲减退或消失；肝肿大和肠炎，经过 1～2 个月后，病情逐渐恶化，衰竭死亡；或拖到春天，饲养管理条件改善后可逐步恢复。

③ 防治。防治该病，必须采取综合性防治措施，方可取得较好成效。

a. 预防。定期进行预防性驱虫，在寒冷地区通常在秋末冬初和冬末春初分别进行一次全群驱虫；在温暖地区，1 年可进行 3 次驱虫。消灭中间寄主椎实螺，一是在湖沼池塘周围饲养鸭鹅；二是药物杀灭椎实螺，即用 5%硫酸铜溶液（最好再加入 10%粗制盐酸），按每平方米喷洒 5000mL，或选用氯化钾，按每平方米喷洒 20～25g，每年喷洒 1～2 次。处理好粪便及病原感染物，病羊的羊粪应收集起来泥封发酵；病羊肝脏和肠内容物应深埋或烧毁。

b. 治疗。常用的驱虫药物有硝氯粉（拜耳 9015），每千克体重 4～6mg，加水灌服或包在菜叶中口服；硫双二氯酚（别丁），每千克体重 100mg，口服，但服药后有拉稀现象，可自行恢复正常（4 月龄以下羔羊不宜服）；丙硫咪唑（抗蠕敏），每千克体重 5～15mg，口服，对成虫具有良好驱除效果；硫溴酚（抗虫-349），每千克体重 30～40mL，1 次口服；四氯化碳，成年羊 1.5～2mL，6～12 月龄 1mL，加等量液体石蜡油肌肉注射；也可加 4 倍液体石蜡混合灌服。

**（2）羊消化道线虫病** 寄生于羊消化道的线虫种类很多，各种线虫往往混合感染宿主，对羊造成不同程度的危害，是每年春夏季节造成羊只死亡的重要原因之一，主要流行于牧区。

① 病原。羊消化道线虫主要有捻转血矛线虫、奥斯特线虫、马歇尔线虫、毛圆线虫、细颈线虫等，多数寄生于真胃、小肠、大肠等部位。例如，危害最大

的捻转血矛线虫，主要寄生于真胃，偶见于小肠。

② 病状。病羊的主要症状表现为消化紊乱，胃肠道发炎，拉稀，消瘦；眼结膜苍白，贫血。严重病例下颌间隙水肿，机体发育受阻；少数病例体温升高，呼吸、脉搏频数及心音减弱，最终羊只因身体极度衰竭而死亡。

③ 防治。

a. 预防：该病在秋季转入饲前和春季放牧前，应各进行一次驱虫。同时，保持饮水清洁，粪便堆积发酵，避免在露水草地或低洼湿地放牧，以减少虫体的感染机会。

b. 治疗：可选用丙硫咪唑，按每千克体重 5～20mg，口服；左咪唑，按每千克体重 5～10mg，混入饲料喂给，也可作皮下或肌肉注射；精制敌百虫，山羊按每千克体重 50～70mg，口服；硫酸铜，用蒸馏水配成 1%溶液，按大羊 100mL、中羊 80mL 和小羊 50mL，灌服。

**(3) 肺线虫病** 是由网尾科和原圆科的线虫寄生在气管、支气管、细支气管乃至肺实质引起的，以支气管炎和肺炎为主要特征的疾病。该病在我国分布广泛，是常见的蠕虫病之一。

① 病原。网尾科线虫较大，为大型肺线虫，致病力强，在春夏季节常呈地方性流行，可造成羊尤其是羔羊大批死亡。原圆科线虫较小，为小型肺线虫，种类较多，由于发育过程中需要中间寄主参加，故危害比大型线虫轻。

② 症状。羊群感冒时，首先个别羊干咳，继而成群咳嗽，运动时和夜间更为明显。在频繁而痛苦地咳嗽时，常咳出含有成虫、幼虫及虫卵的黏液团块，并伴有啰音和呼吸促迫，鼻孔中排出的黏液分泌物，干涸后形成鼻痂，从而使呼吸更加困难。病羊常打喷嚏，逐渐消瘦，贫血，头、胸及四肢水肿，被毛粗乱。羔羊轻度感染或成年羊感染时，症状表现较轻。

③ 防治。

a. 预防。在流行区内，每年应对羊群进行 1～2 次普遍驱虫，并收集粪便作生物热处理。羔羊与成年羊应分群放牧，实行轮牧，避免在低湿沼泽地区放羊，饮水最好是流动或井水。冬季应给羊适当补饲，其间应隔日在饲料中加入硫化二苯胺，按成羊 1g、羔羊 1g 计，让羊自由采食。

b. 治疗。可选用丙硫咪唑，按每千克体重 5～15mg，口服；苯硫咪唑，按每千克体重 5mg，口服；左咪唑，按每千克体重 7.5～12mg，口服。对感染初期，可选用枸橼酸乙胺嗪（海群生）内服，剂量为每千克体重 200mg。

**(4) 球虫**

① 病原及症状。球虫病是羔羊的一种主要疾病。病羊表现为发育不良，精神不振，被毛粗乱，出血性腹泻或排出绿灰色脓浆状粪便。羔羊体质虚弱时常发生突发性病变，于 24h 内死亡。尸检可见肠内充血或有很多球虫损害的病灶。在有些地方，本病的死亡率很低，5～6d 症状消失，但患羊表现生长迟缓。成年羊

排出有少量的卵囊，但一般无明显症状。羔羊从患羊排出的有球虫卵囊的粪便中受感染，尤其是在多雨潮湿季节、新生羔羊数量不断增加和在堆积厩肥的阴暗角落饲养羔羊时易发此病。

② 防治。常用驱虫药物：a. 磺胺二甲氧啶，每千克体重75mg，连服1～5d；b. 安普洛里，每千克体重20～50mL，连服3～5d；c. 呋喃唑酮，每千克体重8mg，口服；d. 噻苯唑，每千克体重10～100mL，口服；e. 甲苯唑，每千克体重10mg，连服7d。

**(5) 羊莫尼茨绦虫病**

① 病原及症状。在夏季多雨季节，2月龄左右的羔羊就可能被感染，轻者不显临床症状。临床症状为食欲减退，下痢，有时便秘，贫血，淋巴结肿大，反应迟钝，最后衰竭而死。从病羊排出的粪便中常见有白色带状绦虫节片。尸检可见小肠内有数条长1m以上的带状成虫。

② 感染途径。寄生在小肠内的成虫（一般寄生2～6月）不断随粪便排出含有大量虫卵的孕卵节片，并随粪便散布。虫卵被地螨吞食后，在螨体内经26～30d发育成具有感染力的似囊尾蚴。螨在夏季多雨潮湿时钻出地面爬在饲草上或地表面，羊吞食这种饲草后，似囊尾蚴附在羊的小肠黏膜上，约经40d即可发育为成虫。成虫的生存期2～6个月，由肠内自行排出。

③ 防治。加强粪便管理，尤其是在多雨潮湿季节，应尽量少喂生长在洼地、沟边或常被羊粪污染的饲草。

常用治疗药物：①丙硫苯咪唑，每千克体重10～20mg，口服；②硫双二氯酚，每千克体重35～100mg；③1%硫酸铜溶液，1～6月龄羔羊15～45mL，7月龄羊45～100mL，隔2～3周再灌服一次；④灭绦灵，每千克体重50～75mL。

**(6) 羊脑包虫病**

① 病原及症状。羊是多头绦虫的中间寄主，因吃下狗粪中的多头绦虫而感染。由虫卵发育成的多头蚴寄生于羊脑部，俗称脑包虫病。少数患畜初期症状表现为兴奋、无目的地转圈，易受惊吓，前冲或后退。大多数病畜初期精神经症状不明显，随着多头蚴逐渐长大，病畜精神沉郁，食欲减退，垂头呆立；有的将头偏向一侧旋转运动，步态不稳，站立时四肢外展或内收。脑包虫寄生的部位，头骨往往变软，皮肤隆起。

② 防治。不要给狗吃患有多头蚴的羊脑，定期给狗驱虫。驱虫后，对狗粪便集中处理。通过外科手术自患羊脑门将多头蚴取出。

**(7) 羊鼻蝇蛆病** 是由羊鼻蝇的幼虫寄生于羊鼻腔及附近腔窦内所引起的疾病。以病羊表现精神不安、体质消瘦为主要特征。

① 病原。羊鼻蝇成虫形似蜜蜂，幼虫发育分为三期，形态有所不同。幼虫的危害随发育期不同可持续数月，感染后不久呈急性表现，以后逐渐好转，到末期疾病表现更为激烈。幼虫进入病羊鼻腔、额窦及颌窦后，不断移行。

② 症状。病羊初期流出浆液性鼻液，后为黏液性和脓性，鼻孔周围逐渐形成硬痂，造成呼吸困难。病羊表现不安，打喷嚏，时常摇头，摩鼻，眼睑浮肿，流泪，食欲减退，日渐消瘦。严重时，幼虫伤及脑膜可引起神经症状，表现为运动失调，旋转运动，最后食欲废绝，极度衰竭而死。

③ 防治。该病防治以消灭第一期幼虫为主要措施，防治时间一般以每年的11月份为宜。可选用药物及用法如下：

a. 精制敌百虫。灌服，按每千克体重0.12g，配成2%溶液；肌肉注射，按每千克体重0.1g，配成50%溶液；涂抹，用1.5%的精制敌百虫软膏。

b. 敌敌畏。口服，按每千克体重5mg，每天一次，连服2d；熏蒸法，适宜大群防治，选一密封、矮小的圈舍，赶入羊群，按每平方米1mL用药量，一次性倒入烧红的铁锅内，熏15min即可。

c. 来苏儿。配制成3%的水溶液，用针筒喷注到羊鼻腔，每只20～30mL。

## 3. 外寄生虫病

**(1) 疥螨病**（疥癣）　又称羊疥癣、疥虫病、疥疮等，是由疥螨和痒螨寄生于体表而引起的慢性寄生虫病，具有高度传染性，常在短期内引起羊群严重感染，危害十分严重。

① 病原。疥螨寄生于皮肤角化层下，并不断挖齿隧道以发育和繁殖；痒螨寄生于皮肤表面。该病主要发生于冬季和秋末春初，经接触而感染，如与病羊同群饲养、使用病羊用过的饲具和圈舍等，感染后3～6周发病。

② 症状。该病初发时，因虫体小刺、刚毛和分泌的毒素刺激神经末梢，引起剧痒，可见羊不断在圈墙、栏柱等处摩擦；在阴天、夜间、通风不好的圈舍及随着病情的加重，痒觉表现更为剧烈，继而出现丘疹、结节、水疱，甚至脓疱；以后形成痂皮和龟裂。当患疥螨时，常始发于羊皮肤柔软且毛较短的部位，主要是头部如嘴唇、口角、鼻面及耳根部等，病变逐渐向周围蔓延形成如干涸的石灰的病斑，故称“石灰头”。当患痒螨时，病始发于被毛稠密和温度、湿度比较恒定的皮肤部分，如背部、臀部及尾根部，以后再向体侧蔓延，很快感染发病，常用口啃咬或蹄蹬患处，羊毛湿润，冬季患处挂白霜。

③ 类症鉴别。

a. 与湿疹的鉴别。湿疹痒觉不剧烈，且不受环境、温度影响，无传染性，皮屑内无虫体。

b. 与秃毛癣的鉴别。秃毛癣患部呈圆形或椭圆形；境界明显，其上覆盖的浅黄色干痂易于剥落；痒觉不明显。

c. 与虱和毛虱的鉴别。虱和毛虱所致的症状有时与螨病相似，但皮肤炎症、落屑及形成痂皮程度较轻；容易发现虱及虱卵，病科中也找不到螨。

④ 防治。

a. 预防。每年定期对羊进行药浴。对新调入的羊应隔离检查后再混群。经常保持圈舍卫生、干燥和良好通风，并定期对圈舍和用具清扫和消毒。及时治疗和隔离可疑羊只。

b. 治疗。一是局部疗法，可选用杀虫脒，配置成0.1%～0.2%水溶液涂擦患处；或一次净，山东农业大学兽药厂生产，直接涂擦患处；或新星癣特灵，用小刷蘸药涂患处，每2d涂1次；或辣椒烟叶合剂，配方为辣椒500g、烟叶1500g、水1500～2500mL，混合后煮沸，熬至500～1000mL，滤去粗渣，使用时加温到60～70℃，每天1次，连用7d。二是药浴疗法，可选用0.025%～0.05%辛硫磷乳油水溶液，或0.025%～0.03%林丹乳油水溶液，或0.05%马拉硫磷水溶液等浴液。此法适于养羊较多、气候温暖、普遍发病或预防用药等情况。为提高药浴效果，应注意先小群试验再大规模使用，药浴羊只应刚剪过毛不久，药浴液温度应不低于30℃，隔离5～7d重复药浴2～3次（杀死虫卵）。

**(2) 痒螨病**

① 病原及症状。痒螨病的病因是疥螨科、痒螨属的痒螨，对绵羊的危害特别严重。本病多发生在长有长毛的部位，患部奇痒，形成水泡或脓疱，渗出液很多，而后凝结成浅黄色脂肪样痂皮。病羊起初可见被毛结成束，而后毛束逐渐脱落，皮肤裸露，贫血，严重衰竭，寒冷冬季可造成大批死亡。

② 防治。参见疥螨病。

**(3) 硬蜱**

① 病原及症状。硬蜱寄生于各种家畜的体表，羊也易患。吸血时损伤羊的皮肤，造成伤口痛痒，患羊骚乱不安，摩擦或啃咬，因而引起皮肤炎、毛囊炎和皮脂腺炎等。当其大量寄生时，可引起贫血、消瘦、发育不良，皮毛质量和产乳量下降等。

硬蜱也是传播某些寄生虫病、传染病、病毒病的媒介之一，应注意防治。

② 防治。

a. 改善自然环境，如改良土壤、种植牧草、植树造林和铲除杂草等，以消灭外界环境中的硬蜱。

b. 用敌敌畏或敌百虫溶液喷洒羊舍的栓栏和木桩。也可用敌白菊脂（S-5602）乳剂喷洒羊体或畜舍。

c. 用0.2%～0.5%敌百虫水溶液或0.33%敌敌畏水溶液喷洒或涂洗羊体，每半月一次（温暖季节）。

**(4) 虱**

① 病原及症状。羊虱分为吸血虱和吸毛虱。患羊通常不表现出临床症状，但当营养不良的羊拥挤在棚舍或厩舍内时，可能出现严重的症状，尤其是在寒冷的冬季。如果患吸血虱，导致羔羊严重贫血，病羊表现出瘙痒，皮肤发炎，被毛

粗乱和营养不良等。

② 防治。参见蜱、螨病。

## 四、羊传染病防治

### 1. 炭疽病

炭疽病是由炭疽杆菌引起的一种急性、热性、败血性人、畜共患传染病。羊多为最急性，突然发病，眩晕，可视黏膜发绀和天然孔出血。

**（1）流行特点** 各种家畜及人对该病都有感受性，羊的易感性高。病羊是主要的传染源，濒死羊体内及其排泄物中常有大量菌体；当尸体处理不当时，炭疽杆菌形成芽孢而污染土壤、水源、牧地等，可成为长久的疫源地。羊吃了污染的饲料和饮水，或吸入带有芽孢的灰尘，或受吸血昆虫叮咬，均可导致发病。该病多发于夏季，常呈散发性或地方性流行。

**（2）临床症状** 羊发生该病多为最急性或急性经过，表现为突然倒地，全身抽搐、颤抖、磨牙、呼吸困难，体温升高到40～42℃，结膜发绀；从眼、鼻、口腔、肛门等天然孔流出带气泡的暗红色或黑色血液，且不易凝固，数分钟即可死亡。羊病情缓和时，表现为兴奋不安，行走摇摆，呼吸加快，心跳加速，黏膜发绀，后期全身痉挛，天然孔出血，数小时内即可死亡。

**（3）防治措施**

① 预防。在发病高的地区，每年应坚持给羊注射Ⅱ号炭疽芽孢苗，每只皮下注射1mL。对疑似炭疽病的羊，要严禁剖检、剥皮和食用，病羊尸体应深埋，病羊离群后，全群用抗菌药3d，可起到一定的预防作用。对污染垫草、粪便等要烧毁；对污染的羊舍、用具及地面要彻底消毒，可用10%热碱水或0.1%升汞溶液或20%～30%漂白粉等连续消毒3次，每次间隔1h。

② 治疗。应在严格隔离的情况下进行治疗。病初，可皮下或静脉注射炭疽血清50mL，4h若体温不退，可再注射30mL。对亚急性病羊，可用青霉素治疗，按每千克体重15000IU肌肉注射，每8h一次，连用3d。最急性或急性时，常来不及治疗。

### 2. 口蹄疫

又称“口疮”或“蹄癀”，是由口蹄疫病毒引起的偶蹄兽的一种急性、热性、高度接触性传染病。该病以口腔黏膜、蹄部和乳房部皮肤发生水疱、溃烂为特征。本病广泛流行于世界各地，传染性极强，不仅直接引起巨大经济损失，而且影响经济贸易活动，对养殖业危害严重。

**（1）病原** 口蹄疫病毒分类上属于小核糖核酸（RNA），病毒粒子呈球形，不具有囊膜。口蹄疫病毒具有多型性。目前所知有 7 个主型，即 A 型、O 型、C 型、SAT（南非）Ⅰ型、SAT（南非）Ⅱ型、SAT（南非）Ⅲ型及 Asia（亚洲）Ⅰ型。同一血清型内有若干个不同的亚型。各血清型之间几乎没有交叉免疫性。同一血清型内各亚型之间仅有部分交叉免疫性。口蹄疫病毒具有相当易变的特点。病毒主要存在于患病动物水疱皮以及淋巴液中。发热期，病畜的血液中病毒的含量高，而退热后在乳汁、口涎、泪液、粪便、尿液等分泌物、排泄物中都含有一定量的病毒。口蹄疫病毒可在多种细胞培养系统增殖，如犊牛肾细胞、胎猪肾细胞、乳仓鼠肾细胞等，并发生细胞病变。病毒培养方法有单层细胞培养、深层悬浮培养。口蹄疫病毒对外界环境抵抗力强，自然情况下，含毒组织和污染的饲料、牧草、皮毛及土壤等可保传染性达数日、数周甚至数月之久。口蹄疫病毒对日光、热、酸、碱均很敏感。常用的消毒剂有 2%氢氧化钠溶液，20%～30%草木灰水、1%～2%甲醛溶液、0.2%～0.5%过氧乙酸、4%碳酸氢钠溶液等。

**（2）流行特点** 口蹄疫病毒可侵害多种动物，而以偶蹄兽易感性高。除羊发病外，牛、猪、骆驼以及野外偶蹄兽也能感染发病。人对口蹄疫病毒也具有易感性。病畜和带毒动物为主要传染源，当易感羊群中存在传染源时，病毒常借助于直接接触方式传递；病毒也可以通过各种媒介物而间接接触传递，消化道是主要的感染门户，也可经损伤的皮肤、黏膜感染。近年来的研究证明，呼吸道感染也是重要途径，病毒可随空气流动而传播到很远的地区。新疫区常呈流行性，发病率可达 100%；而在老疫区，发病率则较低。口蹄疫在牧区的流行常表现有一定的季节性，一般秋末开始，冬季加剧，春季减缓，夏季平息。易感动物的大批流动，传染的畜产品和饲料的转运，运输工具和饲管用具的任意流动，利用污染的牧场、水源和饲料，非易感动物和人员的随意往来以及兽医卫生防疫措施执行不严等，均是本病发生的流行的因素。

**（3）临床症状** 病羊体温升高，精神不振，食欲低下，常于口腔黏膜、蹄部皮肤上形成水疱、溃疡和糜烂，有时病害也见于乳房部位。口腔损害常唇内面、齿龈、舌面及颊部黏膜发生水疱和糜烂，疼痛流涎，涎水呈泡沫状。如单纯口腔发病，一般 1～2 周可望痊愈；而当累及蹄部或乳房时，则 2～3 周方能痊愈。一般呈良性经过，死亡率不过 1%～2%。羔羊发病则常表现为恶性口蹄疫，发生心肌炎，有时因出血性胃肠炎而死亡，死亡率可达 20%～50%。

**（4）病理变化** 病死羊除见口腔、蹄部和乳房部等处出现水疱、烂斑外，严重病例咽喉、气管、支气管和前胃黏膜有时也有烂斑和溃疡形成。前胃和肠道黏膜可见出血性炎症。心包膜有散在性出血点。心肌松软，似煮熟状；心肌切面呈现灰白色或淡黄色的斑点或条纹，好似老虎身上的斑纹，称为“虎斑心”。

**（5）实验诊断** 主要包括病原学检查和血清学检查两种方法。

① 病原学检查。一是病样采集。通常采集新鲜的水疱皮或水疱液，采后加入等量 pH7.6 含 10%胎牛血清的组织培养液；也可从刚发病的动物身上采集病料，一般采集血液（注意加抗凝剂），或由血清或食道探杯刮取喉部—食道分泌物；死亡动物则可采集淋巴结、甲状腺或心肌等材料等作为病料，采集的样品应在冰冻状态下迅速送达专门实验室进行检验。也可将采集的样品，置于 pH7.6 含 50%甘油的 0.04mol/L 磷酸盐缓冲液中，用装有冷冻剂的保温瓶送往实验室。二是电镜观察。口蹄疫病毒粒子大致呈圆形或六角形，衣壳呈二十面体立体对称，无囊膜。取病料作超薄切片，在电镜下可见到胞浆内呈晶格状排列的口蹄疫病毒。三是组织培养。口蹄疫病毒可在牛舌上皮细胞、牛肾细胞、猪肾细胞、豚鼠肾细胞、仓鼠肾细胞等原代细胞以及猪肾细胞、乳仓鼠肾细胞等继代细胞中增殖。四是动物接种试验。将采集的水疱皮置于平皿内，用灭菌的 pH7.6 磷酸盐缓冲剂溶液冲洗 4～5 次，于灭菌研钵中剪碎，加入适量的灭菌石英砂研磨，用 pH7.6 磷酸盐缓冲液制成 1∶10～1∶5 的乳剂，如有水疱液可在此时加入。制成病料乳剂，每毫升加入青霉素 1000IU、链霉素 1000μg、置 2～4℃冰箱浸毒 4～6h，以 3000r/min 离心 10～15min，取上清液备用。抗凝血液可直接作接种用。选用 2～7 日龄乳小鼠 10 只，于颈背部皮下接种病毒感染液 0.2mL。一般接种小鼠于 20～30h 出现典型的口蹄疫症状。发病乳小鼠运动不灵活，用镊子夹尾巴和四肢，常可发现其失去知觉。随后四肢麻痹，呼吸急促，最终死亡。供传代接种和鉴定用，也可选用豚鼠或乳兔进行试验接种。

② 血清学试验。血清学试验常用于口蹄疫病毒毒型的鉴定，以便依据流行毒株的血清型选用同型口蹄疫疫苗，进行紧急免疫接种。常用的血清学试验有补体结合反应、中和试验、琼脂扩散试验等。近年来国内外报道了检测口蹄疫病毒的核酸探针技术，可更为加速、简便、特异地诊断口蹄疫。

**（6）防治措施**

① 预防。第一，无病地区严禁从有病国家或地区购进动物及动物产品、饲料、生物制品等。来自无病地区的动物及产品，也应进行检疫。检出阳性动物时，全群动物销毁处理，运载工具、动物废料等污染器物应就地消毒。第二，无口蹄疫地区，一旦发生疫情，应采取果断措施，患病动物和同群动物全部扑杀销毁，被污染的环境严格、彻底消毒。第三，口蹄疫流行地区，坚持免疫接种。用与当地流行毒株同型的口蹄疫弱毒疫苗或灭活疫苗接种动物。由于牛、羊的弱毒疫苗对猪可能致病，安全性差，故目前已逐渐改用口蹄疫灭活疫苗。第四，当地动物群发生口蹄疫时，应立即上报疫情，确定诊断，划定疫点、疫区和受威胁区，实施隔离封锁措施，对疫区和受威胁区未发病动物进行紧急免疫接种。

② 治疗。羊只发生口蹄疫后，一般经 10～14d 可望自愈。为促进病畜早日康复，缩短病程，特别是防止继发感染和死亡，在严格隔离的条件下，及时对病

羊进行治疗。治疗时，要加强护理，精心饲喂，当动物不能采食时，注意人工补饲和饮水，防止因过度饥饿而致使病情恶化而死亡。羊舍应保持清洁、通风、干燥和温和。

a. 口腔可用清水、食醋或0.1%高锰酸钾洗漱，糜烂面涂以1%～2%明矾溶液或碘酊甘油（碘7g、碘化钾5g、酒精100mL，溶解后加入甘油10mL）；也可外敷冰硼散（冰片15g、硼砂15g、芒硝18g，共研末）。

b. 蹄部可以用3%来苏儿或3%臭药水洗涤，干后涂拭松馏油或鱼石脂软膏等，并用绷带包扎。

c. 乳房可用肥皂水或2%～3%硼酸水洗涤，再涂拭青霉素软膏或其他防腐软膏，并定期将奶挤出以防发生乳房炎。

d. 恶性口蹄疫患畜除局部治疗外，可补液强心（用葡萄糖盐水、安钠咖），或口服结晶樟脑，1次5～8g，每日2次，可收良效。

### 3. 山羊关节炎-脑炎

山羊关节炎-脑炎是由山羊关节炎-脑炎病毒引起的山羊的一种慢性病毒性传染病。本病的主要特征是成年山羊呈缓慢发展的关节炎，间或伴有间质性肺炎或间质性乳房炎；而2～6月龄的羔羊则表现为上行性麻痹的脑脊髓炎症状。本病分布于世界很多养羊的国家。1985年以来，我国先后在甘肃、贵州、四川、陕西、山东和新疆等省（自治区）发现本病，具有临床症状的羊多为从国外引进的奶山羊及其后代或进口山羊有过接触的山羊。

**(1) 病源** 山羊关节炎-脑炎病毒在分布上属于反转录病毒科，慢性病毒。病毒核酸类型为单股RNA。本病毒与梅迪-维纳斯病病毒同属于慢病毒属，血清学试验有交叉反应，两种病毒可通过分析基因组核酸序列进行区别，基因组有15%～30%的同源性。山羊胎儿滑膜细胞常用于分离山羊关节炎-脑炎病毒，病毒接种后15～20h，病毒开始增殖，24h后细胞出现融合现象，5～6d细胞层布满大小不一的多核巨细胞。试验证明，合胞体的形成是病毒复制的象征。

山羊关节炎-脑炎病毒虽能在山羊睾丸细胞、山羊胎肺细胞上进行复制，但不引起细胞病变。

诊断要点如下。

① 流行特点。山羊是本病的主要易感动物。自然条件下，本病只在山羊之间互相传染发病，绵羊不感染。病羊和隐性带毒羊为主要传染源。病羊可通过粪便、唾液、呼吸道分泌物、阴道分泌物、乳汁等排出病毒，污染环境。病毒主要经吮乳而感染羔羊，污染的牧草、饲料、饮水以及用具、器物可成为传播媒介，消化道是主要的感染途径。各种年龄的羊均有易感性，而以成年羊感染发病居多。感染母羊所产羔羊当年发病率为16%～19%，病死率高达100%。感染羊在

良好的饲养管理条件下，多不出现临床症状或症状不明显，只有通过血清学检查。才被发现。一旦饲养管理不良、长途运输或遭受到环境应激因素的刺激，则表现出临床症状。

② 临床症状。依据临床表现，一般分为三种病型，即脑脊髓炎型、关节炎型和肺炎型，多为独立发生。

a. 脑脊髓炎型。潜伏期53～131d。脑脊髓炎型主要发生于较大年龄的山羊。病出羊精神沉郁、跛行，随即四肢僵硬，共济失调，一肢或数肢麻痹，横卧不起，四肢划动。有些病羊眼球震颤，角弓反张，头颈歪斜或作圈行运动，有时面神经麻痹，吞咽困难或双目失明。少数病例兼有肺炎或关节眼炎状。病程半月至数年，最终死亡。

b. 关节炎型。关节炎多发生于1岁以上的成年山羊，多见腕关节肿大、跛行，膝关节和跗关节也可发生炎症。一般症状缓慢出现，病情逐渐加重，也可突然发生。发炎关节周围的软组织水肿，起初发热、波动，疼痛敏感，进而关节肿大，活动不便，常见前肢跪地膝行。个别病羊肩前淋巴结和腘淋巴结肿大。发病羊多因长期卧地、衰竭或继发感染而死亡。病程较长，为1～3年。

c. 肺炎型。肺炎型病例在临床上较为少见。患羊进行性消瘦，衰竭，咳嗽，呼吸困难，肺部叩诊有浊音，听诊有湿啰音。各种年龄的羊均可发生，病程3～6个月。

**(2) 防治措施**

① 从有本病的国家和地区引进种山羊，引入羊坚持严格检疫，而且入境后继续单独隔离观察，定期复查，确认健康后，才能转入正常饲养管理繁殖或投入使用。提倡自繁自养，防止本病由外地传入。

② 本病目前尚无疫苗和特异性治疗药物可供使用，主要以加强饲养管理和卫生防疫工作为主，羊群定期检疫，及时淘汰血清学反应阳性羊。

## 4. 羊快疫

羊快疫是由腐败梭菌引起的急性传染病，多发生于膘情较好的青年绵羊，以突然发病、病程短促、炎性损害为特征。

**(1) 流行特点**　发病羊多为6～18月龄间的绵羊，山羊较少发病。主要经消化道感染，腐败梭菌产生的毒素可致消化道黏膜发炎、坏死，并引起中毒性休克。在秋、冬和初春季节，羊寒冷饥饿或吃了冰冻带霜的饲草而抵抗力减弱时，容易诱发本病。该病以散发为主。

**(2) 临床病症**　病羊往往来不及表现临床症状而突然死亡。死亡慢者，不愿行走，运动失调，腹痛腹泻，磨牙抽搐，最后衰弱昏迷，体温升高到41℃，口腔、鼻孔流出红色带泡沫的液体，病程极短，多于数分钟至几小时内死亡。死亡迅速腐败膨胀，可视黏膜充血呈暗紫色。

**(3) 防治措施**

① 预防。常发区（多为潮湿、低洼及沼泽地带）定期注射羊厌气菌病三联苗或五联苗或羊快疫单苗，皮下或肌肉注射 5mL。同时，加强饲养管理和环境消毒，严防寒冷袭击和吃霜冻饲料。

② 治疗。病程稍长的羊只，可选用青霉素肌肉注射，每次 80 万～160 万 IU，每天 2 次；或内服磺胺嘧啶，每次 5～6g，连服 3～4 次；或内服 10%～20%石灰乳，每次 50～100mL，连服 2 次；也可将 10%定钠咖 10mL 与 5%葡萄糖溶液 500～5000mL 混合，静脉注射。

## 5. 羊肠毒血症

羊肠毒血症又称软肾病、类快疫，是由天型魏氏梭菌在羊肠道内繁殖产生毒素所引起的急性传染病，以急死、死后肾脏多见软化为特征。

**(1) 流行特点** 通常 2～12 月龄、膘情好的羊多发本病，主要是经消化道而产生内源性感染。牧区以春夏之交抢青时和秋季牧草结籽后发病较多；而农区则多见于收割抢茬季节或食入大量富含蛋白质的饲料时。多呈散发性流行。

**(2) 临床症状** 多呈急性病例。病羊突然不安，迅速倒地，昏迷、呼吸困难，继而窒息死亡。病程慢的，表现为初期兴奋不安，空嚼咬牙，转圈或撞击障碍物，随后倒地死亡。病羊濒死前，可出现腹泻，粪便混有黏液和灰白色假膜，有恶臭气味。鼻流白沫，口色苍白，后昏迷死亡。本病一般体温不高，病程为 1～4h（长者不超过 24h）。

**(3) 防治措施**

① 预防。加强饲养管理，做到精、青、粗和多汁饲料均匀搭配，防止羊食入过多的精料或过多的多汁嫩草。在本病流行季节前，给羊注射一次羊快疫、猝殂、肠毒血症三联菌苗。当年出生的羔羊，宜在哺乳期和断奶后各注射 1 次三联苗，2 次间隔 40～50d。

② 治疗。本病死亡快，多数羊来不及治疗。病程稍长时，可采用下列治疗方法：a. 用氯霉素肌肉注射，每次 0.5～0.7g，每天 3 次；b. 将青霉素 $80\times10^5$IU 与链霉素 500mg 混合，做一次肌肉注射，每隔 6h 再注射 1 次，连注 3～4 次；c. 在严重脱水时，静脉注射葡萄糖生理盐水 500mL，加 10%安钠咖 5mL，每隔 3～5h 注射 1 次。

## 6. 羊猝殂

羊猝殂是由 C 型魏氏梭菌引起的一种毒血症，以急性死亡、腹膜炎和溃疡性肠炎为特征。

**（1）流行特点** 常发生于成年羊，以1～2岁的羊发病较多；常流行于低洼潮湿地区和冬春季节。本病主要经消化道感染，呈地方性流行。

**（2）临床症状** 病程短促，常未及见到症状即突然死亡；有时发现病羊掉群、卧地，表现不安，衰弱或痉挛，于数小时内死亡，剖检发现，十二指肠和空肠黏膜严重充血糜烂，体腔积液；死后8h，骨骼肌间积聚血样液体，肌肉出血，有气性裂孔。

**（3）防治措施** 参考羊快疫和羊肠毒血症。

## 7. 羊黑疫

羊黑疫又称传染性坏死性肝炎，是由B型诺维梭菌引起的一种急性高度致死性毒血症，以肝实质发生坏死性病灶为特征。

**（1）流行特点** 以2～4岁、营养好的羊只多发。常流行于低洼潮湿和春夏季节。病原经胃肠壁由门脉进入肝脏，当羊只感染肝片吸虫时，易诱发致病，故羊黑疫的发生和肝片吸虫的感染程度密切相关。

**（2）临床症状** 与羊肠毒血症、羊快疫等极为相似，病程短促，突然死亡。少数病例可拖到1～2d。患羊常食欲废绝，反刍停止，精神不振，呼吸急促，体温41.5℃左右，昏睡俯卧而死。剖检发现，皮下静脉显著淤血，使羊呈暗黑色外观（故名黑疫）；真胃幽门部和小肠充血、出血。

**（3）防治措施**

① 预防。控制肝片吸虫感染。定期注射羊厌气菌病五联苗。发病时，搬圈至高燥处，可用抗诺维梭菌血清早期预防，皮下或肌肉注射10～15mL。

② 治疗。对病程缓慢的病羊，肌肉注射青霉素$8\times10^{5}$～$1.6\times10^{6}$IU，每日2次；或静脉或肌肉注射抗诺维血清，每次50～80mL，连用2次。

## 8. 羔羊痢疾

羔羊痢疾是由B或C型魏氏梭菌引起的一种传染病，大肠杆菌、沙门菌等可参与致病。

**（1）流行特点** 本病多发于7日龄内羔羊，又以2～5日龄最多。纯种羊和杂交羊较地方品种易于患病。诱发原因是母羊怀孕期营养不良、羔羊体质瘦弱、羊舍潮湿、气候寒冷等。传染途径主要是消化道，也可通过脐带或伤口感染。

**（2）临床症状** 潜伏期1～2d。病羊精神不振，孤独呆立，卧地不起。有时先表现腹痛，继而发生腹泻，粪便呈绿色、黄绿色或灰白色，恶臭；后期排出带有泡沫的血便，高度衰竭，迅速死亡。有时病羔腹胀而不下痢，或只排少量的稀粪，但表现出神经症状，四肢瘫软，卧地不起，呼吸急促，口流白沫，最后昏迷。头向后仰，体温降至常温以下，若不紧急救治，常在10h左右死亡。

**(3) 防治措施**

① 预防。加强饲养管理，做好母羊夏季抓膘、冬春保膘工作，保证新生羔羊健壮，乳汁充足，增强羔羊抗病力。做好计划配种工作，避免在寒冷季节产羔，注重羔羊保暖。产羔前对羊舍和用具进行彻底消毒；产羔后，用碘酊消毒脐带。做好预防接种，通常在每年秋季给母羊注射五联苗或单苗，产前2～3周再接种一次。做好药物预防，可在羔羊出生后12h内，口服土霉素0.15～0.20g，每天1次，连服3d，能起到一定的预防效果。

② 治疗。对病初羊只，可用土霉素0.2～0.3g，再加等量胃蛋白酶，水调灌服，每天2次；或用青霉素、链霉素各20万国际单位注射。对发病较慢、排稀粪的病羔，可灌服6%硫酸镁（内含0.5%福尔马林）30～60mL，6～8h后再灌服1%高锰酸钾溶液10～20mL，或将磺胺脒0.5g、鞣酸蛋白0.2g、次硝酸铋0.2g、碳酸氢钠0.2g混合后，水调后灌服，每天3次。对已下痢1～2d以上的病羔，可灌服增减乌梅汤，每次30mL，每天1～2次。抗羊羔痢疾高免血清，对初生羔肌注0.5～1mL能起到保护作用，肌肉注射3～10mL则能治疗有明显症状的病羊，治愈率可达90%以上。

## 9. 羔羊大肠杆菌病

羔羊大肠杆菌病是由致病性大肠杆菌所引起的一种幼羔急性、致死性传染病。临床上表现为腹泻和败血症。

**(1) 流行特点** 多发生于数日至6周龄的羔羊，有些地方3～8日龄羔羊也有发生，呈地方性流行或散发性。该病在冬春舍饲间常发，放牧季节很少发生，经消化道感染。诱发原因是气候不良、营养不足、场地潮湿污秽等。

**(2) 临床症状** 潜伏期1～2d，表现为败血型和下痢型两种。

① 下痢型。多发生于2～8日龄的新生羔。病羊初始体温略高，出现腹泻后体温下降，粪便呈半液体状，带气泡，有时混有血液，羔羊表现腹痛、虚弱，严重脱水、不能起立。如不及时治疗，可于26～36h内死亡（死亡率15%～17%）。

② 败血型。多发于2～6周龄的羔羊，病羊体温达41～42℃，精神沉郁，迅速虚脱，有轻微腹泻或不腹泻，有的带有精神症状，运动失调，磨牙，视力障碍；个别出现关节炎，多于病后4～12h死亡。

**(3) 防治措施**

① 预防。参见羔羊痢疾部分。

② 治疗。大肠杆菌对土霉素、磺胺类和呋喃类药物都具有敏感性，但必须

配合护理和其他对症疗法。可选用土霉素，按每天每千克体重20～50mg，分2次注射肌肉。也可用呋喃唑酮，按每天每千克5～10mg，分2～3次口服，新生羔羊再加胃蛋白酶0.2～0.3g，对心脏弱的，皮下注射25%安钠咖0.5～1mL；对有兴症状的病羔，用水合氯醛0.1～0.2g对水灌服。近年来，研制出的“羊快疫、猝疽、肠毒血症、羔羊痢疾、黑疫和大肠杆菌六联疫苗”，对由大肠杆菌和魏氏梭菌引起的羔羊痢均有预防作用。

## 10. 羊传染性脓疱病

羊传染性脓疱病俗称“羊口疮”，是由羊口疮病毒引起的一种传染病，以患羊口唇等部皮肤、黏膜形成丘疹、脓疱、溃疡及疣状厚痂为特征。

**(1) 流行特点** 该病主要危害3～6月龄羔羊，常呈群发性传染。病羊为主要的传染源，传播途径主要通过损伤的皮肤、黏膜感染，该病毒抵抗力较强，常在羊群中连续为害多年。人和猫也可感染该病。

**(2) 临床症状** 潜伏期4～8d。临床上分为唇型、蹄型、外阴型及混合型，以唇型较为常见。

① 唇型。病羊先在口角、上唇或鼻镜上出现散开的小红斑，逐渐变为丘疹和小结节，继而成为水疱、脓疱，破溃后，结成黄色或棕色的疣状硬痂。如为良性经过，则经1～2周，痂皮干燥、脱落而康复。若为严重病例，患部继续发生丘疹、水疱、脓疱、痂垢，并互相融合，波及整个口唇周围及眼睑和耳廓等部位，形成大面积痂垢；痂垢不断增厚，基部伴有肉芽组织增生，整个嘴唇肿大外呈桑椹状隆起，影响采食，以致病羊日衰而死亡。个别病例常伴有继发感染，如引起深部组织化脓、坏死；口腔黏膜发生水疱、脓疱和糜烂；肺炎等。

② 蹄型。于蹄叉、蹄冠等处形成水疱、脓疱，破裂后形成溃疡。病羊跛行，长期卧地，衰竭而死。

③ 外阴型。母羊表现为黏性和脓性阴道分泌物，在肿胀的阴唇及附近皮肤上发生溃疡，乳和乳头皮肤上发生脓疱、烂斑和痂垢。公羊表现为阴鞘肿胀，出现脓疱和溃疡。

**(3) 类症鉴别**

① 与羊痘的鉴别。羊痘的痘疹多为全身性的，呈体温升高，结节呈圆形突出于皮肤表面，界限明显，痘呈脐状。

② 与坏死杆菌病的鉴别。坏死杆菌病主要表现为组织坏死，而无水疱、脓疱的病变，也无疣状增生物，必要时应做细菌学检查以区别。

③ 与口蹄疫的鉴别。口蹄疫又称口疮、蹄癀，是由口蹄疫病毒引起的急性传染病；以口腔黏膜和蹄部皮肤发生水疱和溃烂为特征，口腔损害常在唇内面，齿龈、舌面及颊面黏膜发生水疱，糜烂、疼痛；幼畜表现为恶性口蹄疫，主要表

现为胃肠炎和心肌炎。口蹄疫常呈季节性流行，秋季起始，冬季加剧，春、夏两季逐渐减缓平息。

**(4) 防治措施**

① 预防。进羊时做好检疫消毒，勿从疫区购入羊或畜产品。保护羊的皮肤和黏膜不受损伤，经常捡出饲料、垫草中的芒刺；加食适量的食盐和其他矿物质，防止羊啃土或啃墙引起损伤。

② 治疗。及时隔离病羊，先用水杨酸软膏软化垢痂，除去垢痂后用0.1%～0.2%高锰酸钾溶液冲洗创面，再涂以2%龙胆紫、碘甘油或土霉素软膏，每天1～2次。蹄型则将蹄部置于5%～10%福尔马林溶液中浸泡1min，连泡3次；或隔用3%龙胆紫溶液、1%苦味酸溶液或土霉素软膏涂拭患处。

## 11. 腐蹄病

腐蹄病是由羊坏死杆菌侵害羊蹄部引起的一种传染病。多发生于低洼潮湿地区和多雨季节，呈散发性或地方性流行，通过损伤的皮肤而感染。绵羊比山羊易感。

**(1) 临床症状** 患羊病初出现跛行，蹄高抬不敢着地，蹄冠和趾间发生肿胀、热痛，而后溃烂，挤压肿烂部有发臭的脓样液体流出，随痛变发展，可波及腱、韧带和关节，有时蹄盖脱落。在蹄底部发现小孔或大洞。病羊放牧采食受到影响，身体逐渐消瘦。

**(2) 防治措施**

① 预防。尽量避免蹄部外伤，经常清除运动场上的污泥、石块及其他异物。保持圈舍卫生、干燥，忌长期在低洼潮湿的地方放牧。

② 治疗。病初，可用10%硫酸铜溶液浸泡，每次10～30min，每天早晚各一次。蹄化脓时，先用刀挖除坏死部分，再用1%高锰酸钾溶液或3%来苏儿溶液或食醋冲洗创面，也可用6%福尔马林或5%～10%硫酸钠脚浴，最后涂以消炎粉、松馏油或抗生素软膏，并用绷带包扎患部。

## 12. 羔羊副伤寒

羔羊副伤寒是以都柏林沙门菌和鼠伤寒沙门菌为主而引起的一种传染病，以羔羊急性败血症和泻痢为主要特征。

**(1) 流行特点** 多见于15～30日龄，无季节性，传染以消化道为主。各种不良因素均促进该病的发生。

**(2) 临床症状** 羔羊体温升高可达40～41℃，食欲减退，腹泻，排黏性带血稀粪，有恶臭；精神委顿，虚弱，低头，拱背，继而倒地，经1～5d死亡。发病率约30%，病死率约25%。经剖检，病羔尸体消瘦，真胃与小肠黏膜、脾脏均充血，肠道内容物稀薄如水。

**(3) 防治措施** 主要是通过加强饲养管理来预防。羔羊出生应及早吃初乳，注意羔羊保暖。及时隔离病羊，对污染栏圈要彻底消毒，对发病羊群进行药物预防。

## 五、羊其他常见病治疗

### 1. 瘤胃膨胀病

**(1) 病原及症状** 羊食入大量发酵青草、豆科植物和精饲料等易发此病。本病多发于夏秋两季。病羊表现为烦躁不安，呆立拱背，腹部急性膨大，左侧大于右侧，拍打时呈鼓音。停止反刍，呼吸困难，心跳快而弱。眼黏膜先变红后变紫，只吐白沫，很快窒息死亡。

**(2) 防治**

① 合理搭配日粮，防止羊只偷食精料，给足饮水，逐渐变换草料。

② 药物治疗。a. 轻症者，可用一木棍涂上松节油横放在羊的口中驱赶羊只爬山运动，或使羊前高后低站立，按摩左肷部，以帮助排出气体；b. 福尔马林3～5mL加水400mL，一次灌服；c. 溴药水3～4mL，小苏打5～7g，加温水200mL混匀，一次灌服；d. 病势严重并有窒息死亡危险时，可用16号针头或套管针头穿刺瘤胃，缓慢放气，放完后注入樟脑油5～8mL，穿刺口用5%碘液消毒并用胶布贴盖。

### 2. 支气管炎

**(1) 病原及症状** 本病主要是吸入了有强烈刺激性的气体（如浓烟、氨气等）损伤了肺小叶，或因气温骤变受寒冷等引起，尤以体弱羊只易发。病羊精神沉郁，食欲减少，呼吸浅表而困难，发干，后转成湿性长咳。胸壁叩诊有局部性浊音并有痛感，听诊有啰音。体温升高呈弛张热型。

**(2) 防治**

① 加强饲养管理，保持畜舍环境的清洁卫生和防潮保暖。

② 药物治疗。a. 青霉素，每千克体重1万～1.5万单位，肌肉注射，一日2～3次；b. 链霉素，每千克体重10mg，一日2～3次，肌肉注射；c. 临床上以青、链霉素联合应用，7d为一个疗程，疗效显著；d. 卡那霉素，每千克体重

15mg，每日 2～3 次，肌肉注射，连续 7d；e. 硫酸新霉素，每千克体重 14mg，每日 2～3 次，肌肉注射，连续 7d。

### 3. 难产

**（1）病原及症状** 难产是羊的常见产科疾病之一。主要是母羊体质衰弱、产力异常（常见为阵缩及怒责微弱）、产道狭窄、胎儿过大和胎位异常等因素引起。难产时，有的只见胎儿的一只或两只前腿不见头，或只见头不见腿，或只见一条后腿或两个蹄。特别是在全舍饲、营养不良、运动不足和初产时易发本病。

**（2）防治**

① 在母羊妊娠后期应加强饲养管理，保证母羊健康和胎儿正常发育。

② 合理搭配日粮，防止饲喂单一饲料，尤应注意补饲微量元素添加剂。保证母羊有充足的运动。

### 4. 产后瘫痪

**（1）病原及症状** 产后瘫痪是母羊产后突发的一种严重代谢疾病。病因主要是饲喂低钙日粮或日粮中钙、磷比例不当，导致甲状旁腺机能衰竭，引起血钙调节机能失调，或雌激素水平增高，或长途运输等因素引起消化道吸收的钙量减少所致。

根据病情可分为典型和非典型两种，但多数为非典型瘫痪。病羊头颈部姿势异常，常呈 S 状弯曲，精神不振，反刍停止，食欲废绝，胃肠蠕动迟缓，排粪减少。典型的产后瘫痪从发病到表现出典型症状的时间不足 12h。此外，病羊排尿亦停止，步态僵直，肌肉发抖，随后卧地瘫痪。有时四肢痉挛，呈现一种特征卧式——胸卧式。昏睡，体温下降，心跳加快，呼吸深慢。

**（2）防治**

① 妊娠后期给母羊补饲钙磷比例适当的饲料，产后及时增加钙量，加强户外运动和日光浴。对有病史或有前兆表现的母羊应及时静脉注射钙和糖剂。

② 用 20%葡萄糖酸钙 50～100mL，或 5%氯化钙 60～80mL 与 200～500mL 葡萄糖溶液一起静脉注射。

### 5. 阴道、子宫脱出

**（1）病原及症状** 母羊阴道脱出多发生于妊娠末期，产后亦有发生。子宫脱出多产生于产后 6h 内，经产母羊常在产后 14h 内发生。

阴道脱出主要原因是：①饲养管理不当，如营养不良、运动不足、年老经产等；②母羊妊娠末期，胎盘分泌的雌激素较多，使骨盆内固定阴道的组织、阴道和外阴松弛；③胎儿过多、过大及便秘、腹泻、产前瘫痪等因素引起。

子宫脱出主要原因是：①母羊产羔努责过强；②助产时拉出胎儿过猛过快；③子宫及产道发生弛缓所引起。

病羊不安、拱背、腹痛、努责等。外观明显可见阴道或子宫部分或全部脱出。如不及时处理，可继发全身感染，甚至死亡。

**（2）防治**

① 在母羊的妊娠末期，避免饲喂过多饲料，应保证母羊有充足的运动，增强母羊体质。

② 采用正确的助产方法，防止拉出胎儿用力过猛。

③ 阴道部分脱出时，将患羊拴在狭窄的羊栏内，使其保持前低后高姿势。同时，适当增加母羊运动，以减少母羊躺卧时间。如此法不能自行回缩者，应进行整复固定。

④ 阴道或子宫完全突出时，应尽早进行整复，无法整复者可施行子宫截出术。整复过程中，应严格注意保定，清洗消毒，去除坏死组织，防止子宫扭转。复位后，缝合阴门，加强术后护理。

## 6. 中毒

**（1）病原及症状** 羊误食、舔食撒有农药的饲草、蔬菜，或含氮化学肥料（如氨水、尿素等），或含有有毒物质的饲料（如新鲜棉叶及棉籽，蓖麻叶和种子，马铃薯茎叶、花果、块根等），或霉烂、变质饲料，或过多采食精料（日喂玉米 1.5kg 时的发病率约 100％）、食盐和矿物质元素等，均可导致中毒。病羊出现明显异常、痉挛、昏迷等症状。若治疗及时，轻度中毒在数日内可恢复健康，重症者数小时至 1～2d 内死亡。

**（2）防治**

① 加强农药管理，严禁饲喂农药喷洒过的饲草和蔬菜等（喷洒农药后1月内）。

② 严禁直接饲喂含有有毒物质的饲料（如玉米、高粱幼苗和棉籽饼等），饲喂前最好进行脱毒处理。

③ 严禁饲喂霉烂、变质饲料，过食精料或食盐等。

④ 发现中毒应及时进行紧急处理。对有机磷制剂中毒，尽快灌服盐类泻剂，排出胃内容物。忌用植物油类泻剂。常效解毒剂有阿托品、解磷定、氯磷定、双复磷等。

对有机氯制剂中毒，尽快灌服盐类泻剂，排出胃内容物，禁用油类泻剂。常用药物有巴比妥、氯丙嗪、石灰水清液，同时注射高渗葡萄糖液、维生素 C 或

维生素 $K_3$ 等。

发霉饲料中毒，灌服盐类泻剂，同时静脉注射10%葡萄糖500mL，加维生素C 0.2～0.5g，40%乌洛托品10mL，10%氯化钙10mL。对症治疗用药有强心剂、镇静剂、止痛剂，辅以抗生素及磺胺类药。

对食盐中毒可内服黏浆剂及油类泻剂，大量饮水，静脉注射10%氯化钙或10%葡萄糖酸钙，肌肉注射B族维生素，或内服溴化钾5～10g。同时，用盐酸氯丙嗪（每千克体重1～3mg）、25%硫酸镁溶液10～20mL及强心剂等进行对症治疗。

对过食精料造成的瘤胃酸中毒，通常采用冲洗疗法排除内容物（若此法无效，则采取瘤胃切除内容物），然后用石灰水清液冲洗瘤胃。同时静脉注射5%葡萄糖生理盐水1000mL，5%碳酸氢钠200mL，或加10%安纳咖5mL。并注射抗生素以防止发生炎症。

## 7. 瘤胃积食

**（1）病原及症状** 主要是由于食入过多的质量不良、粗硬、易膨胀的饲料，或饲养方法突然改变所致。过食精料也可导致瘤胃积食。病羊精神沉郁，采食和反刍减少或停止，不断嗳气，轻度腹胀，有时呻吟。触摸时可感到瘤胃内有黏结成团的实物，有沉重结实感。重症羊衰弱无力，流涎磨牙，呼吸困难，常因吸收胃中食物分解后产生毒素而死亡。

**（2）防治**

① 加强饲养管理，防止过食，适当运动。

② 病羊须禁食1～2d，但不限饮水。进行瘤胃按摩，适当运动。

③用硫酸钠（或硫酸镁）50～100g，溶解在500～1000ml温水中灌服，或灌服50～200mL蓖麻油。可按每千克体重100mg静脉注射10%～20%高渗氯化钠溶液。必要时可用手术疗法。

## 8. 酸中毒

**（1）病因** 常见由放牧或粗饲料日粮改为青料型日粮时，尤其是体重30kg以上的羔羊，日粮中精料由15%猛增到75%～85%时，易发生酸中毒。原因是瘤胃微生物吸收精料过多，产酸量大且浓度高，以致杀死瘤胃内其他微生物，瘤胃内酸碱平衡失调。

**（2）症状** 通常在进食大量精料后6～12h出现症状。起初，羊只抑郁、低头、垂耳，腹部不适，然后侧卧，不能直立，昏迷而死。叩击病羔瘤胃部位，有击水声，眼黏膜充血。病程持续12～18h。

**(3) 防治**

① 预防。羔羊进入育肥期后，改换日粮不宜过快，让瘤胃微生物在适应期内能自行调整。育肥圈应有较大面积，防止羔羊抢食。日粮可加入适量碳酸氢钠(小苏打)，可缩短瘤胃适应期。

② 治疗。在发现早期症状时，即灌服制酸剂（碳酸氢钠、碳酸镁等）。方法是取 450g 制酸剂和等量活性炭混合，加温水 4L，胃管灌服每只 0.5L，可同时灌服 10mL 青霉素。

## 9. 前胃弛缓

**(1) 病因** 主要是长期饲喂粗硬难以消化的饲草，如秸秆、豆秸等；突然更换饲养方法，如给精料太多，运动不足等；饲料品质不良，如霉败、冰冻、虫蛀等；长期饲喂单调而无刺激的饲料，如麸皮、豆面、酒糟等。此外，瘤胃臌气、瘤胃积食、肠炎等其他内、外、产科病，也可继发该病。

**(2) 症状** 该病可分为急性和慢性两种。急性时，羊只食欲废绝，反刍停止，瘤胃蠕动力量减弱或停止，胃内容物腐败发酵，产生大量气体，左腹增大。慢性时，病羊精神沉郁，喜卧地，被毛粗短，食欲减退，反刍缓慢，体温、脉搏、呼吸无变化，但若瘤胃动力量减弱，次数即减少。若为继发性前胃弛缓，常伴有原发病的特征症状。

**(3) 治疗** 应首先消除病因，再采用饥饿疗法，即禁食 2～3 次，然后供给易消化的饲料等。药物疗法，一般先投泻剂，再使瘤胃蠕动兴奋并防止发酵。泻剂，成年羊可用硫酸镁 20～30g 或人工盐 20～30g、石蜡油 100～200mL、番木鳖酊 2mL、大黄酊 10mL，加水 500mL，1 次灌服。瘤胃兴奋剂，可用 2%毛果芒香碱 1mL，皮下注射。防止酸中毒，可灌服碳酸氢钠 10～15g。

## 10. 胃肠炎

**(1) 病因** 在饲养管理不当、饲料质量不良（如饲料腐败变质、伴有化学药品等)、饮用不清洁的冰冻水等情况下，强烈的刺激作用可导致胃肠炎。长途运输及不适当地使用广谱抗菌素，造成肠道菌群失调，也易引起胃肠炎。某些传染、寄生虫或内科病，常引起继发性胃肠炎。

**(2) 症状** 病羊不愿行走，大多躺卧，眼半闭，将头弯向侧方，对周围事物无反应。食欲消失，反刍停止，口腔黏膜发红、干燥，眼球下陷；有时表现腹痛不安；鼻梁、耳根、角根、四肢末端变冷。腹泻是胃肠炎的主要特征病症，常为持续性，有恶腥臭味，粪中有黏液、脓液和血液，但粪量不多，有先急后重现象；如不及时救治，病羊 3～5d 后往往发生严重失水和中毒，以致昏迷死亡。

**(3) 治疗** 对严重腹泻病羊，可用抗菌素及磺胺类药物，另外配合收敛剂如鞣酸蛋白或次硝酸铋（每只 2～5g，内服）。为防止胃肠内容物腐败，可选用内服 0.1%高锰酸钾 250～500mL，每天 1～2 次；或灌入淀粉浆，内加碘胺脒和碳酸钠各 2～3g。为吸附肠内有毒物质，可内服药用炭 20～40g。失水严重时，葡萄糖盐水或复方氯化钠溶液 500～1000mL，或 25%葡萄糖溶液 250～300mL，静脉注射；也可用苦参 150g，研为细末，加水冲开 1 次投服，每天 2 剂，2～3 剂即可。

## 11. 小叶性肺炎

**(1) 病因** 多因羊受寒感冒；受物理性、化学性因素的刺激（即环境应激）；受条件性病原菌的侵害，如巴氏杆菌、链球菌、化脓放线菌、坏死杆菌、绿脓杆菌、葡萄球菌等的感染；可见于肺线虫、羊鼻蝇、乳房炎、创伤性心包炎等病的病理过程中。该病可继发于口蹄疫、放线菌病、羊子宫炎和乳房炎。可继发肺脓肿。

**(2) 症状** 病羊呼吸困难，呈现弛张热和低弱的痛咳，体温可高达 40℃以上。叩诊肺部有局灶性浊音区，浊音多见于肺下区边缘，其周围的健康肺胀呈现高朗音。转为肺脓肿后，病羊呈现间歇热，体温升高至 41.5℃，咳嗽，呼吸困难；血液检查白细胞总数增加到每毫升 1.5 万个。

**(3) 预防** 加强饲养管理，保持圈舍卫生，防止吸入灰尘。勿使羊受寒感冒，杜绝传染病感染。要防止插胃管时误插入气管中。

**(4) 治疗** 只能是对症治疗。

例如，消炎止咳可选用 10%磺胺嘧啶 20mL 或抗生素（青霉素、链霉素），肌肉注射，亦可用氯化铵 1～5g、酒石酸锑钾 0.4g、杏仁水 2mL，肌肉注射。

## 12. 羔羊白肌病

**(1) 病因** 羔羊因肌肉营养障碍引起心肌和骨骼变性的一种疾病，故又称肌营养不良症。常见于降水多或灌溉地区、豆科牧草地放牧羔羊、早龄补饲羔羊和喂给水品日粮的羔羊。主要是羔羊缺硒、缺维生素 E 或硒与维生素 E 同时缺乏造成的。

**(2) 症状** 羔羊生后数周或 2 个月后发病，病羔羊拱背，四肢无力，精神不振，后肢僵直，站立困难，卧地不起，但仍思食，有哺乳或吃食愿望。慢性时，增重慢，有呼吸道病样，直肠脱出。死亡前呈昏迷状，呼吸困难；死后剖检骨骼肌苍白。应注意在同群中有数只羔羊出现上述症状时，即可怀疑有白肌病。

**(3) 治疗** 注射硒和维生素 E 合剂，并注射 200～400 IU 维生素 E。或肌肉注射 0.2%亚硒酸钠溶液 2mL，每月 1 次，连用 2 次。或内服氯化钴 3mg、硫酸铜 8mg、氯化锰 4mg、碘盐 3g，加水适量，灌服，并辅以肌肉注射维生素 E 注射液 300mg。预防时，口服维生素 E，可添加到饮水中或饲料中，添加量按每吨饲料计，40 日龄前 12.5 万国际单位，40～80 日龄 8 万国际单位，80～120 日龄 0.4 万国际单位。

## 13. 尿结石

**(1) 病因** 饲料中钙、磷比例为 1∶1 等是引起尿结实（石淋）的主要原因。其机理是溶解于尿液中的草酸盐、碳酸盐、磷酸盐等，在凝结物周围沉积形成大小不等的结石，结石核心可能是上皮细胞、凝血块、尿圆柱等有机物；由尿路炎症引起的尿潴留或尿闭，可促进结石形成。

**(2) 症状** 早期表现为不排尿，腹痛，不安，紧张，踢腹，频有排尿姿势，起卧不已，甩尾，离群，拒食。后期则排尿努责，痛苦咩叫，尿中带血。尿道结石可致膀胱破裂。该病可借助尿液镜检加以确诊，镜检可见有脓细胞、肾盂上皮、砂粒或血液。对尿液减少、尿闭，或有肾炎、膀胱炎、尿道炎病史的羊只，不应忽视可能发生尿结石。病程 5～7d 或更长。

**(3) 预防** 本病多见于育肥公羔。应注意综合性预防，例如，配合日粮中钙、磷比应保持 2∶1；补给占精料 2%的氯化铵，但有咳嗽多的副作用（有时引起直肠脱出）；日粮中加入足量的维生素 A；饮足温水；加大食盐喂量（占日粮的 1%～4%），刺激羔羊多饮水，减少结石生成；还要注意尿道、膀胱、肾脏炎症的治疗。

**(4) 治疗** 药物治疗一般无明显效果。早期治疗，先停食 24h，口服氯化铵，按每千克体重 0.2～0.3mg，连服 7d，必要时适当延长。成年羊尤其是种羊治疗，可施行尿道切开术，摘除结石。

## 14. 佝偻病

佝偻病是羔羊在生长发育期中，因维生素 D 不足，钙、磷代谢障碍所致的骨骼变形的疾病。多发生在冬末春初季节。

**(1) 病因** 该病主要见于饲料中维生素 D 含量不足及日光照射不够，以致哺乳羔羊体内维生素 D 缺乏；怀孕母羊或哺乳羊饲料中钙、磷比例不当。圈舍潮湿、污浊、阴暗、羊消化不良，营养不佳等可能成为该病的诱因。放牧母羊秋膘差，冬季未补饲，春季产羔，羔羊更易发此病。

**(2) 诊断** 病羊轻者主要表现为生长迟缓，异嗜、喜卧、呆滞，卧地起立缓慢，四肢负重困难，行走步态摇摆，或出现跛行。触诊关节有疼痛反应，病程稍长则关节肿大，以腕、蹠关节和球关节较为明显。长骨弯曲，四肢可以展开，形如青蛙。后期病羊以腕关节着地爬行，后躯不能抬起。重症者卧地，呼吸和心跳均加快。

**（3）预防** 改善和加强母羊的饲养管理，加强运动和放牧，多给青饲料，补喂骨粉，增加幼羊的日照时间。

**（4）治疗** 可用维生素A注射3mL，肌肉注射，；精制鱼肝油3mL，灌服或肌肉注射，每周2次。为了补充钙制剂，可用10%葡萄糖酸钙液5～10mL；静脉注射，亦可用维丁胶性钙2mL肌肉注射，每周1次，连用3次。也可喂给三仙蛋壳粉：神曲60g、焦山楂60g、麦芽60g、蛋壳粉120g、麦饭石粉60g，混合后每只羊喂12g，连用1周。

## 15. 流产

流产指母羊妊娠中断，或胎儿不足月就排出子宫而死亡。流产分为小产、流产、早产。

**（1）病因** 流产的原因极为复杂。属传染性流行者，多见于布氏杆菌病、弯杆菌病、毛滴虫病；非传染性者，可见于子宫畸形、胎盘坏死、胎膜炎和羊水增多症等。内科病如肺炎、胃炎、有毒植物中毒、食盐中毒等，外科病如外伤、蜂窝织炎、败血症等；长途运输过于拥挤、水草供应不均；饲喂冰冻和发霉的饲料，也可导致流产。

**（2）诊断** 突然发生流产者，产前一般无特征表现。发病缓慢者，表现精神不佳，食欲停止，腹痛起卧，努羊咩叫，阴户流出羊水，待胎儿排出后稍为安静。若在同一群中病因相同，则陆续出现流产，直至受害母羊流产完毕，方能稳定下来。外伤性致病，可使羊发生隐性流产，即胎儿不排出体外，溶解物排出子宫外，或形成胎骨在子宫内残留，由于受外伤程度不同，受伤的胎儿常因胎膜剥离，于数小时或数天排出。

**（3）防治**

① 预防。以加强饲养管理为主，重视传染病的防治，根据流产发生的原因。采取有效的防治保健措施。对于已排出了不足月胎儿或死亡胎儿的母羊，一般不需要进行特殊处理，但需加强饲养。

对有流产先兆的母羊，可用黄体酮注射液2支（每支含15mg）1次肌肉注射。

② 中药治疗。宜用四物艾汤加减，即当归6g、熟地6g、川芎4g、黄芪3g、阿胶12g、艾叶9g、菟丝子6g，共研末用开水调，每日1次，灌服2剂。死胎滞留时，应采用引产或助产措施。胎儿死亡，子宫颈开时，应先肌肉注射雌激素（如乙烯雌粉或苯甲酸雌二醇）2～3mg，使子宫颈开张，然后从产道拉出胎儿。

母羊出现全身症状时，应对症治疗。

## 16. 乳房炎

乳房炎指乳腺、乳池局部的炎症，多见于泌乳期的山羊。其临床特征为，乳腺发生各种不同性质的炎症，乳房发热、红肿、疼痛，影响泌乳机能和产乳量。常见的有浆液性乳房炎、卡他性乳房炎、脓性乳房炎和出血性乳房炎。

**（1）病因** 该病多因挤乳人员挤乳不熟练，损伤了乳头、乳腺体；或因挤乳人员手臂不卫生，使乳房受到细菌感染；或羔羊吮乳咬伤乳头。亦见于细核病、口蹄疫、子宫炎、羊痘、脓毒败血症等过程中。

**（2）诊断** 轻者不显临床症状，病羊全身无反应，仅乳汁有变化。一般多为急性乳房炎。乳房局部肿胀、硬结、热痛，乳量减少，乳汁变性，其中混有血液、脓汁等，乳汁有絮状物，褐色或淡红色。炎症延续，病羊体温，可达41℃。挤乳或羔羊吃乳时，母羊抗拒、躲闪。若炎症转为慢性，则病程延长。由于乳房硬结，常丧失泌乳机能。脓性乳房炎可形成脓腔，使体腔与乳腺相通，若穿透皮肤则形成瘘管。山羊可患疽性乳房炎，为地方流行性急性炎症。多发生于产羔后4～6周。

**（3）防治**

① 预防。注意挤奶卫生，扫除圈舍污物，在母羊产羔季节应经常注意检查母羊乳房。为使乳房保持清洁，可用0.1%新洁尔灭溶液经常擦洗乳头及其周围。

② 治疗。病初可用青霉素40万国际单位、0.5%普鲁卡因5mL，溶解后用乳房导管注入乳孔内，然后轻揉乳房腺体部。使药液分布于乳房腺中，也可应用青霉素、普鲁卡因溶液行乳房基部封闭，或应用磺胺类药物抗菌消炎。为了促进炎性渗出物吸收和消散，除在炎症初期冷敷外，2～3d可施热敷，用10%硫酸镁水溶液1000mL，加热至45℃，每日外洗热敷1～2次，连用4次。中药治疗，急性者可用当归15g、生地6g、蒲公英30g、二花12g、连翘6g、赤芍6g、川芎6g、瓜蒌6g、龙胆草24g、水栀6g、甘草10g，共研细末，开水调服，每日1剂，连用5d。亦可将上述中药煎水内服，同时应积极治疗继发病。

脓性乳房炎及开口于乳池深部的脓肿治疗：宜向乳房脓腔内注入0.02%呋喃西林溶液，或用0.1%～0.25%雷佛努尔液，或用0.3%的过氧化氢溶液，或用0.1%高锰酸钾溶液冲洗消毒脓腔，引流排脓，必须时应用四环素族药物静脉注射，以消炎和增强机体抗病能力。

## 17. 创伤

**（1）病因** 是羊体局部受到外力作用而引起的软组织开放性损伤，如擦伤、刺伤、切伤、裂伤、咬伤以及因手术而造成的创伤等。创伤过程中如有大量的细菌侵入，则可发生感染，出现化脓性炎症。羊发生坏死杆菌病（腐蹄病），是因蹄部受伤后感染化脓所致；羊发生破伤风，主要是因为阉割或处理羔羊脐带时伤口消毒不严，导致病因侵入产生毒素而引起。外伤也可成为羊流产原因之一。

**（2）诊断** 各种创伤的主要症状是出血、疼痛和伤口裂开，创伤严重的，常可出现不同程度的全身症状。创伤如感染化脓，创缘及创面肿胀、疼痛，局部温度增高，创口不断流出浓汁或形成很厚的脓痂。创腔深而创口小或创内存有异物而形成创囊，有时会发生脓肿，或引起周围组织的蜂窝织炎（即皮下、肌膜下及肌间等处的疏松结缔组织发生急性、进行性、化脓性炎症），并有体温升高。随着化脓性炎症的消退，创内出现肉芽组织，一般呈红色平整颗粒状，质地较坚硬，表面附有黏稠的带灰白色的脓性物。

**（3）一般创伤的治疗**

① 创伤止血。如创口出血不止，可施行压迫、钳夹或结扎止血。还可以应用止血剂，如外用止血粉撒布创面，必要时可用安络血（肌肉注射 2～4mg，1d 2～3 次）、维生素 $K_3$（肌肉注射 30～50mg，1d2～3 次）等全身止血剂。

② 清洁创围。先用灭菌纱布将窗口盖住，剪除周围被毛，用 0.1%新洁尔灭溶液或生理盐水将创围洗净，然后用 5%的碘酊进行创围消毒。

③ 清理创腔。除去覆盖物，用镊子仔细除去创内异物，反复用生理盐水清理创腔，然后用灭菌纱布轻轻地吸盏创内残留的药液或污物，再于创面涂布碘酊。

④ 缝合和包扎。创面比较整齐，外科处理比较彻底时，可行密闭缝合；有感染危险时，行部分缝合；创口裂开过宽，可缝合两端；组织损伤严重而不变缝合时，可行开放疗法。四肢下部的创伤，一般应行包扎。若组织损伤或污染严重时，应及时注射破伤风类毒素、抗生素。

**（4）化脓性感染创的治疗**

① 化脓性创的治疗。其步骤是清洁创围；用 0.1%的高锰酸钾液、3%的双氧水或 0.1%的新洁尔灭溶液等冲洗创腔；扩大创口，开张创缘，除去深层异物，切除坏死组织，排出浓汁；最后用 10%磺胺乳剂或碘仿甘油等行创面涂布或纱布条引流。有全身症状时，可用抗菌性消炎药物，并注意强心解毒。

如为脓肿，痛初可用温热疗法（如热敷），或涂布用醋调制的醋酸铅散（安德里斯），同时用抗生素或磺胺类药物进行全身性治疗，如果上述方法不能使炎症消散，可用具有刺激性的软膏涂布患处，如鱼石脂软膏等，以促进脓肿成熟。当出现波动感时，即表明脓肿已成熟，这时应及时切开，彻底排出浓汁，再用 3%双氧水或 0.1%高锰酸钾水冲洗干净，涂布磺胺乳剂或碘仿甘油，或视情况用纱布条引流，以加速坏死组织的净化。

② 肉芽创的治疗。其步骤是先清理创围，然后清理创面（用生理盐水轻轻地清洗），最后在基部用药（应用刺激性小、能促进上皮和组织生长的药，如 3%的龙胆紫等）。若肉芽组织赘生，可用硫酸铜腐蚀。

# 第九章

# 山羊肉及其副产品综合利用加工技术

# 一、山羊肉的营养价值

对山羊肉营养价值的评估，应通过消化率和生物学可利用性等方面研究和近似值分析，再结合多数人食谱中羊肉所起的作用来进行（Casey，1994）。但人类的吃食偏爱及影响这些偏爱的因素包括口味、风味、味觉、质地等决定着其食谱的组成，这使作为人类补充营养源的山羊肉的营养评估更带有区域性或民族性特征（Morand-Fehr 等，1994）。与其他肉类相比，山羊肉的营养价值具有独特的特点。

## 1. 蛋白质

肌肉的营养价值决定于满足人类对蛋白质，尤其是对必需氨基酸需要量的程度。与其他畜种比较，羊肉蛋白质含量高而脂肪含量低，必需氨基酸含量相互间比较接近（表 9-1）。但在绵羊和山羊肉之间比较，山羊肉水分和蛋白质含量略高于安哥拉山羊和绵羊羔肉（表 9-2）。

肌肉成分的变化取决于结缔组织和肌肉脂肪含量的多少，也随年龄变化。Casey（1982）报道，当肌浆蛋白质积聚和出现肌肥大时，肌肉中水和蛋白质的比例（W/P）发生变化，如去势的波尔山羊羔总体脂肪（TBF）由 9.1%（屠宰体重 11.02kg）增加到 21.4%，其臀肉内 W/P 值则由 4.28 降到 3.70；同样，去势的南非肉用美利奴羊总体脂肪由 4.5%（屠宰体重 11.62kg）增加到 14.2%时，臀肉 W/P 值由 4.42 降到 3.95。这说明随着肌肉中脂肪含量的提高可能降低其他有关的养分含量。

**表 9-1　各种家畜鲜肉成分比较**

| 肉别 | | 水分/% | 蛋白质/% | 脂肪/% | 灰分/% |
|---|---|---|---|---|---|
| 牛肉 | 肥 | 59.80 | 19.20 | 20.20 | 0.80 |
| | 瘦 | 72.90 | 20.10 | 5.70 | 1.00 |
| 猪肉 | 肥 | 46.00 | 14.10 | 39.00 | 0.80 |
| | 瘦 | 71.00 | 21.40 | 6.50 | 0.90 |
| 绵羊肉 | 肥 | 60.30 | 15.20 | 23.70 | 0.80 |
| | 瘦 | 71.10 | 20.80 | 7.00 | 1.10 |
| 山羊肉 | | 73.80 | 20.70 | 4.00 | 1.20 |
| 马肉 | | 74.20 | 21.50 | 3.30 | 1.00 |

表 9-2 几种肉类蛋白质的必需氨基酸含量　　单位：mg/g

| 氨基酸种类 | 山羊肉 | 绵羊羔肉 | 牛肉 | 猪肉 | 肌肉 |
|---|---|---|---|---|---|
| 苏氨酸 | 48 | 49 | 40 | 51 | 47 |
| 缬氨酸 | 54 | 52 | 57 | 50 | — |
| 蛋氨酸 | 27 | 23 | 23 | 25 | 34 |
| 胱氨酸 | — | 13 | 14 | 13 | — |
| 异亮氨酸 | 51 | 48 | 51 | 49 | — |
| 亮氨酸 | 84 | 74 | 84 | 75 | 112 |
| 苯丙氨酸 | 35 | 39 | 40 | 41 | 46 |
| 组氨酸 | 21 | 27 | 29 | 32 | 23 |
| 赖氨酸 | 74 | 76 | 84 | 78 | 84 |
| 精氨酸 | 75 | 69 | 66 | 64 | 69 |
| 色氨酸 | 15 | 13 | 11 | 13 | 12 |

注：资料来源于 Casey（1994）。

在瘦肉（肌肉组织）基础上，品种间氨基酸含量变化很小，但在全肉（包括骨、脂肪和结缔组织等）基础上，氨基酸含量将会受到相当大的影响。Schonfeldt（1989）和 Webb（1991）研究表明，在品种内，肉的切块根据肥度、年龄和性别等不同在成分上差异很大，煮熟的切块肉因水分和脂肪的损失提高了蛋白质组分，从而提高了各种氨基酸的含量（表 9-3）。Casey（1994）按牛结缔组织分析推断，在山羊的结缔组织中可能同样含有较多的脯氨酸、甘氨酸和丙氨酸，但不含胱氨酸和色氨酸。

表 9-3 波尔山羊、安哥拉山羊和绵羊羔熟肉成分　　单位：%

| 成分 | 胸部和背最长肌 | | | 半膜肌 | | |
|---|---|---|---|---|---|---|
| | 波尔山羊 | 安哥拉山羊 | 绵羊 | 波尔山羊 | 安哥拉山羊 | 绵羊 |
| 水分 | 65.4 | 64.7 | 64.6 | 64.4 | 64.2 | 63.9 |
| 蛋白质 | 27.2 | 26.8 | 26.6 | 29.1 | 29.2 | 29.4 |
| 脂肪 | 6.2 | 7.0 | 7.1 | 4.4 | 4.7 | 4.7 |
| 灰分 | 1.08 | 1.07 | 1.06 | 1.00 | 0.97 | 0.99 |
| 干物质 | 34.4 | 35.3 | 35.3 | 35.8 | 35.8 | 36.0 |

注：资料来源于 Schonfeldt（1989）。

## 2. 脂肪

脂肪是人们健康所必需的食物成分，能提供易于代谢的能量和必需的脂肪酸，并增加食物的适口性。但脂肪摄入量过高时（超过摄入总能量的 30%），伴随着碳水化合物摄入量提高，将提高冠心病的发病率（Retser 等，1990）。

山羊脂肪呈纯白色，硬度大，熔点高。在体脂肪沉积上，山羊的最大特点是内脏器官周围沉积较多，而皮下脂肪和肌肉脂肪较少。脂肪是胴体和羊肉的重要质量因素，它影响到胴体的感官性状、肉的保存品质和营养价值（Casey，1994）。脂肪酸组分中的双键数量决定着脂肪的饱和度，通常随着双键数量的增多，肉的自动氧化率也跟着提高，从而对肉的芳香和气味带来一些影响；同时，化学氧化释放含有自由基的过氧化物其反应，会造成对蛋白质、酶、其他类脂和维生素等营养物质的损害，但血红素化合物能稳定过氧化物或游离基并发挥抗氧化作用。山羊羔各部分脂肪酸具有高度差异（表 9-4），可能是与其哺乳动物的单胃特性有关。用不同的能量水平日粮饲养的波尔山羊成年阉羊，皮下脂肪和肾脂中硬脂酸（$C_{18}=0$）和油酸（$C_{18}=1$）含量将发生变化，即随着能量水平的提高而硬脂酸含量下降（Casey 等，1985）。所有羊肉的皮下脂肪中最大的组分是油酸，但绵羊和山羊在比例上的差异（分别为 42.9%和 32.7%），可能造成两种羊肉的不同。内脏脂肪比皮下脂肪更饱和，这从波尔山羊皮下脂肪和肾脂的脂肪酸差异已得到证实。

**表 9-4　波尔山羊和绵羊沉积脂肪的脂肪酸**

| 品种及部位 | 豆蔻酸（$C_{14}=0$） | 棕榈酸（$C_{16}=0$） | | 十七酸（$C_{17}=1$） | | 硬脂酸（C18=0） | 油酸（C18=1） |
|---|---|---|---|---|---|---|---|
| | | 饱和 | 不饱和 | 饱和 | 不饱和 | | |
| 波尔山羊 | | | | | | | |
| 皮下脂肪/% | 3.0±0.6 | 23.9±1.6 | 3.2±0.8 | 1.7±0.3 | 1.5±0.4 | 15.3±4.2 | 42.9±4.5 |
| 肾脂/% | 3.4±0.4 | 27.0±1.8 | 1.2±0.2 | 2.1±0.4 | 0.5±0.1 | 32.1±3.1 | 25.2±4.3 |
| 山羊羔/% | 5.2±3.6 | 21.5±5.0 | 2.7±1.0 | — | — | 18.1±5.4 | 34.4±7.3 |
| 绵羊/% | 5.0±0.9 | 22.9±0.8 | 2.1±0.2 | 1.7±0.1 | 0.8±0.1 | 25.9±2.0 | 32.3±0.9 |

羊肉膻味被称为特殊的风味，是含有一种或几种挥发性脂肪酸所致。一般认为，山羊肉比绵羊肉膻味大，公羊大于母羊和羯羊。目前，还没有资料说明波尔山羊膻味的特点。

山羊肉脂肪中胆固醇含量低于其他畜种，如按每 100g 瘦肉计算的胆固醇含量：山羊肉为 60mg，绵羊肉 70mg，成年牛肉 106mg，犊牛肉 140mg，猪肉 126mg，鸭肉 80mg，兔肉 65mg 和鸡肉 60～90mg（魏怀芳等，1990）。

## 3. 矿物质

Wan Zahari 等（1985）报道了杂交山羊鸡肉和部分器官中的平均矿物质含量（表 9-5）。其结果证明：鸡肉中含有各种矿物质元素比部分器官要全面，但不同脏器在某些矿物质含量上显示出优势。例如，脑中的钙浓度是肌肉的 4.27 倍，是心脏中的 6.10 倍；肝和脑中的磷分别为肌肉的 1.63 倍和 1.58 倍，分别为心脏的 2.27 倍和 2.19 倍，肝中的铜是肌肉中的 27.6 倍，是脑中的 20.7 倍。

表 9-5 杂交山羊肌肉和部分器官中的矿物质含量 单位：mg/100g

| 矿物质种类 | 肌肉 | 肝脏 | 肾脏 | 心脏 | 脾脏 | 脑 |
|---|---|---|---|---|---|---|
| 钙 | 11.00 | 10.06 | 13.58 | 7.70 | 11.47 | 46.99 |
| 磷 | 155.5 | 253.9 | 168.1 | 111.71 | 214.03 | 245.64 |
| 镁 | 19.70 | 15.08 | 10.19 | 9.63 | 15.28 | 12.82 |
| 钾 | 350.00 | 188.55 | 122.26 | 100.15 | 194.90 | 277.68 |
| 钠 | 64.48 | 58.18 | 148.68 | 38.52 | 59.38 | 136.92 |
| 铜 | 0.30 | 8.28 | 0.52 | 0.53 | 0.41 | 0.40 |
| 锌 | 3.51 | 2.99 | 2.61 | 1.41 | 2.19 | 1.40 |
| 铁 | 4.37 | 7.82 | 9.78 | 4.4 | 34.79 | 8.07 |
| 锰 | 0.087 | 0.660 | 0.190 | 0.098 | 0.159 | 0.122 |
| 干物质/% | 21.90 | 25.14 | 16.98 | 19.26 | 19.11 | 21.36 |

注：资料来源于 Wan Zaharia 等（1985）。

Casey（1994）比较了山羊与其他畜种肌肉中含矿物质元素浓度，证明山羊肌肉中铁和钾高于绵羊羔（分别为 1.74 和 240）、小牛肉（1.11 和 234）和瘦牛肉，钙和磷则低于绵羊羔肉（分别为 12.6 和 246）和牛肉（96 和 334）；钠的含量则较为相近（绵羊为 75，牛肉为 69）。

## 4. 维生素

山羊瘦肉中的维生素 $B_1$、维生素 $B_2$、烟酸含量要高于瘦牛肉、绵羊羔肉和小牛肉（表 9-6）Casey（1994）认为，从绵羊各种器官中维生素含量高于肌肉中维生素含量来判断，山羊可能会有类似情况。

表 9-6 几种动物肌肉肾脏或器官中维生素的含量（每 100g 中）

| 维生素种类 | 山羊肉 | 绵羊 | | | | | 牛肉 | |
|---|---|---|---|---|---|---|---|---|
| | | 肌肉 | 肝脏 | 肾脏 | 肺脏 | 脑 | 大牛肉 | 小牛肉 |
| 维生素 A/IU | — | （微量） | 2000 | 100 | — | （微量） | — | — |
| 维生素 $B_1$/mg | 0.10 | 0.15 | 0.27 | 0.49 | 0.11 | 0.07 | 0.08 | 0.06 |
| 维生素 $B_2$/mg | 0.56 | 0.25 | 3.30 | 1.80 | 0.50 | 0.02 | 0.22 | 0.30 |
| 烟酸/mg | 3.6 | 5.0 | 14.2 | 8.3 | 4.7 | 3.0 | 3.6 | 7.6 |
| 泛酸/mg | — | 0.5 | — | — | — | — | — | — |
| 生物素/mg | — | 3.0 | 41.0 | 37.0 | — | 2.0 | — | — |
| 叶酸/μg | 4.5 | 3.0 | 220.0 | 31.0 | — | 6.0 | — | — |
| 维生素 $B_6$/μg | — | 0.40 | 0.42 | 0.30 | — | 0.10 | — | — |
| 维生素 $B_{12}$/μg | 2.8 | 2.0 | 84.0 | 55.0 | 5.0 | 9.0 | — | — |
| 维生素 C/μg | — | — | 10.0 | 7.0 | 13.0 | 23.0 | — | — |
| 维生素 D/IU | — | （微量） | 0.5 | — | — | — | — | — |

注：按 Casey（1994）资料整理。

## 二、胴体的分级定等和切块分割

### 1. 胴体分级定等

肉用畜禽的胴体是以产量和质量进行商品性评价的，其产量分级一般指可食部分的数量，质量分级主要指胴体的肥瘦比例（冯维祺，1998）。对山羊胴体分级的目的是便于区别和定价销售不同品质的胴体，促进肉用山羊生产的规模化发展。像绵羊胴体一样，山羊胴体也可分为大羊肉和羔羊肉胴体，前者是指周年以上宰杀的羊只，后者常指不满周岁宰杀的羊只。但山羊胴体与绵羊仍有许多不同；一是山羊肉没有肥羔羊的概念，因为肥羊（lamb）是专门指断奶后经育肥的4～6月龄肉用羊羔；二是山羊胴体上覆盖的脂肪（即皮下脂肪）较少，肌间脂肪甚微，而体腔内脏器官周围的脂肪沉积较多（尤其是育肥的普通山羊）；三是同龄相比，山羊的胴体总是低于绵羊，但屠宰率差别不大。因此，目前把绵羊和山羊的胴体分级标准合二为一或相互借用时，应该注意它们的特征区别。

我国山羊胴体尚无精确的肥度分等标准，通常把羊胴体按商业等级划分。这里列出中华人民共和国国家进出口商品检验局提出的鲜冻绵、山羊肉胴体的商业分级、感官指标和理化指标要求，供参考。

① 山羊胴体商业分级。分级外观和胴体重分为三个等级。

一级：肌肉发达，全身骨骼不突出；前驱皮下脂肪有明显的分布，臀部脂肪较多。胴体重在12kg以上（含12kg）。

二级：肌肉发育良好，除肩隆部及颈部脊椎骨尖稍突出外，其他部位骨骼均不突出，背腰部脂肪分布明显，肩颈部脂肪层较薄。胴体重在10kg以上（含10kg）。

三级：肌肉发育一般，骨骼稍显突出；胴体表面带有薄层脂肪；肩部、颈部、荐部及臀部肌肉露出。胴体重在5kg以上（含5kg）。

② 山羊肉感官指标。可分为鲜羊肉和（解冻后的）冻羊肉评价。

鲜羊肉：肌肉有光泽，色鲜红或深红，脂肪呈乳白色或淡黄色。外表微干或有风干膜，不粘手。指压后的凹陷立即恢复。具有鲜羊肉的正常气味。肉汤透明澄清，脂肪团聚表面，具有特殊香味。

冻羊肉：肌肉色鲜艳、有光泽，脂肪呈乳白色。外表微干或有风干膜或湿润，不粘手。肌肉结构紧密，有紧实感，肌肉纤维韧性强。具有羊肉的正常气味。肉汤澄清透明，脂肪团聚于表面，具有羊肉汤的香味和鲜味。

③ 山羊肉理化指标。不论鲜羊肉还是冻羊肉，每100g肉中含挥发性盐基均

应低于 15mg，每 1kg 肉中含汞（以汞剂）低于 0.05mg。

## 2. 胴体切块分割

山羊胴体不同部位的肌肉、脂肪、结缔组织及骨骼的组成是不同的，这不仅反映了可食部分的数量，而且肉的品质和风味也有所差异。评定胴体优质肉块的比例，能进一步表明整个胴体的品质和实现销售中的优质优价。目前，羊胴体的切块分割法有 2 段切片、5 段切片、6 段切片和 8 段切片块等四种，其中以 5 段切块和 8 段切块最为实用。但不论哪种切块法，其具体剖分时都应现将胴体平分劈成 2 片，再把每片按图 9-1 所示切成 5 块或 8 块，然后再按商业分级把肉块直接或剔骨称重。

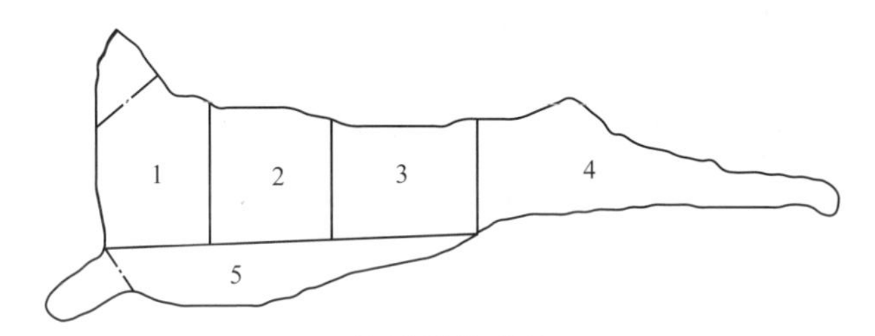


(a) 羊肉胴体的5段剖分

1—肩颈肉；2—肋肉；3—腰肉；4—后腿肉；5—腹下肉

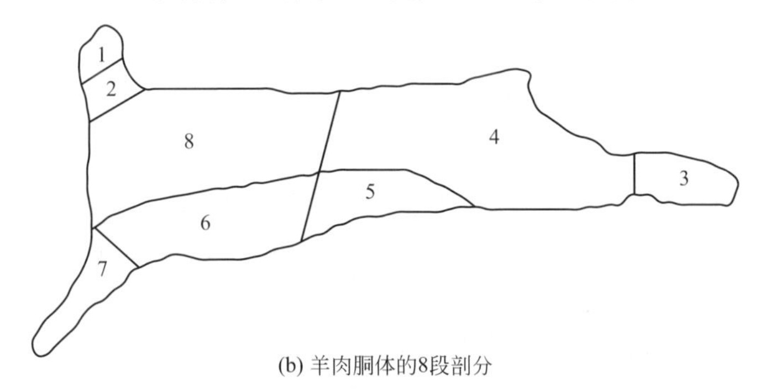


(b) 羊肉胴体的8段剖分

1—血脖；2—颈部；3—后小腿；4—腰腿部；5—下腹部；6—胸部；7—前小腿；8—肩背部

图 9-1　山羊胴体的剖分法

**(1) 胴体 5 段 10 块商业分级**　此法将羊的胴体切成后腿肉、腰肉、肋肉、肩颈肉和腹下肉 5 部分［图 9-1（b)］。

一级：后腿肉（占 30.65%）和腰肉（占 17.64%），两部位合占胴体总重量的 48.29%。

二级：肋肉（占 15.38%）和肩颈肉（占 27.78%），两部位合占胴体总重量的 43.16%。

三级：腹下肉占胴体重量的 8.55%。

**(2) 胴体 8 段 16 块商业分级** 此法将胴体切成肩背部、腰腿（臀）部、颈部、胸部、下腹部、颈端部（血脖或颈部切口），前（小）腿和后（小）腿 8 个部分［图 9-1（a）］。

一级：肩背部（约占 35.0%）和腰腿部（约占 40.0%），两部位合占胴体重量的 75%。

二级：颈部（约占 40.0%）、胸部（约占 10.0%）、下腹部（约占 3.0%）和颈端部（约占 1.5%）、四部位合占胴体重量的 54.5%。

三级：前小腿（约占 4.0%）和后小腿（约占 2.5%），两部位合占胴体重量的 6.5%。

## 三、山羊肉的贮存和保鲜

羊只屠宰后胴体马上发生很明显的变化，组织细胞凝固，形成尸体的僵硬状态，经过 3～4h 的“自溶”（单纯酸质发酵），肌肉变成酸性，肉质柔软，发出芳香微酸气味，剖面颜色由最初鲜红变暗即腐败作用的开始，若不注意保管，便会腐败发臭不能食用。肉质腐败是复杂的细菌及化学作用的结果。常以外表开始，再深入肉的深层。新鲜山羊肉的保存有冷却保存、冷冻保存和二氧化碳气体保存三种方法。

### 1. 冷却保存

将屠宰的羊肉胴体，送入设有良好通风和降温设备的冷却室，室内温度－3℃，经 24～28h，肉表面形成一层干燥层，胴体深处温度为 2～4℃。冷却后的肉移至冷藏间保存，温度－1～1℃，相对湿度 85%，保存期 20d。若延长保存期，室温应更低。

我国北方无冷库设施的一些高寒牧区，初冬屠宰山羊时，为减少损失，实行就地屠宰和自然冷却。自然冷却是将屠宰的胴体平放堆垛，置于阴冷处，要求当地气温一般－20℃左右，在肉垛上泼水使之冷冻，上面遮盖，作短期贮存后，陆续调往外地。此种方法也称冷却保存。

### 2. 冷冻保存

对需要久贮的羊肉，经过冷却后送至冷冻室冻结，室温－23℃，经过 24～60h，肉内温度达－15～－18℃时，移入冷藏间保存。冷藏间室温－18℃，相对湿度95%～98%，可保存5～12个月。

### 3. 二氧化碳气体保存

将鲜肉置于含100%二氧化碳气体的室内或集装箱中，即可抑制腐败菌的繁殖，又不对乳酸菌产生任何有害作用。采用此法能将鲜肉的保存期由一般的10～20d提高到40～80d，若在5个大气压下保存，贮存期可长达4个月。其缺点是用二氧化碳处理过程中，鲜肉的颜色变成灰白色，但保存的鲜肉与氧气接触后，肉色又能恢复正常。

## 四、山羊屠宰副产品的加工

山羊经过屠宰后，除可获得山羊肉以外，还可获得至少占活重50%以上（表9-7）的可食和非可食的副产品，如羊皮、骨、肝、心等。按照传统的屠宰加工方法，山羊副产品中的羊皮被用于制革，软下水（包括心、脑、舌、胃、肝、肾、肺等）则以食用方式被利用，没体现出更好的加工增值效益。造成这种浪费的原因：一是山羊小批量自给式的屠宰，使原料的收集有很多困难；二是许多副产品的加工利用方法和技术的限制。Mahendra Kumar（1994）曾提出在发展中国家（或在分散屠宰条件下）利用山羊副产品的“两级式技术”策略：一是可将未加工的产物采用简单便宜和适于操作的方法就地保存待用，保存方法可能有许多地方特色，但应达到控制水分的保鲜目的；二是将经过保存的粗加工产物送到经济上具有可行规模的中心加工厂中进行加工，加工的方法应该是加工投入最少和加工产品获利最高的。

**表9-7　山羊各种组织占活重的百分数①**

| 组织 | 范围/% | 平均/% |
|---|---|---|
| 羊皮 | 8.0～12.0 | 10.0 |
| 羊骨 | 15.0～25.0 | 20.0 |
| 羊肉 | 39.0～44.0 | 41.5 |
| 羊血 | 4.5～5.5 | 6.0 |
| 软下水② | 10.0～12.0 | 11.0 |
| 角和蹄 | 1.0～2.0 | 1.5 |
| 瘤胃内容物 | 10.0～15.0 | 12.5 |

① 资料来源于Mahendra Kumar（1994）。

② 软下水包括心、肺、舌、脑、食道、肠、胃、肝、肾等。

### 1. 山羊皮的防腐与分级定等

山羊皮是最有价值的副产品，一般分为毛皮和革皮两种。波尔山羊为板皮，故此处重点介绍山羊板皮的加工技术。

**（1）山羊板皮的防腐** 新鲜山羊皮又称生皮，化学组成极为复杂，主要由蛋白质、水分、脂肪、类脂质、矿物质、碳水化合物及微量含氮物组成，其中蛋白质含量占到30%～35%，水分含量为60%～75%。

生皮的防腐主要是通过降低生皮的温度，除掉皮板中的大量游离水分，或者对皮板施用防腐剂，达到防治腐败和保持其固有品质的目的。新鲜山羊皮的防腐常用的方法有晾晒和腌制两大类。

① 晾晒。鲜皮板中含有大量水分，通过自然晾晒，使其含水量降至12%左右，达到防止生皮腐烂的这种方法，又称“淡干法”或“甜干法”。晾晒是的气温以20～35℃为宜，根据其操作方法又可分为三种。

a. 钉板晾晒。是将剥离的羊皮，清除皮板上的肌肉和油脂残余物，用干净的细砂揉擦，减少水分（有的地方不擦细砂），然后板面向外，从边缘用小铁钉平整地钉在事先准备好的平滑的木板上，置户外晾干后取下压平。钉板时为了保持皮形的一致，要求将前肢向上伸直，两后肢向后直伸，皮肤四周尤其是头腿部一一拉展，钉子尽可能靠边。

b. 贴板晾晒。将刚剥离的猾子皮，毛面向外，板面向内，按规定形状平贴在平坦的木板或墙壁上，不用钉子，边缘拉展，待晒干后取下保存。

c. 原板晾晒。主要用于山羊板皮和裘皮及部分羔羊，是将鲜皮板面向下晾在平坦干燥的地面上，边缘皮肤拉展，使其晾干，切忌强烈日光直射。

② 腌制。在无晾晒条件下或冬天严寒条件下为防止羊皮冻板时，对剥制的新鲜山羊皮可以采用盐腌法防腐。该种方法是通过鲜皮吸收食盐加大渗透压而排出水分。由于其排水快，对细菌和酶有较强的杀伤和抑制作用，而且浸泡回软速度快，所以，对抑革原料的防腐效果较好，其可分为两种。

干腌法（撒盐法）：是将鲜皮面向上拉展铺平板上，撒上一层磨碎的粗粒食盐，在边缘和较厚的地方多撒，根据皮板大小，每张鲜皮用盐0.25～0.5kg，或按鲜皮重量的40%计算。撒好食盐的毛皮板面相对，50张垒成一堆，腌制2～3d后，按皮形要求拉展晾干，基本干燥后，清扫上面食盐堆垛存放。

湿腌法（盐浸法）：在固定的腌皮池或缸中，将毛皮浸入食盐浓度35%、温度20℃左右的盐水中，经10多小时捞出，搭在木杆上滴净水，平铺于水泥地面，按鲜皮重量20%在板面撒盐晾干。

③ 羊皮晾晒时的人为伤残

a. 皱缩板。毛皮的板面抽缩在一起。主要是晾晒时未将皮张拉展，而是随意搭在墙头或其他物体上，干后凹凸不平，皱缩处不易干燥而造成霉烂，褶皱处在堆垛和打捆时易受压折裂。

b. 焦板。皮张乌黄发脆，硝制时脱毛腐烂。其原因是将毛皮长久晾晒在烈日之下，或为了快干而置于热炕上烙干或用火烘干，引起皮张中胶原纤维溶解变性，使毛皮失去使用价值。

c. 冻板。毛皮板面发白发糠，纤维组织松散不紧密。原因是将鲜皮晾晒于寒冷潮湿之处，使皮肤中水分结冰膨胀而破坏皮板结构，导致使拉力、弹力下降而影响使用。

d. 霉板。新鲜毛皮未及时晾晒，长久堆放使之受闷发热发霉，轻者皮板呈灰色，大量脱毛，重者皮板糟朽而无用。

**（2）山羊板皮的贮存与运输**

① 山羊板皮的贮存。毛皮晾干以后应妥善保管，及时交售。考虑到基层收购毛皮是零售整运，在当地的贮存期长达数月之久，为保证山羊毛皮的质量，在贮存期间应做到防潮、防晒、防火、防虫、防鼠。

② 山羊板皮的包装和运输。

a. 包装。成包打捆准备运输的毛皮，必须具备干燥整洁、平展无虫、品种等级相同等条件。山羊裘皮或猾子皮每50～100张为一捆，毛对毛，板对板，用麻绳打捆，然后将皮捆装入麻袋内，或用麻布打成包。山羊绒皮面积较大、分量较重，以30～50张为一捆，板面对板面，最上面的一张和最下面的一张均要求板面朝外捆扎，即可外运。

b. 运输。在毛皮上生长的细菌很多，其中有些皮张上还带有大量危害禽畜安全的传染病菌，为防止病菌的扩散、生长，调运前均须经防疫部门检疫和消毒。发运时，在包装品外面挂上货签，注明品种、数量、级别、发货单位、发货站、到站和接收单位等。在雨季无论用火车还是汽车、船舶运输时，必须用防雨苫布盖严，以防淋湿。

**（3）山羊板皮的品质鉴定** 山羊板皮质量主要取决于皮板品质的优劣，同时结合面积大小和伤残情况，按照收购规格确定等级。

① 鉴定板质的方法。目前对山羊板皮评定板质好坏，分为良好、较弱和瘦弱三个级别。

a. 板质良好。皮板肥厚或略薄，厚薄均匀，板面细致油润，用手揉弹时不僵脆或松软而回弹性强，被毛平顺、光泽好。

b. 板质较弱。皮板较薄、稍显不匀、板面较粗而油性较小、揉弹时略感松软、回弹力较弱，被毛常为毛长或稀短，色泽稍差。

c. 板质瘦弱。皮板瘦薄、显著不匀、板面粗糙干枯无油性，揉弹时松软而弹性差，被毛长短不一，光泽差。

② 伤残鉴定法。

a. 检验方法。利用手、眼直观进行，在一面进光的明亮房间中，集中目光逐部分察看，为防漏检，可以先看半张皮，而后看另一半。

b. 常见伤残。山羊板皮的常见伤残主要有痘、疔、疮疤、癣癞、阉疤、钉板、回水板、死羊淤血板、老公羊皮、冻糠板、陈板、烟熏板、破洞、撕裂、虫蚀、受闷掉毛、霉烂板等。

③ 面积鉴定法。山羊板皮面积是以平展的平板为标准，测量方法是从颈部中间至尾根为长，选腰间适当部位为宽，长宽相乘即得面积（图 9-2）。板皮正身部位或主要部位不得有伤残。如若收购鲜皮，应扣除鲜皮的收缩面积（按收缩率计算）。

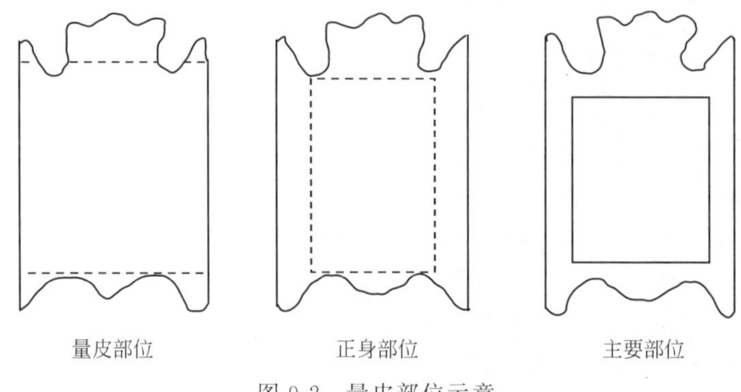


图 9-2　量皮部位示意

**（4）山羊板皮的生产季节**　山羊板皮品质受生产季节的影响较大，主要反映在饲养条件的影响，一般以秋皮质量最好，其次为冬皮，春皮和夏皮质量最差。

① 秋皮。皮板肥壮，有油性，纤维致密，弹性强，被毛不长，绒毛稀短。部分板面呈核桃纹状，但不同毛色的皮有差异，如黑毛皮板呈豆青色，白毛皮板呈蜡黄色或略带肉红色，青（灰）毛皮板呈灰白色，棕毛皮板呈黑灰色等。

② 冬皮。皮板略薄，弹性稍差，绒毛较厚。不同毛色的皮板颜色略有变化，如黑毛皮板呈黄色，白毛皮板呈淡黄色，青色皮板呈灰黄色等。

③ 春皮。皮板瘦薄、干枯、无油性，呈淡黄色，纤维组织松弛。

④ 夏皮。皮板粗糙发挺，稍有油性，被毛稀疏。白毛皮板呈浅黄色，其他黑、青、棕色毛皮呈灰青色。

**（5）山羊板皮的收购规格**

① 加工要求。宰剥适当，皮形完整，晾晒平展。

② 等级规格。

a. 一等。板质良好，可带绿豆大小伤痕 1 处，或边缘部位可带黄豆大小伤残三处。

b. 二等。板质较弱或轻烟熏板、轻冻板、轻陈板、轻疥癣板、钉板、回水版、死羊淤血板、土板、老公羊皮等的伤残不超过全皮面积的 0.5%。

具有一等皮板质，可带伤残不超过全皮面积25%，制革价值不低于60%。

c.特等。具有一等皮板质，面积5000cm² 以上，可带一等皮伤残。

不符合等内要求的，为等外皮。

③ 面积规定。四川路、云贵路和华北路的等内皮都在2333cm² 以上。汉口路一等在2333 cm² 以上，二、三等都在1889 cm² 以上。均以原板皮为标准。

④ 等级比差。一等100%；二等80%；三等50%；特等120%；等外40%以下按质计价。

## 2.山羊肠衣的收集与加工

山羊和绵羊仅小肠供作肠衣的原料。小肠位于皱胃的幽门至盲肠之间，包括十二指肠、空肠和回肠三部分。山羊屠宰后从内脏中割取的小肠，仅是制作肠衣的原料；将原肠清除粪便，清洗干净，刮去油脂和内外黏膜、浆膜后的半成品，叫作“批子”“毛货”或“光肠”；然后再经漂浸洗涤、灌水分路、配码、腌肠和缠把等工序，才称为肠衣或称“净肠”。所以，山羊肠衣实际上是指山羊小肠加工产品，而非原来的小肠。

山羊原肠的长度一般为18～28m，将其上段，即十二指肠与幽门的连接处，通常称为原肠的小头；把回肠盲肠的连接处俗称为大头。

**(1) 肠衣的用途** 肠衣具有质薄坚韧、柔软可食的特点，是制作各种肉肠、腊肠、香肠“外衣”的理想材料，用它制作的这些食品，色鲜味美，便于携带，并适于较长时间的贮存，是旅行、行军、野餐的食用佳品。此外，羊肠衣还用于制作民族乐器的琴弦、弓弦、网球拍、羽毛球拍的网弦、医疗手术使用的缝合线等。

**(2) 原肠的摘取** 山羊肠衣一年四季均有生产，北方省（自治区）主要集中于秋、冬两季。当山羊宰杀开膛取出内脏后，用刀将小肠从其小头处割断，此时一手抓住小头，另一手捏住小肠外边的油膜慢慢扯下油层，使油脂与小肠外层分开，直扯至盲肠的连接处割断，要求不破不断，全肠完整。然后仔细捋净原肠中的粪便，若粪便较硬不易捋出时，可灌入适量温水慢慢清除干净，切忌心急快捋而弄破肠壁。粪便排出后，再灌入清水冲洗干净，晾在木杆上或放入木桶或瓦盆中撒上纯净食盐，暂时保存以待出售。临时存放期间，切忌将原肠挂在铁钩或放入铁质容器中，也不能随地堆放，以防发热变质和被泥土、煤渣及砂石等杂质玷污。为保证肠衣品质，原肠应尽快交给收购部门。

**(3) 肠衣原料**（原肠）**鉴定** 原肠的品质优劣主要是根据其长度、皮质的拉力、韧性、色泽、气味、伤残的程度而定。收购原肠的具体要求是：①原肠必须是取自健康无病的山羊，品质新鲜，不允许带有腐败气味；②原肠内的粪便应捋洗干净；③原肠表面应保持清洁，不得黏附沙土、杂质和接触金属；④要求两端完整、不带破残、大小头齐全，自然长度达 13m 以上按一根计算；⑤长度不足、虫肠或破残者，根据实际情况按质论价，不足 4m 长者或痘肠、破肠无使用价值者不能收购；⑥收购冻肠时切忌磕、砸和硬折，以防损伤皮质，应用冷水浸泡解冻。

**(4) 原肠的加工** 原肠的加工分为两个阶段进行，一是半成品加工，即把原肠加工成光肠；二是成品加工，即把光肠再加工成净肠。

① 原肠的半成品加工。主要包括浸漂、刮肠、灌水、量码、腌肠和缠把等工序。

a. 原肠的浸漂。浸漂又称浸洗，是将 4～5 根山羊原肠扎成一把，浸泡在盛有清水的瓦缸或木桶内，肠内如有气泡，应将空气挤出后重新打把。浸洗时间的长短，应根据皮质的老嫩厚薄和气温高低具体掌握。浸洗时间过长，会使肠衣失去拉力和韧性；浸洗时间不够，粪渍不易刮净易形成砂眼破洞。山羊小肠皮质比较嫩薄，不可久浸，冬季一般泡 3d；天热时要注意水温，用冷水为宜，夏季只浸泡 1d。浸泡期间每天换一次水，并用木棍上下摆动两次，不应旋动，以防肠子打结。当浸到肠子发酵浮起，颜色发白，肠内肉质松软，手摸柔软时即可刮制。

b. 刮肠。将浸泡好的原肠取出放在平滑的木板上，逐根用竹板或无刃刮刀去肠内外无用部分。主要是刮翻转到外面的黏膜层（即肠内壁），刮时要动作轻快、用力均匀，直到肠壁透明为止。

山羊和绵羊的小肠从形态上可以分为沙肠和肉肠两种，两种肠子的刮法略异。所谓沙肠指刮肠时沙沙作响，刮前可先将肠衣的浆膜层剥去后浸泡到适当程度，不必用刀刮，只用手把杂质和黏膜层捋净。肉肠的肠壁厚实而圆，外皮牢固，但其质地很嫩，易刮成破洞，故应先将外皮刮松，用骨针挑断扯掉，再将其肉的肉质慢慢捋出，然后再刮制。

c. 灌水。捋刮光后的原肠一头套入自来水龙头上放水冲洗，同时检查有无漏水破洞，发现洞眼，即从洞眼处开刀割断，而且还应割除大弯头和不透明的地方；未刮净的溃污处要及时刮掉，然后洗净。

d. 量尺。又称量码，用接头量尺法逐根逐节进行，每 100m 为一把，每把最多不超过 13 节（南方山羊的光肠不得超过 15 节），每节最短不得小于 1m。量尺后，先将各节捋齐在头部打一总结，再用折叠法挽成把子。剩余的短尺半成品，仍按 100m 不限根数单独成把。

e. 腌肠。将已扎把的肠衣半成品解开，用精制盐均匀揉腌，每把用盐 0.5～0.6kg，腌好后每把重新在头部打结放入竹筛中。每 4～5 个盛满肠衣的竹筛叠在一起，放在瓦缸、木桶或木架上使盐水沥出，上面盖上白布以防尘土。共静置 12～13h，中间上下倒筛一次，以便把生水压滤干净，如压力不足，上面可加压石块等重物。腌肠时切忌用盐粒或腌过肠衣的回收盐以及含杂质的食盐。

f. 缠把。待生水滤净，肠衣呈半干半湿状态时，将其折叠缠把，此时的半成品称为“光肠”。

g. 下缸贮存和包装运输。若本地不能继续将半成品肠衣加工成净肠时，就应下缸贮存和及时调运，而不能久存。贮存时先在干净的缸底撒少量食盐，把黏附在光肠上的盐抖落后，逐把拧紧下缸，层层排紧，中心留一空隙。装完后往缸内灌入波美度 24 度以上、澄清凉冷的熟盐卤，液面要超出肠把 7cm 左右，上面盖上清洁的木板，并压上重物。下缸时，对于缺盐并条的半成品应踢出重腌。在贮存中应经常检查，必要时可翻缸换卤，以防止发生焖缸、霉烂、起淀等现象。半成品包装运输的容器，必须能够防杂、坚固，一般以木桶和胶袋为好。

② 光肠的成品加工。将半成品的光肠再加工成“净肠”成品，须经过浸漂洗涤、灌水分路、量尺、腌肠及缠把等工序。

a. 浸漂洗涤。将光肠放入清水中反复换水洗涤，清洗时间夏季不超过 2h，冬季可适当延长但不过夜，漂洗水温不能高。

b. 灌水分路。将洗好的光肠灌水，检查有无破漏，并按肠衣口径大小进行分路，分别归类。

c. 量尺。把同一路的肠衣再按规格要求扎把。

d. 腌肠及缠把。将量尺成把的肠衣，解开再行腌制，待水分沥干缠绕成把，即为净肠成品。山羊肠衣不作干肠衣。

### 3. 羔羊小胃的收集及加工

**(1) 小胃的用途** 小胃是宰杀羔皮山羊的 1～3 日龄羔羊所得到的第四胃，是干酪、酪素及制药工业的必需原料。据估算，制造 1t 优质干酪，需要 250g 凝乳酶，而制造 1g 凝乳酶则需要 100～110 只羔羊的皱胃，干酪的质量在很大程度上依赖于对羔羊第四胃的加工，用第四胃还可以制作胃蛋白酶。

**(2) 小胃的采集** 小胃的一头与第三胃（重瓣胃）相连，另一端和十二指肠相连，呈梨形。凝乳酶是由分布在第四胃黏膜上的特殊细胞所产生，以靠近第三胃的皱胃底部产生的凝乳酶最多。其采集过程为，从刚宰杀的羔羊胃上，用刀把第四胃切下，其上残留一部分重瓣胃，然后切断和十二指肠的联系，并残留一小段，将取得的第四胃放入搪瓷盘中送入专间处理。

我国初生羔宰杀前，尽量让其吃足初乳，或强行用注射器（取掉针头）给待宰羔羊灌饱乳汁。宰杀后尽快割取充满乳汁的小胃，扎紧两头开口，若小胃中的乳汁不足，重量达不到 100g 以上时，可再向胃中灌入母羊初乳。扎紧两头开口后的小胃，挂在通风阴凉的地方，使其风干后出售。

**(3) 供制作凝乳酶的小胃初加工** 要求是避免凝乳酶混入酸乳酶，小胃中尽量不留内容物。羔羊宰后立即取下小胃送入单独的房间，除去内容物，把小胃中的大凝乳块从大切口挤出去，捏紧时不能用力过大。为防止影响小胃中凝乳酶的活性，绝对禁止用水洗涤和冲洗。用手小心地剥除小胃外面的血管、脂肪组织，注意勿伤其外膜。再用细绳把靠近第三胃的大切口扎紧，从小切口处用气压机或注射器以 0.15～0.2 大气压压力打入压缩空气，用时扎紧小切口。打满气的小胃用细绳或夹子固定在 1.8～2.0m 长的细竹竿或木棍上（每杆挂 10～15 个小胃），彼此互不接触，细杆放在能搬动的晒架上。将放满小胃的晒架移入烘干室，室内应干燥，通气良好，温度不高于 35～38℃，连续烘 2～3d。在干燥时除注意加强通风外，还要驱除苍蝇和防止发霉，使小胃充分干燥，以防存放时质量大幅度下降。

干燥好的小胃，小切口处含的凝乳酶较少，可以放气，大切口端要尽量扎紧，以便将损失降到最低程度。

**(4) 干燥小胃的分类和包装** 干燥好的小胃要分类鉴定，按类包装，每 25～50 个为一捆，用特制的机器压紧，细绳捆扎。

一等小胃要求外观无损伤，无脂肪残留物，颜色淡黄，有少量的肌纤维，不发霉，无任何不良气味。凡不符合以上任何一项条件者，均列为下等品。

### 4. 血液的收集和加工

**(1) 血液的用途** 屠宰羊只的血液往往废弃不用，实为可惜，应将其收集加工成血粉饲喂畜禽，尤其对幼畜可作为精料的一部分。

**(2) 血液的收集** 在集中屠宰山羊的地方，选择高燥之处修一简易的便于排水的浅水泥池，池周边高 10cm，将屠宰的血液盛入池内，或先收集于其他容器待凝固后倒入池内。

**(3) 血粉的加工** 制作血粉的方法很多，最简便易行的有以下两种。

① 日晒法。将水泥晒池中凝固的血块（或倒入的凝血）摊成 5cm 左右厚度，上面盖芦席，用脚各处均匀践踏，使席下血块变成如豆腐脑状，血水排出池外，将芦席揭开，日晒 2h 左右，表面结成片状，用铲子每天翻转 5～8 次，一般夏天经 3d，春秋季经 4～5d 即可晒干。晒干的血粉很脆酥，用手一捏即粉碎，将其用木棍打碎过筛即成紫黑色的血粉。

② 煮压法。将凝固的血液切成 10cm 长短的方块，放入沸水中，血块入锅应立即使水停沸（以防血块散开损失），约停 20min，血块内部也变色凝结即可取出。放入厚布中包紧，在压榨机上压挤水分，然后取出搓散，放入木盘等容器中晒干，经 1～3d 即成，再磨细即成血粉。

### 5. 羊下水的加工利用

羊下水又称软下水，通常包括舌、脑、心、肝、脾、气管及胃肠等可食性的器官与组织，一般是被人们直接利用。实践证明，直接食用羊下水可能造成这些原料的使用不足，如小肠可用来制作外科手术线，胃用来提取凝乳酶等，能在某些程度上提高其经济价值。但在某些器官更好的加工技术出现之前，在食用上能开发出味纯、保存期长和方便使用的营养制品，也是一种有益的尝试。此处引录马俪珍等（1997）研制的羊杂快餐软包装的加工技术，供参考。

**（1）原材料及设备**

① 原料。羊心、肝、肺、肾、肚、肠和舌等由太谷本地羯羊屠宰所得。

② 辅料。食盐、白糖、白酒、香辛料、辣椒油等。

③ 包装材料。聚酯/铝箔/聚丙烯复合薄膜袋，规格 10cm×16cm。

④ 设备。电热压力蒸气杀菌锅、真空包装机、冷藏柜、秤、锅等。

**（2）工艺流程**　羊副产品（心、肝、肺、肾、肚、肠、舌）→清洗→整理→分别预煮→计量包装→真空包装→高温高压杀菌→冷却→总装→成品。

**（3）工艺要点**

① 原料处理。

a. 羊舌。修去舌根软骨，淋巴和油膜，在 90℃热水中浸烫 1min 取出，用刀刮去舌苔。

b. 羊心。撕去蒙皮，平刀刮开除尽内容物，清洗干净，而后用 4%左右精盐揉 15min 左右，再用清水冲洗干净。再在清水中加入 0.2%的钾明矾继续揉搓。清水冲洗后，在沸水中（98～99℃）烫 5min，用刀迅速刮去内壁黏膜及其他杂质，最后得到洁白的羊肚。

c. 羊肠。基本与羊肚处理方法相同，只是不必在沸水内浸烫和用刀刮。

d. 羊肝。首先小心谨慎地去除胆囊，再洗净羊肝表面污秽物质和黄色胆汁，割除油膜筋腱、胆管等。如取胆不慎，致胆囊破裂，胆液污染羊肝，此时必须要作特殊处理。

② 原料预处理方法。将上述原料洗净后，按重量及器官性质不同分别放入锅内进行预煮，加水比例为 1∶1 或以浸没原料为准。

a. 羊肚和羊肠的预煮。每 100kg 原料肉加入食盐 4.5kg、鲜姜 200g、青葱 1kg、黄酒 0.5kg、八角 200g、小茴香 100g、桂皮 200g、加水预煮 20min，捞出沥干水分。

b. 羊肝和羊肺预煮。每 100kg 原料肉只在水中加入食盐 4.5kg、鲜姜 150g、葱 1kg、味精 50g、黄酒 0.4kg。水沸后肝脏浸烫 5min，肺 20min。因肺容易上浮，需用篦子盖压。

c. 羊心、舌、肾预煮。调味料用量按羊肺和羊肝，只是预煮时间为 10min。

③ 装袋密封。将切好的片状或条状羊副产品按一定比例称量好后装入铝箔复合袋内，经试验，按一碗羊汤面加 50g 混合加工好的羊杂为标准，凉食则 250g 为一袋。而后真空封口，真空度要求达到 400～600mmHg（1mmHg=133.28Pa）。

羊的各种内脏器官及其他副产品因羊的品种、个体大小不同而不尽相同，本次试验采用的是山西太谷本地羯羊，体重 35kg。其各部分所占比例以及快餐复合羊杂成品中各种成分的含量见表 9-8。

**表 9-8　羊副产品各部分所占比例及成品含量**

| 副产品 | 预煮出品率 | | | 各部分所占比例/% | 成品中各部分含量/g | |
|---|---|---|---|---|---|---|
| | 煮前重/g | 煮后重/g | 出品率/% | | 50g 装 | 250g 装 |
| 心 | 205 | 80 | 39.02 | 5.0 | 2.5 | 12.50 |
| 肝 | 705 | 385 | 54.61 | 24.1 | 12.1 | 30.25 |
| 肺 | 355 | 245 | 69.01 | 15.4 | 7.7 | 19.25 |
| 肾 | 170 | 55 | 32.35 | 3.4 | 1.7 | 4.25 |
| 脾 | 89 | 25 | 28.09 | 1.6 | 0.8 | 2.00 |
| 舌 | 156 | 55 | 35.26 | 3.4 | 1.7 | 4.25 |
| 肠 | 1321 | 440 | 33.31 | 27.6 | 13.8 | 34.50 |
| 肚 | 1040 | 310 | 29.81 | 19.4 | 9.7 | 24.25 |
| 合计 | 4041 | 1595 | 39.47 | 100.0 | 50.0 | 250.00 |

注：资料来源于马俪珍等（1997）。

④ 杀菌。杀菌式：10′—18′—10′/121℃，反压降温待泄气阀出水压力降至“0”即可开启锅盖，注意反压时压力不得高于 1.2kg/cm$^2$。

⑤ 配袋装。在印有符合国家标准要求的外包装袋内装入真空包装好的 50g 重的羊杂袋包、调料包 1 小袋（重 8g）及油料包 1 小袋（重 12g）后封口，即为成品。

a. 调料包配方。食盐 70.0%、味精 8.2%、姜粉 1.6%、酸粉 4.2%、脱水葱 8.0%和脱水芫荽 8.0%。

b. 肉香型油料包配方。羊肉粉 66%、浓缩羊肉汤 20%和辣椒油 14%。其中，羊肉粉的制作方法是将肉洗净清洗后，切成 3cm 见方、厚 2mm 左右的薄片，放入少量的酱油，浸渍 5min，于 180℃左右的烘烤箱中烘烤 0.5h，再在 60℃温度下烘干后磨粉，粒度控制在 50～200μm；把磨好的粉一半放入等量的羊油中，加热熔化，搅拌均匀后，在 140℃下加热 5min 赋香，然后与余下的肉粉混合待用。羊肉汤是由加酱羊肉和羊排骨后的余汤浓缩而成的。

**（4）制成品特点**　本品具有低脂肪、高蛋白、肉质细嫩可口不腻的特点，加工过程中精选滋补中药材及天然香型调味料，合理配比羊的内脏副产品，使产品营养滋补、丰富全面。同时，由于采用真空包装，二次杀菌，使产品保质期长，携带、开启方便，一年四季均可食用，既可以冷食，也可以加到汤面中品尝到风味地道的羊汤面，真正做到方便、实惠、保健、滋补，为大众化普及型营养保健方便肉食品。

产品特点是色泽清淡，香气浓郁，味道醇厚，咸淡适中，肉质鲜嫩，无不良气味。

### 6. 骨和角蹄的利用

**(1) 骨** 山羊骨可用来生产骨胶、骨灰分、骨炭和骨粉等。山羊胴体一般不易剔骨，常把羊肉和骨一起销售或烹调，故要在餐桌上收集山羊骨。

**(2) 角和蹄** 其用途较多：一是制作角蹄粉被用作“花肥”，它不同于呈水溶性的化肥，角蹄粉可在土壤中缓慢地分解和释放氮，时间长达2～3年。二是利用碱化水解产物生产灭火用泡沫化合物（Hoshine，1980）和护发产品（Speteanu等，1978），并都已有产品标准（Maheadra kumar，1994）。三是用酸化处理后的水解产物生产肉汤香味剂。

### 7. 瘤胃内容物的利用

**(1) 瘤胃内容物的特点** 通常山羊瘤胃的内容物被用作肥料和生产沼气，但这可能是一种浪费。据报道，山羊瘤胃内容物中含18%以上的蛋白质和2%～3%的脂肪（Sastry等，1983），以及丰富的矿物质元素和B族维生素（Mahedra kumar，1991），经过加工后可以作为反刍家畜、猪和鸡的饲料。

**(2) 用作饲料的加工方法**

① 用于反刍动物的日粮。在较大屠宰场，可将瘤胃内容物压去液体，然后在100℃以上将压过的物质烘干。这种方法可杀灭任何在瘤胃内容物中可能存在的病原体，其产品可直接用于反刍动物的日粮。

② 用于猪和鸡的饲料。晒干或烘干的瘤胃内容物，可筛成较细的和较粗的两个部分，其中粗的部分可用于反刍动物，而细的部分因蛋白质含量较高（约为瘤胃内容物的1.5倍，为较粗部分的3倍），可用于猪和鸡的饲料。Mahedra kumar（1991）报道，连同糖蜜（约占5%）一起青贮的瘤胃内容物（经过部分晒干），可用于猪的日粮，每日每头用量可达0.6kg。

### 8. 软组织的利用

软组织包括带骨或未带骨的软组织和废弃物，通过提炼工艺可加工成肉粉或提取羊油。废弃物可分为危害性小的和危害性大的两类，前者可用于提取羊油，后者应进行焚烧或深埋。提炼羊油的加工系统分为湿、干两种，目前有待于研制开发一种小型的湿提炼设备，以适用于农村地区。肉粉富含蛋白质、脂肪、矿物质和维生素（如维生素$B_{12}$、烟酸和胆碱等），可广泛地用于畜禽饲料。

# 参考文献


[1] Baker J P. Nature management by grazing and cutting (geobotany 14) [M]. Kluwer academic publisher, 1989, 11-17.

[2] Behnke R, Scoones I, Kerven C. Rethinking range ecology: implications for rangeland management in Africa. In: Behnke R., Scoones I., and Kerven C. (eds.). Range Ecology at Disequilibrium: New Models of Natural Variability and Pastoral Adaptation in African Savannas [M]. ODI, London: 1993, 1-301.

[3] Bucher H P, Machler F, Nosberger J. Storage and remobilization of carbohydrates in meadow fescue (Fest uca pratensis Huds) [J]. J Plant Physiol, 1987, (131): 101-109.

[4] Bullcok J M, Clear H, Silvertown. Demography of Crisium vulgate in a grazing experiment [J]. Journal of Ecology, 1994, (82): 101-111.

[5] Caughley G. What is this thing called carrying capacity. In: Boyce, M S and Hay-den Wing, LD, (eds.) North American Elk: Ecology, Behaviour and Management [M], Laramine, Wyoming: University of Wyoming Press, 1979, 2-8.

[6] Davies A. The regowth of grass swards [J]. The Grass Crope, 1988, 85-117.

[7] Doll J P, Orazem F. Production economics: theory with application [M]. John Wiley & Sons, New York: 1984, 69-72.

[8] Grimesjp. Control of species diversity in herbaceous vegetation [J]. J. environmanage, 1973, (1): 151-167.

[9] Groat R G, Vance C P. Root nodule enzymes of ammonia assimilation in alfalfa (Medicago sativa) [J]. Plant Physiol, 1981, 67: 1198-1203.

[10] Hart R N. Stocking rate theory and its application to grazing on rangeland [C]. In: Hyder J. N. (eds.) Proceeding of the 1st International Rangeland Congress. Denver, Colorado. USA: Society for Range Management, 1978, 547-550.

[11] Hodgson J. Grazing Management Science into Practice [M]. New York: J and S Inc, 1990, 22.

[12] Hodgson J. 放牧管理：科学研究在实践的应用 [M]. 弓景新，李向林，译. 北京：科学出版社，1993.

[13] Huston M. A general hypothesis of species diversity am [J]. nat., 1979, (13): 81-101.

[14] Jones, R J. Interpreting fixed stocking rate experiments. In: Wheelec, J. A. and Mochrie, R. D. (eds.) Forage Evaluation: Concepts and Techniques [M]. CRIRO, Melbourne, 1981, 419-430.

[15] Mccollum F T, Robert L. GillenGrazing management affects nutrient intake by steers grazing tallgrass prairie [J]. RangeManage, 1998, 51 (1): 69-72.

[16] Mclendont. A teclente E F. Nitrogen and phosphorus effects on seconderry succession dynamics on a semi-arid sagebrush site [J]. Ecology, 1991, 72 (6): 2016-2024.

[17] Mike Pellant, Patrick Shaver, David Pyke. Interprinting indicators of rangeland health [M]. Colorado: Division of Science I ntegration B ranch of Publishing Services (Version 4), 2005.

[18] Ourry A, Boucaud J, Salette J. Nitrogen mobilization from stubble and roots during regrowth of defoliation perennial ryegrass [J]. J Exp Bot, 1988, (40): 803-809

[19] Parsons A J, Johnson I R, Williams J H H. Leaf age structure and canopy photosynthesis in rotationally and continuously grazed swards [J]. Grass Forage Sci, 1988, (43): 1-14.

[20] Parsons A J, Leafe E L, Collett B, et al. The physiology of grass production under grazingII. Photosynthesis, crop growth and animal intake of continuously grazed swards [J]. J Appl Ecol, 1983, (20): 127-139.

[21] Quirk M F, Stuth J W. Accounting for selective grazing in the stocking rate decision [A]. Proceeding of international grassland congress [C]. Canada, 1997, 7-8.

[22] Reece P E, Brummer J E, Engel R K, et al. Grazing data and frequency effects on prairie sand reed

and sand bluestem [J]. J Range Man, 1996, 49: 112-116.

[23] Rienhouse L R, Roath L R. Monitoring grazing practices and stocking rates for sustainability [J]. Acta Pratacult Sin (草业学报), 2002, 11 (1): 91-99.

[24] Schnyder H, Riesde Visser. Fluxes of reserve derived and currently assimilated carbon and nitrogen in perennial ryegrass recovering from defoliation — the regrowing tiller and its component functionally distinct zones [J]. Plant Physiol, 1999, 119: 1423-1436.

[25] Timan D. Resource Competition and Community Structure [M]. Princeton University Press, 1982.

[26] Trlica M J, Rittenhouse L R. Grazing and plant performance [J]. Ecological App lications, 1993, 3 (1): 21-23.

[27] Vallentine J F. Grazing Management [M]. San Diego: Academic Press, 1990, 1-645.

[28] Veiga J B, Effect of grazing management upon a dwarf elephant grass pasture [J]. Dissertation Abstracts. International Sinence and Engineering, 1984, 45 (6): 1642-1643.

[29] West N E, Mcdaniel K, Smith E L. Monitoring and interpreting ecological integrity on arid and semiarid lands of the western United States [R]. New Mexico State Univer sity, New Mexico Range Improvement Task Force, L as Cruces, 1994.

[30] Wilson A, Macleod D. Overgrazing: present or absent [J]. Journal of range management, 1991, 44 (5): 475-482.

[31] 艾克拜尔.优质青贮饲草料调制与品质鉴定及利用技术探讨 [J].草食家畜, 2004, (3): 63-65.

[32] 柏云江，田晓玲.保护动物福利促进畜牧业健康持续发展 [J].现代畜牧兽医, 2009, (2): 49-51.

[33] 包国章，陆光华，郭继勋，等.放牧刈割及摘顶对亚热带人工草地牧草种群的影响 [J].应用生态学报, 2003, 14 (8): 1327-1331.

[34] 贾慎修.草地学 [M].北京：中国农业出版社, 1982, 186-188.

[35] 蔡晓明.生态系统生态学 [M].北京：科学出版社, 2000.

[36] 常会宁，李新贵，钟敏强.刈割对羊茅黑麦草叶片组织转化的影响 [J].黑龙江畜牧科技, 1997 (1): 8-10.

[37] 陈国南，赵熙贵，刘贵林.贵州喀斯特山区冬闲田土种草模式与特点分析 [J].贵州农业科学, 2006, 34 (3): 85-86.

[38] 陈国南.浅议贵州省草地资源现状及存在问题与对策 [J].四川草原, 2006 (6): 12-15.

[39] 陈冀胜，郑硕.中国有毒植物 [M].北京：科学出版社, 1987.

[40] 陈莉.家畜常见草地植物中毒 [J].四川草原, 1990 (4): 52-54.

[41] 陈尚，王刚，李自珍.白三叶分支格局研究 [J].草业科学, 1995, 12 (2): 35-40.

[42] 陈素华，孙铁珩，耿春女.国畜禽养殖业引致的环境问题及主要对策 [J].环境污染治理技术与设备, 2003, 4 (5): 5-8.

[43] 陈艳，杨洁，李艳军，等.青贮饲料的生产制作技术规范 [J].畜牧与饲料科学, 2008 (2): 26-27.

[44] 戴丽荷.畜产公害的成因危害及控制措施 [J].农业环境与发展, 2002 (4): 21.

[45] 单宝龙.一种新型生物功能性饲料蛋白源 [J].中国禽业导刊, 2003, 20 (15): 47-48.

[46] 邓红雨，等.奶牛标准化生产技术 [M].北京：金盾出版社, 2006.

[47] 邓军.畜禽常见疫病及其防治 [J].饲料博览, 2002 (01): 54.

[48] 邓蓉，顾永芬.退耕还草在改变贵州生态环境中的作用 [J].黑龙江畜牧兽医, 2001 (5): 19.

[49] 邓蓉，向清华，张定红，等.贵州退耕还草草场建植技术研究 [J].四川草原, 2004 (1): 27-30.

[50] 刁其玉.肉羊饲养实用手册 [M].北京：中国农业科学技术出版社, 2009.

[51] 丁家科.浅谈动物福利与畜产品质量安全 [J].中国畜禽种业, 2009 (2): 23-24.

[52] 董世魁，江源，黄晓霞.草地放牧适宜度理论及牧场管理策略 [J].资源科学, 2002, 24 (6): 35-41.

[53] 董世魁，刘世梁，邵新庆，等.恢复生态学 [M].北京：高等教育出版社, 2009.

[54] 杜青林.中国草业可持续发展战略——地方篇 [M].北京：中国农业出版社, 2006.

[55] 方华，肖春华，毛凤显，等.生态畜牧业在贵州高原山区的可持续发展性 [J].家畜生态学报, 2008, 29 (6): 139-143.

[56] 方秋色.浅析当前农村畜禽疫病流行的原因及防治对策 [J].广西畜牧兽医, 2008, 24 (1): 12-13.

[57] 冯金虎，赵新全. 不同放牧强度对高寒草甸草地的影响 [J]. 黑龙江畜牧兽医，1999，6.
[58] 甘肃农业大学. 草地学 [M]. 北京：农业出版社，1961，161-179.
[59] 任继周. 草原调查与规划 [M]. 北京：中国农业出版社，1985：181.
[60] 葛皓，林齐维. 贵州省生态环境现状及可持续发展对策 [J]. 热带农业科学，2004，24 (6)：31-35.
[61] 贵州省畜牧兽医科学研究所，贵州省农业厅畜牧局. 贵州主要野生牧草图谱 [D]. 贵阳：贵阳人民出版社，1986.
[62] 洪绂曾，王元素. 中国南方人工草地畜牧业回顾与思考 [J]. 中国草地学报，2006，28 (2)：71-75.
[63] 侯扶江，李广，常生华. 放牧草地健康管理的生理指标 [J]. 应用生态学报，2002，13 (8)：1049-4053.
[64] 侯扶江. 放牧对牧草光合作用、呼吸作用和氮、碳吸收与转运的影响 [J]. 应用生态学报，2001，12 (6)：938-942.
[65] 胡自治. 草原分类学概论 [M]. 北京：中国农业出版社，1997：247.
[66] 胡自治. 人工草地在我国 21 世纪草业发展和和环境治理中的重要意义 [J]. 草原与草坪，2000 (1)：12-15.
[67] 皇甫江云，赵楠，刘贵林，等. 贵州冬闲田土种草的形式、效益及建议 [J]. 四川畜牧兽医，2005 (11)：45-46.
[68] 黄国勤. 论开发南方农田饲料生产 [J]. 农业技术经济，1997 (1)：7-10.
[69] 黄良柏. 动物的健康养殖初探 [J]. 科教文汇（下旬刊），2008，2：198.
[70] 黄琦，莫炳国，陈朝勋，等. 人工草地主要杂草发生规律及防除技术 [J]. 草业科学，2003，20 (1)：42-44.
[71] 黄应祥. 奶牛养殖与环境监控 [M] 北京：中国农业大学出版社，2003.
[72] 蒋洪茂. 肉牛快速育肥实用技术 [M]. 北京：金盾出版社，2003
[73] 蒋瑞芬. 饲草饲料资源的生产现状与长远发展的战略预测 [J]. 新疆畜牧业，1994 (6)：30-34.
[74] 蒋文兰. 贵州威宁混播草地初级生产力及群落稳定性调控途径的研究 [D]. 兰州：(甘肃农业大学博士学位论文)，1991.
[75] 蒋玉铭，应汉清，罗玉坤. 使有限的土地供养更多的人口 [M] //红黄壤地区农业持续发展研究：第二集 [M]. 北京：中国农业科技出版社，1994：58-67.
[76] 金冬霞，王凯军. 规模化畜禽养殖场污染防治综合对策 [J]. 环境保护，2002 (12)：19.
[77] 况宏，陆义鸿. 贵州黔南州粘虫对草地的危害及防治 [J]. 草业科学，2003，20 (7)：65-66.
[78] 李建华. 畜禽养殖业的清洁生产与污染防治对策研究 [D]. 杭州：浙江大学（硕士学位论文），2004.
[79] 李建利. 棘豆的化学防除 [J]. 中国草地，1997 (6)：80-81.
[80] 李科云，罗爱兰. 论南方红黄壤地区饲草开发利用的几种途径 [J]. 中国生态农业学报，1995，3 (3)：47-51.
[81] 李琦华，毛华明. 甲醛处理对豆饼干物质和蛋白质瘤胃降解率及胃蛋白酶消化率的影响 [J]. 黄牛杂志，1999，25 (1)：17-19.
[82] 李秋娅，李富江. 黄牛附红细胞体病的发生与防治措施 [J]. 云南畜牧兽医，2009 (1)：27.
[83] 李泰君，陈加国. 人工草地生态经济效益与高效建植管理模式研究 [J]. 安徽农学通报，2009，15 (9)：83-85.
[84] 李向林. 中国南方的草地改良与利用，21 世纪草业科学展望 [J]. 中国农学通报，2001（增刊）：92-96.
[85] 李兴淳，毛继恩，曾红夏. 高原山区人工草地管理技术 [J]. 贵州畜牧兽医，2003，27 (3)：37-38.
[86] 李兴淳. 浅谈山区人工草地建设与牧草栽培技术 [J]. 贵州畜牧兽医，2002，26 (3)：37-38.
[87] 梁存柱，祝廷成，王德利，等. 21 世纪初我国草地生态学研究进展 [J]. 应用生态学报，2002，13 (6)：744-746.
[88] 廖正录，王天生，张宗义. 发展健康养殖推进贵州生态畜牧业大省建设 [J]. 贵州农业科学，2008，36 (2)：125-128.
[89] 刘贵林. 贵州草地畜牧业发展及分析 [J]. 四川草原，2006，(3)：47-49.
[90] 刘国栋，曾希柏，苍荣，等. 营养体农业与我国南方草业的持续发展 [J]. 草业学报，1999，8

(2)：127.
[91] 刘洪涛，贾连才，王彦飞.青贮饲料的制作及保存 [J].畜牧与饲料科学，2009 (1)：98.
[92] 刘将军，胡源胜.优质青贮饲料制作技术 [J].现代农业科技，2008 (1)：180-181.
[93] 刘汀.畜牧养殖业污染分析与清洁生产技术研究 [J].能源与环境，2009 (1)：69-71，76.
[94] 龙瑞军，王元素.常见牧草高效栽培加工七日通 [M].北京：中国农业出版社，2004.
[95] 龙忠富，赵明坤.贵州草地资源现状及开发利用对策 [J].中国草地，1999 (2)：56-59.
[96] 陆文清，胡起源.微生物发酵饲料的生产与应用 [J].饲料与畜牧，2008 (7)：5-9.
[97] 罗次毕，宋聚群.贵州草种场人工草地的建设与管理 [J].贵州农业科学，1991 (1)：39-43.
[98] 罗京焰.贵州草地畜牧业国际标准化人工草地围栏分区轮牧技术 [J].贵州农业科学，2006，34 (3)：60-62.
[99] 吕世海.我国南方草地资源现状及其发展前景 [J].四川草原，2005 (6)：37-41.
[100] 吕淑霞，白泽朴，代义，等.乳酸链球菌素 (Nisin) 抑菌作用及其抑菌机理的研究 [J].中国酿造，2008 (9)：87-91.
[101] 吕文发，杨连玉.高产奶牛健康养殖 [M].北京：中国农业出版社，2009.
[102] 马跃峰，户用沼气池建设技术 [M].乌鲁木齐：新疆青少年出版社，2005.
[103] 毛永江.肉牛高效养殖 [M].北京：金盾出版社，2009.
[104] 米文忠，等.村镇规划与建设 [M].北京：中国农业科学技术出版社，2006.
[105] 莫本田，罗天琼，唐成斌，等.贵州南部混播草地几种建植因素最佳组合研究 [J].中国草地，2000 (3)：29-33.
[106] 内蒙古农牧学院.草原管理学 [M].北京：中国农业出版社，1981，63.
[107] 潘瑞炽，董愚得.植物生理学 [M].第三版.北京：中国科学技术出版社，1995：252.
[108] 彭里.畜禽养殖业环境污染及治理研究进展 [J].中国农业生态学报，2006，l4 (2)：19-22.
[109] 齐广海，张海军，武书庚.家禽肠道微生态系统及其调控的研究进展 [J].饲料与畜牧，2006 (2)：5-8.
[110] 任继周，侯扶江.我国山区发展营养体农业是持续发展和脱贫致富的途径 [J].大自然探索，1999 (1)：48-53.
[111] 任继周，南志标，郝敦元.草业系统中的界面论 [J].草业学报，2000，9 (1)：1-8.
[112] 任继周，朱兴运，王钦，等.高山草地-绵羊系统的氮循环 [J].中国草原与牧草，1986，3 (4)：4-8.
[113] 任继周.草地农业生态学 [M].北京：中国农业出版社，1995：51-54.
[114] 任继周.草业科学研究方法 [M].北京：中国农业出版社，1988：122-136.
[115] 任继周.英汉农业词典 (草原学分册) [M].北京：中国农业出版社，1985：60-61.
[116] 任继周.草地农业生态学 [M].北京：中国农业出版社，1995.
[117] 绍旭编.村镇建筑设计 [M].北京：中国建材工业出版社，2008.
[118] 沈景林，周学东，孟杨，等.草地狼毒化学防除的试验研究 [J].草业科学，1999，16 (6)：53-56.
[119] 史志成.草地毒草危害及其防除研究概况 [J].草业科学，1994，11 (3)：52-56.
[120] 宋长青.优质饲草料调制技术 [J].现代农业，2005，(4)：28-29.
[121] 苏维词，杨华.典型喀斯特峡谷石漠化地区生态农业模式探析 以贵州省花江大峡谷顶坛片区为例 [J].中国生态农业学报，2005，13 (4)：217-220.
[122] 苏玉萍，郑达贤，林婉贞.福建省畜禽养殖污染分析与防治对策 [J].福建地理，2004，19 (3)：1-4.
[123] 孙东升.论清洁生产与我国畜牧业发展 [J].中国农村经济，2001 (2)：43-46.
[124] 孙浩，张扬编.新疆肉用牛生产关键技术 [M].乌鲁木齐：新疆科学技术出版社，2006.
[125] 孙力，王武强，贾文孝，等.无公害肉牛养殖 [M].太原：山西科学技术出版社，2006.
[126] 汪生珍.常用的饲草料加工方法 [J].当代畜禽养殖业，1996 (1)：24.
[127] 汪诗平，李永宏，陈佐忠.内蒙古典型草原草畜系统适宜放牧率在研究 [J].草地学报，1999，7 (3)：183-191.
[128] 王春霞，金建伟.饲料品质安全保证技术 [J].河南畜牧兽医：市场版，2008，29 (4)：22-23.

[129] 王道坤. 粗饲料安全使用技术 [J]. 北方牧业，2008 (01)：26.
[130] 王刚，蒋文兰. 人工草地群落组成于土壤中速效氮、磷的关系 [J]. 草地学报，1994，3 (1)：93-99.
[131] 王刚，吴明强，蒋文兰. 人工草地杂草生态学研究. Ⅰ杂草入侵与放牧强度之间的关系 [J]. 草业学报，1995，4 (3)：75-80.
[132] 王慧忠，何翠屏. 对我省退耕还林与发展畜牧业的再思考 [J]. 贵州大学学报 (自然科学版)：2002，19 (4)：350-353，367.
[133] 王明进，周佳清，熊先勤. 狠抓冬闲田土种草养畜促进生态畜牧业发展 [J]. 贵州畜牧兽医，2008，32 (1)：45-46.
[134] 王溪云，叶萍，冯静兰，等. 动物血吸虫病防治手册 [M]. 北京：中国农业科技出版社，1998：61-66，112，106-107.
[135] 王杏龙. 奶牛健康高效养殖 [M]. 北京：金盾出版社，2008.
[136] 王元素. 云贵高原山区混播草地初级生产力和群落时间稳定性研究 [D]. 兰州：甘肃农业大学，2004.
[137] 王之盛. 奶牛标准化规模养殖图册 [M]. 北京：中国农业出版社，2009.
[138] 卫智军，杨静，苏吉安，等. 荒漠草原不同放牧制度群落现存量与营养物质动态研究 [J]. 干旱地区农业研究，2003，21 (4)：53-57.
[139] 吴晓英，林影，吴国泛，等. 双菌种固态发酵酱渣生产蛋白饲料的研究 [J]. 粮食与饲料工业，2004 (12)：36-38.
[140] 武深秋. 秸秆菌体蛋白生物饲料的优点及制作技术 [J]. 湖南饲料，2005 (3)：27.
[141] 夏景新. 载畜率调控的理论与牧场管理实践 [J]. 中国草地，1995 (1)：46-54.
[142] 徐营，李霞，杨利国. 双歧杆菌的生物学特性及对人体的生理功能 [J]. 微生物学通报，2001，28 (6)：94-96.
[143] 许鹏. 新疆荒漠区草地与水盐植物系统及优化生态模式 [M]. 北京：科学出版社，1998.
[144] 燕磊，杨维仁，杨在宾，等. 反刍家畜饲料安全的影响因素 [J]. 中国饲料添加剂，2005，02：23-25.
[145] 杨春华，张新全. 人工建植混播草地技术研究 [J]. 草业科学，2003，20 (3)：42-46.
[146] 杨在宾. 非常规饲料资源的特性及应用研究进展 [J]. 饲料工业，2008，29 (7)：1-4.
[147] 尹俊，孙振中，魏巧，等. 云南牧草种质资源研究现状及前景 [J]. 草业科学，2008，25 (10)：88-94.
[148] 尹俊. 云南常绿草地畜牧业可持续发展的对策 [A]. 中国草业可持续发展战略论坛. 北京：农业部草原监理中心，2004：238-242.
[149] 尹俊. 云南牧草种子产业化体系建设 [J]. 云南草业，2006：19-22.
[150] 尹俊. 云南天然草原分区及治理模式 [J]. 四川草原，2006 (9)：33-34.
[151] 于潮国，朱庆波，滕彩霞. 家畜常见胃肠疾病的治疗方法 [J]. 畜牧兽医科技信息，2009 (3)：49.
[152] 贠旭疆. 发展营养体农业的理论基础和实践意义 [J]. 草业学报，2002，11 (1)：65-69.
[153] 张凤平. 畜禽疫病防控策略和措施 [J]. 中兽医医药杂志，2006 (3)：68-70.
[154] 张浩，熊康宁，苏蒙蒙，等. 岩溶山区石漠化草畜治理工程区域对策分析 以花江顶坛小流域为例 [J]. 中国草地学报，2013，35 (6)：4-8.
[155] 张金灵，廖党金. 健康养殖的必要性及发展措施 [J]. 四川畜牧兽医，2009 (5)：7-8.
[156] 张金玉，霍光明，张李阳. 微生物发酵饲料发展现状及展望 [J]. 南京晓庄学院学报，2009 (3)：68-71.
[157] 张子仪. 规模化养殖业及饲料工业中的生态文明建设问题 [J]. 饲料工业，1997，18 (9)：1-3.
[158] 赵芙蓉，等. 河南省农村规模养殖的粪便利用现状及其对环境的影响 [J]. 畜牧与兽医，2000，32 (增刊)：145.
[159] 赵楠，张成军，赵威. 绿色营养体饲料在喀斯特山区生态平衡中的作用 [J]. 四川草原，2004 (10)：40-41.
[160] 赵守贤. 酒糟生物蛋白饲料的研制及其饲喂效果 [J]. 中国饲料，1996 (1)：29-30.

[161] 赵文慧，吴绵斌，刘黎黎，等. 双菌种固态发酵木糖渣生产饲料蛋白 [J]. 饲料工业，2002 (2)：12-13.
[162] 周世朗. 大力开发南方的草粉饲料 [J]. 广东饲料，1998 (4)：31-32.
[163] 周晓兰，黄维锦，施巧琴，等. 大米淀粉渣固态发酵生产饲料蛋白的研究 [J]. 福建轻纺，2002 (3)：1-6.
[164] 朱永红，叶渊，吕建云，等. 畜禽疫病的综合防治 [J]. 当代畜禽养殖业，2009 (1)：13-14.